高职高专"十一五"规划示范教材

网络规划与系统集成

主 编 万荣泽 孙 波
副主编 王世彬 王 洵 王 津

北京航空航天大学出版社

内 容 简 介

本书是根据高职高专学生的培养目标和基本要求,突出"实践性、实用性、创新性",并结合作者多年的教学和工程实践经验,以理论够用、实用为主的原则,而编写的一本计算机网络技术基础教材。主要包括的内容有:网络系统集成概述、网络系统集成分析与方案设计、综合布线系统、网络工程项目管理、交换机配置与管理、路由器配置与管理、路由器协议的配置、网络管理与维护、实训指导等。

本书参考了大量的最新资料,内容丰富翔实,突出了以实例为中心的特点。是一本将计算机科学技术众多经典成果与最新进展科学地组合在一起的教材,适合作高等院校计算机科学技术、电子信息类本科及高职专业计算机类课程的教材,也可作为网络技术人员的参考书。

本书配有教学课件,请发送邮件至 bhkejian@126.com 或致电 010-82317027 申请索取。

图书在版编目(CIP)数据

网络规划与系统集成/万荣泽主编.
北京:北京航空航天大学出版社,2007.9
ISBN 978-7-81124-150-1

Ⅰ.网… Ⅱ.万… Ⅲ.计算机网络-网络系统-高等学校:技术学校-教材 Ⅳ.TP393

中国版本图书馆 CIP 数据核字(2007)第 126814 号

网络规划与系统集成

主　编　万荣泽　孙　波
副主编　王世彬　王　洵　王　津
责任编辑　韩文礼

*

北京航空航天大学出版社出版发行

北京市海淀区学院路 37 号(100191)　发行部电话:010-82317024　传真:010-82328026
http://www.buaapress.com.cn　E-mail:bhpress@263.net
涿州市新华印刷有限公司印装　各地书店经销

*

开本:787×960　1/16　印张:18.25　字数:409 千字
2007 年 9 月第 1 版　2013 年 1 月第 4 次印刷　印数:9 001~12 000 册
ISBN 978-7-81124-150-1　　定价:32.00 元

前言

关于网络规划与管理的书籍,已经出版得有很多,但要找到一本适合高职高专院校学生学习的书还是很难。本书列入高职高专"十一五"规划示范教材,全书遵从高职高专教学规律,遵循"实用技术为主、工程实践为线、侧重主流产品"的指导思想,立足于"看得懂、学得会、用得上"的目的编写。只有通过具体的实践,才能加深对所学基础知识的理解;只有经历了实践的全过程,才能系统地掌握各个环节的基本技能。本书的编写结合了作者多年的教学经验,语言通俗易懂,深入浅出,内容丰富翔实,突出体现了"实践性、实用性、创新性"。

全书共分 9 章。第 1 章为网络系统集成概述,重点讨论了网络系统集成的体系框架、网络系统集成的工作内容以及常见的网络设备——交换机、集线器、路由器等。第 2 章为网络系统集成分析与方案设计,介绍了网络系统方案设计,中心机房设计标准和原则,服务器的主要技术,服务器产品选型的原则等。最后通过局域网方案设计实例,阐述了网络系统集成分析与方案的设计。第 3 章为综合布线系统,介绍综合布线系统的概念、组成以及综合布线系统的 6 个组成部分——工作区子系统、配线(水平)子系统、干线(垂直)子系统、设备间子系统、建筑群子系统和管理子系统。第 4 章为网络工程项目管理,介绍网络工程项目的概念,掌握项目管理,工程招标书书写规范,工程监理的作用,工程测试和验收的基本环节等。第 5 章为交换机的配置与管理,交换机工作在 ISO 参考模型的第二层——数据链路层。在计算机网络系统中,交换概念的提出是对于共享工作模式的改进。交换机是一种基于物理地址识别的,可以完成存储转发报文功能的局域网设备。在同一时刻,交换机可以将多个端口对之间的数据进行传输。在以太网组网的过程中有多种技术可供使用,例如 STP、VLAN、Truck、VTP 等。不仅使网络可以根据实际需要来组建,更重要的是使网络更稳定,健壮性更好。本章将详细介绍交换机的配置工具和配置方法。第 6 章为路由器的配置与管理。本章的目的是通过对路由器基本知识的介绍,了解路由器的基本原理,理解路由协议并进行熟练的配置。通过对路由器的基本原理进行研究和对路由协议的研究,使读者能够对各种协议进行熟练的配置,为以后路由器的继续学习打下基础。第 7 章为路由器协议的配置。本章的目的是通过对路由器广域网协议配置,掌握动态路由 RIP 的配置、动态路由 OSPF 及 PPP—CHAP 验证配置、动态路由 IGRP 的配置、动态路由 EIGRP 的配置、NAT 的配置、访问控制列表的配置。通过对路由的基本原理和路由协议进行的研究,并以具体的实例配置进行训练,使读者能够对各种协议进行熟练的配置。第 8 章为网络管理与维护,主要介绍了网络安全管理,网络安全基础知识,计算机病毒的预防与清除、防火墙技术等。第 9 章为实训指导，主要介绍了学校校园网络考察，认识基本的网络设备，双绞线制作，组建对等网络，DNS、DHCP、Web 服务器的建立、管理和使用，安装与设置 ActiveDirectory，常用网络命令的使用等。

本书特点：

（1）突出"实践性、实用性、创新性"；

（2）本书语言通俗易懂，内容丰富翔实，突出了以实例为中心的特点；

（3）充分体现案例教学，在书的最后增加一章实训指导，同时每章引入案例使得读者易理解，易掌握，能举一反三；

（4）实用性强，本书主要强调实用，尽量减少或者不涉及高深的理论问题；

（5）精选实例并将知识点融于实例中，可读性、可操作性和实用性强。

本书由广西农业职业技术学院万荣泽和海南职业技术学院孙波主编并统稿，王世彬、王洵、王津担任副主编。其中，第 1 章由王洵、王津编写，第 3 章由刘兆宏编写，第 2 章及 4.1～4.4 节由王世彬编写，第 5 章及 4.5～4.7 节由向润编写，第 6 章由万荣泽编写，第 7 章由林琳编写，第 8、9 章由孙波编写。本书的出版得到了广西农业职业技术学院、海南职业技术学院、成都航空职业技术学院、成都东软信息技术职业学院和北京航空航天大学出版社的大力支持和帮助。同时，我们也从很多网站和论坛上得到很多的信息和资源，也向相关站点的所有者和参与问题讨论的网友表示真诚的感谢。

由于作者水平有限，对于书中不妥与错误之处，恳请读者不吝指正，以便在本书再版时修改和充实。

编　者

2007 年 6 月

目　录

第1章　网络系统集成概述 …………… 1
  1.1　网络系统集成 …………………… 1
    1.1.1　网络系统集成概述 ………… 1
    1.1.2　网络系统集成的体系框架
    　　　………………………………… 1
    1.1.3　网络系统集成的工作内容
    　　　………………………………… 1
  1.2　网络互联设备 …………………… 2
    1.2.1　网　卡 ……………………… 2
    1.2.2　集线器 ……………………… 3
    1.2.3　交换机 ……………………… 3
    1.2.4　路由器 ……………………… 5
    1.2.5　网　关 ……………………… 5
    1.2.6　防火墙 ……………………… 5
  本章习题 ………………………………… 11

第2章　网络系统集成分析与方案设计
　　　………………………………… 12
  2.1　网络系统集成需求分析 ………… 12
    2.1.1　用户需求分析的一般方法
    　　　………………………………… 13
    2.1.2　应用概要分析 ……………… 17
    2.1.3　详细需求分析 ……………… 18
  2.2　网络系统方案设计 ……………… 21
    2.2.1　网络总体目标和设计原则
    　　　………………………………… 21
    2.2.2　网络总体规划和拓扑
    　　　结构设计 ……………………… 22
    2.2.3　网络层次结构设计 ………… 25
    2.2.4　网络操作系统与服务器
    　　　资源设备 ……………………… 27
  2.3　中心机房设计标准和原则 ……… 29
    2.3.1　机房位置及设备布置原则
    　　　………………………………… 29
    2.3.2　环境条件 …………………… 30
    2.3.3　机房建设 …………………… 30
  2.4　服务器系统主要技术 …………… 35
    2.4.1　服务器概述 ………………… 35
    2.4.2　服务器相关技术 …………… 35
  2.5　服务器产品选型原则 …………… 38
  2.6　某医院局域网方案设计 ………… 39
    2.6.1　设计依据 …………………… 39
    2.6.2　设计范围及要求 …………… 40
    2.6.3　布线系统的组成和器件
    　　　选择原则 ……………………… 41
    2.6.4　布线系统设计 ……………… 41
    2.6.5　工程实施内容 ……………… 43
    2.6.6　布线系统的报价 …………… 43
  本章习题 ………………………………… 44

第3章　综合布线技术 ………………… 45
  3.1　综合布线系统概述 ……………… 45
    3.1.1　综合布线概念 ……………… 45
    3.1.2　综合布线特点 ……………… 45
    3.1.3　综合布线系统的发展趋势
    　　　………………………………… 47
  3.2　综合布线系统优点 ……………… 47
  3.3　综合布线系统标准 ……………… 48

3.3.1 综合布线系统标准……………… 48
3.3.2 综合布线标准要点……………… 49
3.4 综合布线系统的设计等级…………… 50
　3.4.1 基本型综合布线系统…………… 50
　3.4.2 增强型综合布线系统…………… 50
　3.4.3 综合型综合布线系统…………… 51
3.5 综合布线系统的体系结构…………… 51
　3.5.1 工作区子系统………………… 52
　3.5.2 水平子系统…………………… 52
　3.5.3 干线(垂直)子系统…………… 52
　3.5.4 设备间子系统………………… 53
　3.5.5 管理子系统…………………… 53
　3.5.6 建筑群子系统………………… 53
3.6 综合布线施工步骤…………………… 53
3.7 综合布线系统方案实例……………… 54
　3.7.1 总体设计原则………………… 54
　3.7.2 校园网建设需求……………… 55
　3.7.3 主要技术要求………………… 56
　3.7.4 网络的设计原则……………… 57
　3.7.5 具体方案……………………… 57
　3.7.6 网络解决方案的优势………… 60
　3.7.7 结构化布线系统产品选择
　　　　………………………………… 61
　3.7.8 网络管理……………………… 62
　3.7.9 系统实施与工程管理………… 63
　本章习题…………………………… 64

第4章 网络工程项目管理 ……… 65
4.1 项目管理概述………………………… 65
4.2 项目管理过程………………………… 66
4.3 工程管理……………………………… 67
　4.3.1 项目管理组织结构…………… 67
　4.3.2 工程实施的文档资料管理
　　　　………………………………… 68
4.4 网络工程招标书规范………………… 70

4.4.1 招标书写作格式与要求……… 70
4.4.2 招标书格式实例……………… 71
4.5 网络工程投标书规范………………… 79
　4.5.1 网络工程投标书书写规范
　　　　………………………………… 79
　4.5.2 投标书格式实例……………… 80
4.6 工程监理……………………………… 86
　4.6.1 工程监理的基本概念………… 86
　4.6.2 工程监理的内容……………… 87
　4.6.3 工程监理的实施步骤………… 87
　4.6.4 项目监理机构………………… 87
4.7 工程测试与验收……………………… 88
　4.7.1 综合布线系统的验收………… 88
　4.7.2 综合布线系统的测试………… 90
　4.7.3 网络设备的清点与验收……… 91
　4.7.4 网络系统的初步验收………… 91
　4.7.5 网络系统的试运行…………… 92
　4.7.6 网络系统的最终验收………… 92
　4.7.7 交接和维护…………………… 93
　本章习题…………………………… 93

第5章 交换机配置与管理 ……… 94
5.1 OSI模型与数据通讯设备…………… 94
　5.1.1 OSI的服务原语……………… 95
　5.1.2 OSI模型各层功能简介……… 96
　5.1.3 分层的原因…………………… 100
　5.1.4 数据通讯设备………………… 101
5.2 交换机概述…………………………… 101
　5.2.1 交换机的原理………………… 101
　5.2.2 交换机的作用………………… 102
　5.2.3 交换机的组成………………… 103
　5.2.4 交换机的分类………………… 104
5.3 交换机的连接………………………… 105
　5.3.1 交换机的端口………………… 105
　5.3.2 共享式与交换式网络………… 107

5.4 生成树协议(STP) …………… 109
　5.4.1 STP 协议原理 …………… 109
　5.4.2 STP 端口状态 …………… 112
5.5 交换机基本配置 ……………… 113
　5.5.1 交换机配置软件 IOS 介绍
　　　　………………………… 113
　5.5.2 基本配置命令 …………… 114
5.6 VLAN 概念和划分 …………… 120
　5.6.1 VLAN 概念 ……………… 120
　5.6.2 生成、修改以太网 VLAN
　　　　………………………… 122
　5.6.3 删除 VLAN ……………… 123
　5.6.4 将端口分配给 VLAN …… 124
5.7 Trunk 实现及 VTP 配置 …… 124
　5.7.1 Trunk 介绍 ……………… 124
　5.7.2 VTP 介绍 ………………… 127
　5.7.3 配置 Trunk 和 VTP …… 128
　5.7.4 VTP 配置实例 …………… 129
5.8 三层交换机配置 ……………… 133
　5.8.1 三层交换机概念 ………… 133
　5.8.2 三层交换机上 VLAN 配置
　　　　………………………… 135
　5.8.3 三层交换机上 DHCP 配置
　　　　实例 …………………… 135
　本章习题 …………………………… 139

第 6 章 路由器配置与管理 ………… 141
6.1 路由器概述 …………………… 141
　6.1.1 路由器原理 ……………… 141
　6.1.2 路由器基本功能 ………… 142
　6.1.3 路由器基本构成 ………… 143
6.2 路由器分类 …………………… 145
　6.2.1 路由器分类 ……………… 145
　6.2.2 路由器作用 ……………… 146
6.3 路由器接口与连接 …………… 146
　6.3.1 路由器接口 ……………… 147
　6.3.2 路由器连接 ……………… 148
6.4 路由协议介绍 ………………… 152
　6.4.1 路由协议分类 …………… 152
　6.4.2 局域网路由协议 ………… 153
　6.4.3 广域网路由协议 ………… 159
6.5 路由器基本配置 ……………… 160
　6.5.1 路由器配置概述 ………… 160
　6.5.2 路由配置命令 …………… 161
6.6 静态路由配置 ………………… 163
　6.6.1 静态路由配置概述 ……… 163
　6.6.2 静态路由配置实例 ……… 164
　本章习题 …………………………… 167

第 7 章 路由器协议配置 …………… 169
7.1 动态路由——RIP 配置 ……… 169
　7.1.1 RIP 配置概述 …………… 169
　7.1.2 RIP 配置实例 …………… 170
7.2 动态路由 IGRP 配置 ………… 175
　7.2.1 IGRP 配置概述 ………… 175
　7.2.2 IGRP 配置实例 ………… 176
　7.2.3 配置测试 ………………… 180
7.3 动态路由 EIGRP 配置 ……… 181
　7.3.1 EIGRP 概述 ……………… 181
　7.3.2 配置环境 ………………… 183
　7.3.3 配置测试 ………………… 187
7.4 动态路由 OSPF 及 PPP-chap
　　配置 …………………………… 189
　7.4.1 OSPF 及 PPP-chap 概述
　　　　………………………… 189
　7.4.2 各路由器配置 …………… 191
　7.4.3 配置 PPP 验证协议 chap
　　　　………………………… 195
7.5 NAT 基本配置 ………………… 197
　7.5.1 NAT 介绍 ………………… 197

7.5.2 地址复用 …………………… 199
  7.5.3 动态 NAT 配置 …………… 200
  7.5.4 端口地址转换 …………… 201
 7.6 访问列表配置 …………………… 201
  7.6.1 ACL 的功能 ……………… 202
  7.6.2 ACL 的操作过程 ………… 203
  7.6.3 ACL 的配置实例 ………… 204
 本章习题 …………………………… 210

第 8 章 网络管理与维护 …………… 213
 8.1 网络系统安全技术概述 ………… 213
  8.1.1 网络安全的重要性 ……… 213
  8.1.2 网络安全面临的主要问题
   ……………………………… 213
  8.1.3 网络安全策略 …………… 215
 8.2 网络防攻击和冲突检测技术
   ……………………………… 219
 8.3 网络管理基础 …………………… 220
  8.3.1 网络管理系统的构成 …… 220
  8.3.2 网络管理技术的标准 …… 220
  8.3.3 SNMP 的体系结构与
       工作原理 …………………… 222
 8.4 网络管理系统平台 ……………… 224
  8.4.1 网络管理系统概述 ……… 224
  8.4.2 主流网络管理
       系统技术 …………………… 224
 8.5 网络故障诊断概述 ……………… 226
  8.5.1 网络故障的分类 ………… 226
  8.5.2 网络维护的主要方法 …… 228
  8.5.3 网络维护的步骤 ………… 228
 8.6 网络维护的主要工作 …………… 230
  8.6.1 网络维护软件工具 ……… 230
  8.6.2 网络维护硬件工具 ……… 231
 8.7 网络诊断命令 …………………… 231

  8.7.1 IPConfig 命令 ……………… 231
  8.7.2 Ping 命令 ………………… 232
  8.7.3 Netstat 命令 ……………… 233
  8.7.4 Traceroute 命令 …………… 233
  8.7.5 Nslookup 命令 …………… 235
 本章习题 …………………………… 236

第 9 章 实验指导 …………………… 237
 9.1 网络环境组建 …………………… 237
 9.2 交换机基本配置及
     VLAN 设置 …………………… 240
  9.2.1 交换机基本配置 ………… 240
  9.2.2 VLAN 设置 ……………… 242
 9.3 三层交换机配置 ………………… 242
 9.4 路由器的基本配置 ……………… 243
 9.5 路由器协议的配置 ……………… 245
  9.5.1 标准静态路由的配置 …… 245
  9.5.2 缺省路由的配置 ………… 246
 9.6 广域网协议配置 ………………… 246
 9.7 防火墙实验 ……………………… 265
  9.7.1 Windows 防火墙 ………… 265
  9.7.2 Linux 防火墙 …………… 265
 9.8 网络管理软件安装与使用 ……… 266
 9.9 Linux 的网络 …………………… 269
  9.9.1 Linux 的安装和简单配置
   ……………………………… 269
  9.9.2 Linux 拨号上网 ………… 273
  9.9.3 Linux 用户管理与资源管理
   ……………………………… 274
  9.9.4 Linux 服务管理 ………… 279
 本章习题 …………………………… 280

参考文献 …………………………… 281

第1章 网络系统集成概述

21世纪是网络的世纪,人们从来没有像现在一样如此依赖互联网,计算机网络已经广泛渗透到人类生活的方方面面。各种网络软、硬件种类繁多,发展也非常快,如何充分发挥网络应有的价值,最大程度地保持系统的畅通和稳定,就是计算机网络系统集成所要解决的问题。

1.1 网络系统集成

1.1.1 网络系统集成概述

将各种计算机硬件、软件、网络、通讯及人机环境,根据应用要求,依据一定的规范进行优化组合,以充分发挥各种软、硬件的作用,实现最佳效果。它通过综合利用计算机技术、现代控制技术、现代通讯技术及现代图形显示技术,实现语音、数据、图像、视频等信息传输与播放多种业务功能。

1.1.2 网络系统集成的体系框架

由于计算机网络集成不仅涉及技术问题,而且涉及企事业单位的管理问题,因而比较复杂,特别是大型网络系统。从技术上说,会涉及到很多不同厂商、不同标准的计算机设备、协议和软件,也会涉及异质和异构网络的互联问题。从管理上说,不同的单位有不同的实际需求,管理思想也千差万别。所以,计算机网络设计者一定要建立起计算机网络系统集成的体系框架。

图1-1给出了计算机网络系统集成的一般体系框架。

1.1.3 网络系统集成的工作内容

设计人员分析用户的需求,依据计算机网络系统集成的三个层面进行方案设计,所设计的方案由专家和客户进行论证,然后对设计方案进行修正,方案论证通过后得到解决方案,依据方案进行工程施工,施工完成后进行验收,如果验收过程中发现错误则再纠正错误给出解决方案,再实施,直到测试通过。最后为保证系统可靠、安全、高效地运行对系统进行维护和必要的服务。

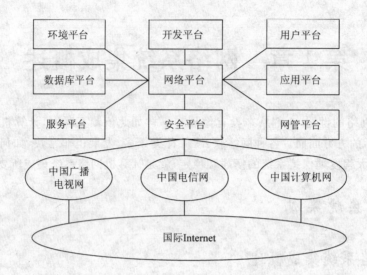

图 1-1 计算机网络系统集成的一般体系框架

1.2 网络互联设备

1.2.1 网 卡

网卡(Network Interface Card,NIC)也叫网络适配器,是连接计算机与网络的硬件设备。网卡插在计算机或服务器扩展槽中,通过网络线(如双绞线、同轴电缆或光纤)与网络交换数据、共享资源。

选购网卡需考虑以下几个因素:

① 速度。网卡的速度描述网卡接收和发送数据的快慢,10 MB 的网卡价格较低(几十元钱一块),就目前的应用而言能满足普通小型共享式局域网传输数据的要求,考虑性价比的用户可以选择 10 MB 的网卡;在传输频带较宽的信号或交换式局域网中,应选用速度较快的 100 MB网卡(或 10~100 MB 自适应网卡)。

② 总线类型。常见网卡按总线类型可分为 ISA 网卡、PCI 网卡等。ISA 网卡以 16 位传送数据,标称速度能够达到 10 MB。PCI 网卡以 32 位传送数据,速度较快。目前市面上大多是 10 MB 和 100 MB 的 PCI 网卡。建议不要购买过时的 ISA 网卡,除非用户的计算机没有 PCI 插槽。

③ 接口。常见网卡接口有 BNC 接口和 RJ-45 接口(类似电话的接口),也有两种接口均有的双口网卡。接口的选择与网络布线形式有关,在小型共享式局域网中,BNC 口网卡通过同轴电缆直接与其他计算机和服务器相连;RJ-45 口网卡通过双绞线连接集线器(HUB),再通

过集线器连接其他计算机和服务器。另外，在选用网卡时，还应查看其程序软盘所带驱动程序支持何种操作系统；如果用户对速度要求较高，考虑选择全双工的网卡；若安装无盘工作站，需让销售商提供对应网络操作系统上的引导芯片(BootROM)。目前市售网卡多为软跳线设置即插即用网卡，只是低档网卡 Windows 98 不容易识别，安装设置略为困难。

网卡外形如图 1-2 所示。

图 1-2 网卡

1.2.2 集线器

集线器(Hub)是局域网中计算机和服务器的连接设备，是局域网的星形连接点，每个工作站用双绞线连接到集线器上，由集线器对工作站进行集中管理。最简独立型集线器有多个用户端口(8 口或 16 口)，用双绞线连接每一端口和网络站(工作站或服务器)。数据从一个网络站发送到集线器上以后，就被中继到集线器中的其他所有端口，供网络上每一用户使用。独立型集线器通常是最便宜的集线器，最适合于小型独立的工作小组、部门或者办公室。选择集线器主要从网络站容量考虑端口数(8 口、16 口或 24 口)，从数据流考虑速度(10 MB、100 MB)。集线器型号、类型很多，典型的集线器如图 1-3 所示。

图 1-3 集线器

1.2.3 交换机

交换机也叫交换式集线器，是局域网中的一种重要设备。它可将用户收到的数据包根据目的地址转发到相应的端口。它与一般集线器的不同之处是：集线器是将数据转发到所有的集线器端口，即同一网段的计算机共享固有的带宽，传输通过碰撞检测进行，同一网段计算机越多，传输碰撞也越多，传输速率会变慢；而交换机每个端口为固定带宽，有独特的传输方式，传输速率不受计算机台数增加影响，所以它更优秀。交换机是数据链路层设备，它可将多个局域网网段连接到一个大型网络上。目前有许多类型的交换机。

① 根据架构特点,交换机可分为机架式、带扩展槽固定配置式和不带扩展槽固定配置式3种。

- 机架式交换机:它是一种插槽式的交换机,这种交换机扩展性较好,可支持不同的网络类型。它是应用于高端的交换机。
- 带扩展槽固定配置式交换机:它是一种有固定端口数并带少量扩展槽的交换机,这种交换机在支持固定端口类型网络的基础上,还可以通过扩展其他网络类型模块来支持其他类型网络。
- 不带扩展槽固定配置式交换机:该机仅支持一种类型的网络(一般是以太网),可应用于小型企业或办公室环境下的局域网,应用很广泛。

② 根据传输介质和传输速度,交换机可以分为以太网交换机、令牌环交换机、FDDI 交换机、ATM 交换机、快速以太网交换机和千兆以太网交换机等多种。这些交换机分别适用于以太网、快速以太网、FDDI、ATM 和令牌环网等环境。

③ 根据应用规模,交换机可分为企业级交换机、部门级交换机和工作组交换机。

- 企业级交换机:属于高端交换机,采用模块化结构,可作为网络骨干来构建高速局域网。
- 部门级交换机:面向部门的以太网交换机,可以是固定配置,也可以是模块配置,一般有光纤接口。具有较为突出的智能型特点。
- 工作组交换机:它是传统集线器 Hub 的理想替代产品,一般为固定配置,配有一定数目的 10BaseT 或 10/100Base TX 以太网口。

④ 根据 OSI 的分层结构,交换机可分为二层交换机、三层交换机等。

- 二层交换机:该机是指工作在 OSI 参考模型的第 2 层(数据链路层)上的交换机,主要功能包括物理编址、错误校验、帧序列以及流控制。一个纯第 2 层的解决方案,是最便宜的方案;但它在划分子网和广播限制等方面提供的控制最少。
- 三层交换机:该机是一个具有 3 层交换功能的设备,即带有第 3 层路由功能的第 2 层交换机。

典型的交换机如图 1-4 所示。

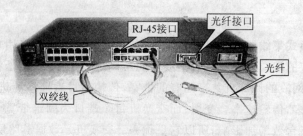

图 1-4 交换机

1.2.4 路由器

路由器(Router)用于连接网络层、数据层、物理层执行不同协议的网络,协议的转换由路由器完成,从而消除了网络层协议之间的差别。路由器适合于连接复杂的大型网络。路由器的互联能力强,可以执行复杂的路由选择算法,处理的信息量比网桥多;但处理速度比网桥慢。典型的路由器如图1-5所示。

图1-5 路由器

1.2.5 网 关

网关(Gateway)又称网间连接器、协议转换器。网关在传输层上以实现网络互联,是最复杂的网络互联设备,仅用于两个高层协议不同的网络互联。网关的结构也和路由器类似,不同的是互联层。网关既可以用于广域网互联,也可以用于局域网互联。

1.2.6 防火墙

"防火墙"是一种形象的说法,其实是一种计算机硬件和软件的组合,使互联网与内部网之间建立起一个安全网关(scurity gateway),从而保护内部网免受非法用户的侵入;它是一个把互联网与内部网(通常为局域网或城域网)隔开的屏障。

防火墙如果从实现方式上来分,又分为硬件防火墙和软件防火墙两类。通常意义上讲的硬防火墙为硬件防火墙,是通过硬件和软件的结合来达到隔离内、外部网络的目的,价格较贵;但效果较好,一般小型企业和个人很难实现。软件防火墙通过纯软件的方式来达到,价格便宜;但这类防火墙只能通过一定的规则来达到限制一些非法用户访问内部网的目的。现在软件防火墙主要有天网防火墙个人及企业版和Norton的个人及企业版软件防火墙,还有许多原来是开发杀病毒软件的开发商现已开发了软件防火墙,如KV系列、KILL系列、金山系列等。

硬件防火墙如果从技术上来分又可分为两类,即标准防火墙和双家网关防火墙。标准防火墙系统包括一个UNIX工作站,该工作站的两端各接一个路由器进行缓冲。其中一个路由器的接口连接外部世界,即公用网;另一个则连接内部网。标准防火墙使用专门的软件,并要求较高的管理水平,而且在信息传输上有一定的延迟。双家网关(dual home gateway)则是标准防火墙的扩充,又称堡垒主机(bation host)或应用层网关(applications layer gateway);它是一个单个的系统,但却能同时完成标准防火墙的所有功能。其优点是能运行更复杂的应用,同时防止在互联网和内部系统之间建立任何直接的边界,可以确保数据包不能直接从外部网络到达内部网络,反之亦然。

随着防火墙技术的发展,在双家网关的基础上又演化出两种防火墙配置,一种是隐蔽主机网关方式,另一种是隐蔽智能网关(隐蔽子网)。隐蔽主机网关是当前一种常见的防火墙配置。顾名思义,这种配置一方面将路由器进行隐蔽,另一方面在互联网和内部网之间安装堡垒主机。堡垒主机装在内部网上,通过路由器的配置,使该堡垒主机成为内部网与互联网进行通讯的唯一系统。目前技术最为复杂而且安全级别最高的防火墙是隐蔽智能网关,它将网关隐藏在公共系统之后使其免遭直接攻击。隐蔽智能网关提供了对互联网服务进行几乎透明的访问,同时阻止了外部未授权访问对专用网络的非法访问。一般来说,这种防火墙是最不容易被破坏的。

总的来说,防火墙是在网络之间执行安全控制策略的系统,它包括硬件和软件。设置防火墙的目的是保护内部网络资源不被外部非授权用户使用,防止内部受到外部非法用户的攻击。防火墙通过检查所有进出内部网络的数据包的合法性,判断是否会对网络安全构成威胁,为内部网络建立安全边界(security perimeter)。防火墙的作用如图1-6所示。

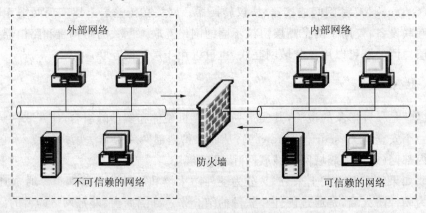

图1-6 防火墙的作用

构成防火墙系统的两个基本部件是包过滤路由器(packet filtering router)(如图1-7所示)和应用级网关(application gateway)(如图1-8所示)。

最简单的防火墙由一个包过滤路由器组成,而复杂的防火墙系统由包过滤路由器和应用级网关组合而成。由于组合方式有多种,因此防火墙系统的结构也有多种形式。

这种路由器按照系统内部设置的分组过滤规则(即访问控制表),检查每个分组的源IP地址、目的IP地址,决定该分组是否应该转发。

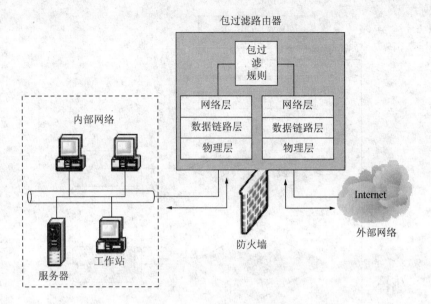

图 1-7 包过滤路由器示意图

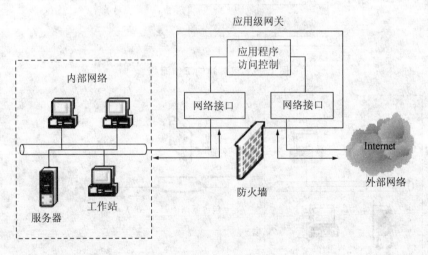

图 1-8 应用级网关

包过滤规则一般是基于部分或全部报头的内容。例如,对于 TCP 报头信息可以是:源 IP 地址;目的 IP 地址;协议类型;IP 选项内容;源 TCP 端口号;目的 TCP 端口号;TCPACK 标识。

包过滤的工作流程和包过滤路由器作为防火墙的结构分别如图 1-9,图 1-10 所示。

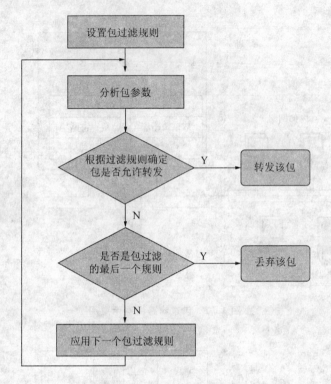

图 1-9 包过滤的工作流程

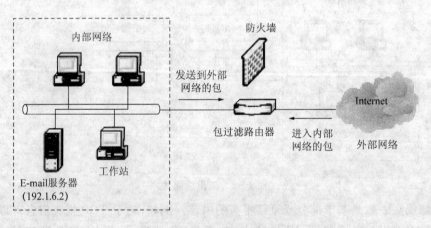

图 1-10 包过滤路由器作为防火墙的结构

假设网络安全策略规定:内部网络的 E-mail 服务器(IP 地址为 192.1.6.2,TCP 端口号为 25)可以接收来自外部网络用户的所有电子邮件;允许内部网络用户传送到与外部电子邮件服务器的电子邮件;拒绝所有与外部网络中名字为 TESTHOST 主机的连接。

多归属主机(multi-homed host)。典型的多归属主机结构如图 1-11 所示。

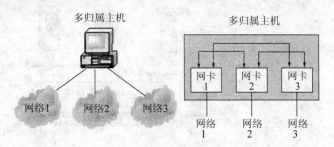

图 1-11 典型的多归属主机结构

应用代理如图 1-12 所示。

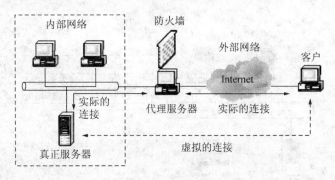

图 1-12 应用代理(application proxy)

防火墙的系统结构。一个双归属主机作为应用级网关可以起到防火墙作用;处于防火墙关键部位、运行应用级网关软件的计算机系统称为堡垒主机,如图 1-13 所示。

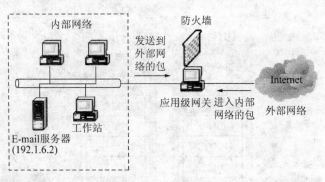

图 1-13 堡垒主机

典型防火墙系统结构分析。采用一个过滤路由器与一个堡垒主机组成的 S-B1 防火墙系统结构。防火墙系统结构,包过滤路由器的转发过程,S-B1 配置的防火墙系统中数据的传输过程,采用多级结构的防火墙系统结构分别如图 1-14、图 1-15、图 1-16 和图 1-17 所示。

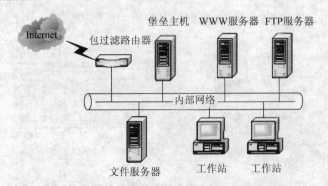

图1-14 防火墙系统结构示意图

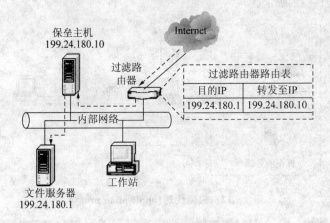

图1-15 包过滤路由器的转发过程

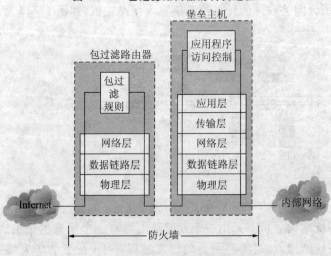

图1-16 S-B1配置的防火墙系统中数据传输过程

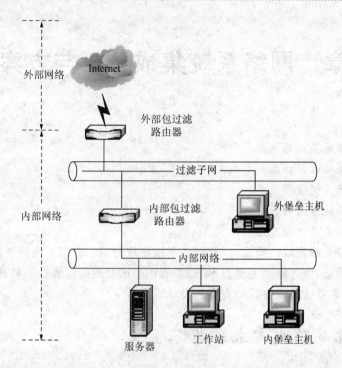

图 1-17　采用多级结构的防火墙系统(S-B1-S-B1 配置)结构示意图

本 章 习 题

1. 计算机网络系统集成一般分成哪几个主要部分？
2. 计算机网络系统集成的功能是什么？
3. 常见的网络互联设备都有什么？它们各自的主要作用是什么？

第 2 章 网络系统集成分析与方案设计

本章教学目标:
- 了解网络系统集成的概念
- 了解中心机房设计标准和原则
- 掌握服务器系统主要技术
- 理解网络系统方案的设计
- 理解服务器产品选型原则

本章介绍网络系统集成的概念,以及网络系统集成分析。介绍了网络系统方案设计,中心机房设计标准和原则,服务器的主要技术,服务器产品选型的原则等。最后通过局域网方案设计实例,阐述了网络系统集成分析与方案的设计。

2.1 网络系统集成需求分析

整个社会的信息化进程已经大大加快,要准确预测 5 年、10 年后的网络具体应用情况,是一件很困难的事情。因此网络的总体规划,应该根据建设单位的总体发展趋势,重点规划网络基础设施的建设,充分考虑网络系统未来可能的扩展与升级。由于网络技术发展迅速,而且网络建设单位一次投入的网络建设经费往往有限,因此网络建设一般宜分期分步实施,既要把握网络技术的发展趋势,又要符合用户的实际需求;新建的网络系统应具有先进性、可扩展性和兼容性,要利于今后的扩展、升级和更新,在保证技术先进的前提下,尽可能选用同种类型的网络设备,以便于和原有网络系统互联并便于管理。总体规划要处理好整体建设与局部建设,近期建设与远期建设的相互关系;根据用户近期需求、经济实力和中长期发展规划,结合网络技术的现状和发展趋势进行综合考虑。

在实际的网络规划与设计中,需要解决以下几个问题:
① 用户为什么要建设计算机网络,即建设计算机网络的目的是什么?
② 用户建成后的计算机网络应该能够解决什么问题,即建设计算机网络的预期目标是什么?
③ 建成后的计算机网络是什么样的,即如何按照用户的需求来设计合理的计算机网络,比如拓扑结构是怎样的,传输介质用什么,网络上可以实现哪些应用等。

上面列出的问题①和问题②属于用户需求分析需要解决的问题,问题③属于具体的网络设计要解决的问题。

需求分析是从软件工程学中引入的概念,是关系一个网络系统成功与否非常关键的一个因素。如果网络系统应用需求及趋势分析做得透,网络方案就显得非常灵活,系统框架搭得好,网络工程实施及网络应用实施就相对容易得多;反之,如果没有透彻理解用户的需求,或者说没有就需求与用户达成一致,"蠕动需求"就会贯穿整个项目的始终,并破坏项目的计划、实施乃至项目的预算,甚至导致项目的失败。而且网络系统集成项目是投资较大,贬值较快的工程,贵在速战速决。如果用户遭受失败或者受到网络项目的长期拖累,那么系统集成商的日子也不会好过,因为它不仅可能拿不到相应的利润,而且会影响集成商的信誉,这是任何系统集成商都不愿看到的情况。因此,要把网络应用的需求分析作为网络系统集成中至关重要的步骤来完成。应当清楚,需求分析尽管不可能立即得出结果,但它确实是网络整体战略的一部分。

需求分析阶段主要完成用户网络系统调查,了解用户建网需求,或用户对原有网络升级改造的需求,这其中包括综合布线系统、网络平台、网络应用、用户业务类型、网络管理和网络安全等方面的需求分析,为下一步制定网络方案打好基础。

2.1.1 用户需求分析的一般方法

需求调研与分析的目的是从实际出发,通过现场实地调研,收集第一手资料,取得对整个工程的总体认识,为系统总体规划设计打下基础。具体包括如下一些方法:

1. 对网络建设单位的用户调查

与未来使用网络的具有代表性的直接用户进行沟通和交流,如果是旧网络的改造项目,这个环节尤为重要。通常用户群并不能用专业的术语从技术的角度表达出其需求,这就需要通过和用户的充分交流,将用户的这些需求用技术性的语言描述出来,为今后的方案设计、投标书制作和项目实施做好准备。按照经验,用户的需求通常包括以下几个方面:

① 网络延迟和可预测响应时间。例如:用户希望 5 min 内从内部的 FTP 服务器下载一个 100 MB 大小的文件,希望从内部的流媒体服务器上接收 31 帧/s 的视频,而且要求 500 人左右同时向服务器发出请求都能满足需求等,就是延迟度量指标。又如,在基于事务处理的应用系统(如火车或汽车售票系统)中,信息查询的可预测响应时间是非常重要的因素。

② 系统的可靠性/可用性。即系统主机正常运行的性能。

③ 可扩展性。建设成功的网络系统能够满足用户将来不断增长的需求。

④ 高安全性。保护用户信息和物理资源的完整性,包括,数据备份,访问权限策略控制和灾难恢复等。

概括起来,一个优秀的系统分析员对网络用户的需求调查都会做好详尽的记录,必要时可能会做出很多表格,以便分析统计,如表 2-1 所列。

表 2-1 网络用户需求调查表示例

序 号	用户服务需求	目前需求/需求描述
1	地点	财务办公室
2	用户数量	30
3	预计未来 3 年新增用户数	20
4	延迟/响应时间需求	数据查询<0.5 s,票据打印处理<2 min
5	可靠性/可用性	365 d×24 h 不停机运行
6	安全性	数据安全,网络线路安全,授权访问
7	可扩展性	
8	其他	

2. 对建网单位的应用需求调查

用户投资建设网络的最终目的是为了应用,不同的行业有不同的应用需求,应用需求调查就是要弄清楚用户建设网络的真正目的。一般的应用包括从单位的 OA 系统,人事档案,薪资管理,绩效考核,到整个企业的 MIS 系统,电子档案系统,甚至更大的 ERP 系统,从文件信息资源共享到 Intranet/Internet 信息服务和专用服务,从单一的 ASCII 数据流到音频(如 IP 电话)、视频(如 VOD 视频点播)和流媒体传输应用等。只有对用户的实际需求进行细致的调查,和用户进行多次的充分沟通,并从中得出用户应用类型,数据量的大小,数据的重要程度,网络应用的安全性及可靠性、实用性等要求,才能据此设计出符合用户实际需求的网络系统。

一般而言,经过多年的信息化建设,建网单位往往已经有了一定的计算机系统和网络基础,这就应当按照用户的网络化水平、用户拥有的 IT 知识和用户的财力等因素综合考虑,对于不能满足未来 3~5 年需要的原有信息化基础设施,在单位财力允许的情况下,应建议用户推翻重建;反之可建议用户在原有网络设施上进行升级和扩充。对于用户即将选择的行业应用软件,或者已经在用的业务应用系统,需要了解这些软件系统对网络系统服务器或特定网络系统平台的系统要求。

应用调查的通常做法是由网络工程师、网络用户或 IT 专业人士填写用户应用调查表。设计和填写用户应用调查表要掌握好尺度,如果不涉及应用系统的开发,则不宜写得过细,只要能充分反映出用户比较明确的主要需求即可,但注意不要有遗漏,如表 2-2 所列。

表 2-2 用户应用需求调查表示例

业务部门	用户数	业务内容及相关应用软件	业务产生的结果数据	需要网络提供的服务或支持
财务部	20	固定资产管理系统、金碟财务管理系统(B/S)和瑞星杀毒软件(网络版)等	总账、明细账、各种报表、借款、报销等数据,每年发生的业务在 10 000 笔左右	数据要求万无一失,有关领导可以实时查看账目,决不允许未经授权用户的访问,要有高可用性和高安全。
档案室	5	纸质档案和相关图片、电子档案和 CAD 电子图档管理及企业网内服务	需保存 30 年之久的珍贵共享档案数据库,共约 20 000 份,200 GB 大小	需要海量存储,需要高带宽,需要数据容错,需要安全认证
设计部	50	产品研发,CAD 设计和产品测试	CAD 图档,设计文档,信息共享和交流	软件、设计资源、信息资源共享,需要相关图书和资料的查询,需要共享设计软件的许可,E-mail 交流等
市场部	20	市场推广,产品宣传,传统营销与电子商务并存,销售费用结算,合同管理和客户管理等	客户资料数据,产品资料和销售记录等	电子商务系统(企业内部网 Intranet 与 Internet 协同),与财务部费用结算系统连接,产品进、销、存系统,CRM 系统等

3. 地理布局现场勘测

对建网单位的地理环境和部门及人员分布进行实地勘测是确定网络规模、网络拓扑结构、综合布线系统设计与施工等工作不可或缺的环节,主要包括以下几项内容:

① 用户的数量及其位置。不仅要详细查看清楚建网单位的用户总数,还要弄清楚用户的分布情况,用户对应用的需求情况,以及每处用户将来的变动情况。对于楼内局域网,应详细统计出各个楼层的每个房间有多少个信息点,所属哪些部门,网络中心机房(网络设备间)在什么位置,并做出详尽的统计表格,见表 2-3 示例。对于园区网或校园网,重点应放在统计出各个建筑物的总信息点数上,见表 2-4 示例,综合布线阶段再进行详细的室内信息点分析。

表 2-3 某单位用户信息点调查表示例

部门	所在楼层	信息点数
总经理办公室	8	4
产品研发部	5	100
市场推广部	1、2	120
人力资源部	3	20

表 2-4 校园网用户信息点调查表示例

楼　宇	层　数	信息点数
教学楼	3	3 000
教学楼	3	2 000
实验楼	3	2 000
学生公寓	5	5 000

② 建筑群调查。包括建筑群内各个建筑的位置分布,估算建筑物和建筑物之间的最大距离,确定各建筑物内的管理间的位置,确定各建筑物主管理间的位置与中心机房之间的线路走向并估算出大概距离,包括各建筑之间是否有现成的电缆沟,如果没有则要详细查看具体的线路走向,中间是否需要过马路,是否有必须绕开的位置(比如军缆),有无电信杆,有无相关的环境规定等。将这些作为网络整体拓扑结构,骨干网络布局,尤其是综合布线系统需求分析与设计最直接的依据,如图 2-1 所示。

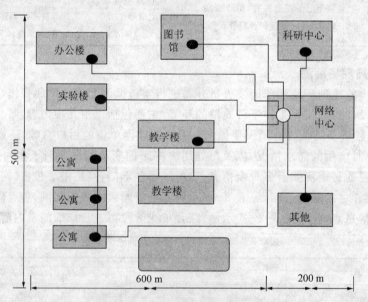

图 2-1 网络设计的一些规定

③ 建筑局部调查。在建筑物局部,最好能找到主要建筑物的弱电设计图纸(没有弱电设计图纸的,也最好要找到建筑平面图),根据这些图纸绘制分层的弱电设计图,以便于确定网络局部拓扑结构和室内布线系统的走向与布局,以及采用什么样的传输介质,如图 2-2 所示。

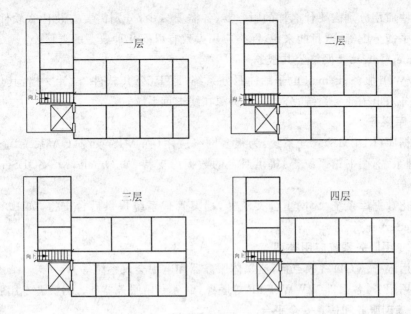

图 2-2 弱电设计图

4. 用户培育

需求分析离不开用户的参与和支持,一般企业、政府机关和学校都有负责信息化建设的部门或 IT 专门人员,如果没有,就要对方指定然后用较短的时间进行信息化相关知识的培训。有了建设单位 IT 人员的参与,双方才能建立交流与合作的基础。

在实际工作中,企业或单位常常把如何估计未来业务发展、如何对现行的业务和管理流程进行合理分析或调整等问题推给系统集成商。确实如此,系统集成商为企业提供服务,应该了解企业各方面的需求;但是系统集成商不是企业的领导,不可能真正理解每家企业的某些特殊需求,有些设计与现有工作流程不很匹配是在所难免。企业业务人员习惯性的思维方式以及权利和利益的再分配等问题,都有可能对提出的系统需求产生影响。在大多数企业中,信息化建设遇到的更多的不是技术问题,更多问题都是在业务流程合理化调整方面出现的困扰。从这里可以看出,将新的网络环境与传统业务更好的结合是企业 IT 部门的职责,应该利用企业 IT 部门人员自身的有利条件,使他们在掌握计算机相关技术的同时成为业务管理的能手。如果不能以合理的方式让用户的 IT 人员参与系统集成项目,那么即使企业信息化系统得以实施,今后的应用效果也不会理想。

2.1.2 应用概要分析

通过对用户的应用需求调查表进行分类汇总,去粗取精,从网络系统集成的角度,用技术的语言进行分析,归纳出对网络设计产生重大影响的一些因素,进而使网络方案设计人员很清楚地知道这些应用分别需要什么样的服务器,各需要多少,分别需要安装什么软件,网络负载和流量如何平衡分配等,就目前来说,网络应用大致有以下几种典型的类型:

1. Internet/Intranet 网络公共服务

WWW/Web 服务;E-mail 电子邮件服务系统;FTP(公共软件,设计文档,其他资源的共享和下载服务);电子商务系统;公共信息资源在线查询系统。

2. 数据库服务

关系数据库(RDBMS)管理系统:为很多网络应用(如 MIS 系统,OA 系统,企业 ERP 系统,教务管理系统,图书馆系统等)提供后台的数据库支持,如 Oracle,MS-SQLServer,Sysbase,IBMDB2 等。

非结构化数据库系统:为网上公文流转,档案管理系统提供后台支持,如 LotusDomino、MSExchangeServer 等。

3. 网络专用服务系统应用类型

公共专用服务:VOD 视频点播,流媒体服务器和电视会议系统等。

部门专用服务:各系部 WWW、FTP 等服务,财务专用服务器和人力资源专用服务器等。

4. 网络基础服务和信息安全平台

网络基础服务:域名解析服务器 DNS、网络地址翻译服务器 NAT、网络管理平台 SNMP、VPN 服务器等。

信息安全平台:CA 证书服务器,防火墙和 RADIS 服务器等。

可以通过对上述网络应用类型的简要归纳,进一步扩展和引伸出网络的具体应用类型。以下以建设校园网为模型,对网络建设的需求分析做一个概括。

2.1.3　详细需求分析

1. 建网投资分析

众所周知,构成网络主体的是网络通讯设备和服务器资源设备等硬件,这些设备往往价格不菲。在满足需求的条件下,不同厂家、不同型号的产品价格往往相差很大,而用户的投资却是有限的,作为一个优秀的系统集成商,就要做到所设计出的网络方案能充分满足用户的各种需求,或者尽量满足用户的绝大部分最主要的需求,不能满足的也可以找到其他廉价的替代方案,而所花的费用又在用户可接受范围之内。因此,网络方案通常是在满足一定的网络应用需求的前提下,在网络性能与用户所能承受的费用之间折衷的产物。

因此,首先要设法弄清楚建网单位的投资规模,即为建设网络所能投入的经费额度,投标标底,或者费用承受底线。投资规模会影响网络的设计、施工和服务水平。就网络项目而言,用户都想在经济方面最省、工期最短、质量更好,从而获得投资方或上级领导的好评。然而,用户必须明白,作为系统集成商,即使竞争再激烈,他们也要赚钱,因为作为商家,必须要保证他们的利润;降价是以牺牲性能、工程质量和服务为代价的,一味杀价往往带来的是垃圾工程,最后吃亏的还是用户。

网络工程项目的费用主要由以下几方面构成。
- 网络硬件设备：交换机、路由器、网卡、防火墙、入侵检测系统等。
- 服务器及客户机硬件设备：服务器群、存储设备、数据备份设备、网络打印机、客户机等。
- 网络基础设施：UPS 电源系统、机房装修、综合布线系统、防雷接地系统等。
- 相关软件：网络操作系统、客户机操作系统、数据库系统、防病毒软件、网管软件、其他第三方软件等。
- 接入互联网租用的 ISP 运营商线路费用。
- 系统集成费：包括网络设计，网络工程项目集成、系统软件和硬件集成、综合布线施工费等。
- 培训费和网络维护费：只有知道用户对网络投入的条件，才能据此确定网络硬件设备和系统集成服务的"档次"，并产生与此相匹配的网络规划。

系统集成商的利润，一般包括硬件差价、系统集成费和软件开发等方面费用，外购软件一般没有利润。现在硬件价格的透明度越来越高，利润很微薄，除非你是某些大品牌网络厂家的白金代理，能够拿到很低的折扣，因此系统集成费（通常是项目硬件设备价格综合的 9%～15%）和软件开发费是项目利润的绝大部分。

2. 网络总体需求分析

通过以上的用户调研，综合各部门人员（信息点）及其地理位置的分布情况，结合应用类型以及业务密集度的分析，大致估算分析出网络数据负载，数据包的流量及流向，信息流的特征等因素，从而得出网络带宽要求，并大致勾勒出网络应当采用的网络技术、网络骨干的拓扑结构，确定网络总体需求框架。

① 网络数据负载分析。根据当前的应用类型，网络数据主要有 3 种级别：第 1 种，MIS、OA、Web 应用，特点是数据交换频繁但流量较小；第 2 种，FTP 文件传输、CAD 图档传输、位图文件传输等，数据发生次数可能不多但负载较大，对时间的紧迫性要求不高，允许数据延迟；第 3 种，流媒体文件，如视频会议、VOD 视频服务、电视电话会议等，数据随即发生，且负载很大，需要图像和声音的同步，要求非常低的延时。数据负载大小、延时的高低以及这些数据在网络中传输的范围决定着选择多大的网络带宽、什么类型的网络设备和什么样的传输介质等因素。

② 数据包流量及流向分析。这主要是为应用进行"定界"，即为网络服务器指定地点。分布式存储和协同式网络信息处理是计算机网络的优势之一。把服务器集中放置在网络中心有时并不是明智的做法，因为它有比较明显的缺点：数据流量过分集中在网管中心所在子网和相应设备上，这可能形成网络瓶颈；所有的数据集中在网络中心，这形成了单点故障，一旦网络中心出现问题，破坏是毁灭性的，后果相当严重。分析数据包的流向就是要确定每台服务器应该

放在哪里，比如大学各个分院的 FTP 服务器，其数据主要为本院的师生提供服务，其他分院的可能很少来访问，就应该考虑将其放在该分院的管理中心。

③ 数据流特征分析。主要包括数据的实时性要求，对数据传输的延时有无明确的要求，数据的交互性要求，以及数据是否有分时段的需求等，这将为制定相应的网络管理策略提供依据。

④ 网络拓扑结构分析。主要从网络规模、地理环境分布、房屋结构和用户的实际情况等因素来分析，比如，建筑物较多，建筑物内信息点数也较多，而交换机的端口密度又不够时，就需要增加交换机的个数，或者改变连接方式。网络可靠性要求高，不允许网络有停顿，就需要采用有冗余的结构。如果有多的分中心，而有的业务又需要集中式一体化管理，就需要考虑特殊的拓扑结构。

⑤ 网络技术分析。一些特殊的实时应用，如工业控制、数据采样、音频、视频等，需要采用带宽较高的面向连接的网络技术，这样才能保证数据在网络上高质量的传输，像现在流行的千兆以太网、ATM 等都能较好的实现面向连接的网络，在目前的应用和网络技术中，采用较多的是快速以太网。

3. 网络可用性/可靠性分析

金融、证券、保险、铁路、航空等行业对网络系统可用性要求最高，网络的短暂中断或数据的丢失都会造成极大的损失。而其他行业如学校、企事业单位等对此要求就要低一些。针对不同的需求，就要设计不同的网络方案，对可用性/可靠性要求很高的用户，可以考虑采用优质传输介质，高性能的网络设备，结合冗余的网络设计方案，同时采用磁盘阵列，双机容错，异地容灾和备份等多种措施相结合的数据存储方案，但这会导致建网费用的大量增加。

4. 网络安全需求分析

用户建成后的网络往往不仅要满足内部办公和生产的需要，还要对外提供一些服务，比如发布企业商品信息，对外形象展示等，这就使得一些网络设备暴露在公共网络上，从而产生了对网络安全的需要。一般来说，网络安全分析主要包括以下几个方面：

- 分析网络存在的弱点、安全漏洞和不恰当的系统配置；
- 分析网络系统阻止外部攻击行为和防止内部人员违规操作行为的策略；
- 规划网络安全边界，使企业网络系统和外界的网络系统能安全的隔离；
- 确保租用的通讯链路和无线网络的通讯安全；
- 分析如何监控单位内部的敏感信息；
- 分析工作站/桌面系统的安全。

为了全面满足以上安全系统的需求，必须制定统一的安全策略，使用可靠的安全机制和安全技术，网络系统安全不单纯是技术问题，而是策略、技术和管理的紧密结合。

2.2 网络系统方案设计

需求分析完成后,应产生需求分析报告文档,并与用户交互,不断沟通和交流,修改和完善需求分析文档,最终应该经过用户方组织的评审,评审通过后即可形成最终的需求分析报告。有了需求分析报告,网络系统的方案设计就变得非常容易。这个阶段主要包括确定网络总体目标、网络方案设计原则、网络系统总体设计、网络拓扑结构设计、网络设备选型和网络安全设计等内容。

2.2.1 网络总体目标和设计原则

1. 确立网络总体实现的目标

网络建设的总体目标应明确采用哪些网络技术和网络标准,构建一个满足哪些应用需求的网络,网络的规模有多大,网络工程是否分期实施,如果要分期,则要明确分期工程的目标、阶段建设的内容、工程的费用、工期要求、进度计划等。

不同的网络用户其网络设计的目标往往是不一样的。除应用之外,主要的限制因素是投资规模。任何网络设计都需要权衡和折中,网络方案采用的设备越好,技术越先进,需要的成本就越高。一个优秀的网络设计人员不仅要考虑网络实施的成本,还要考虑建成后网络的运行和维护成本。因此,只有明确了用户网络的投资规模,才能设计出优质的网络方案。

2. 总体设计原则

计算机信息网络关系到将来用户的网络信息化水平和网络上运行的应用系统实施的成败,因此在设计前应对主要设计原则进行选择和权衡,并确定这些原则在网络方案中的优先级,这对网络的设计和工程实施具有重要的指导意义。

① 实用性原则。计算机网络传输介质、网络设备和服务器的技术和性能在不断的提升,但是其价格却在不断的降低,而且技术的发展一日千里,因此在实际的实施过程中,选择产品不可能也没必要一步到位。在网络方案设计中应把握够用和实用的原则,网络系统应采用成熟可靠的技术和产品,达到实用、经济和有效的目标。

② 开放性原则。网络系统应采用开放的标准和技术,如 TCP/IP 协议、IEEE802 系列标准等,其目的是:第一,有利于将来网络系统的扩展;第二,有利于在需要时与外部网络互联。

③ 先进性原则。因为现在的网络技术发展迅猛,很多大的网络生产厂商都推出了自己的技术和标准,因此在选择网络技术时,应尽可能采用先进而成熟的技术,并且采用的技术应在目前的网络技术中处于主导地位。选用的设备和技术都符合未来发展的趋势,比如目前主要采用快速以太网和全交换以太网。尽管有人已采用了 FDDI 和 Token Ring,但因为这些技术不成熟,标准还不完善和统一,价格也太高,不被大多厂家所支持,因此要谨慎采用。

④ 高可用性/可靠性原则。对于一些特殊的行业,像金融、保险、证券、国防等,要求系统

有尽可能低的平均故障率和很高的平均无故障时间,在为这些行业设计网络系统方案时,系统的高可用性/可靠性就要放在首位。

⑤ 安全性原则。在企业、政府行政办公、军工国防等部门以及电子商务等网络方案设计中,就应重点考虑网络的安全性,要尽量确保系统和数据的安全运行。而在社区网、城域网和校园网中,安全性的考虑就相对较弱。

⑥ 易用性原则。整个网络应当易于安装、使用、管理和维护,网络系统必须具有良好的可管理性,并且在满足现有网络应用的同时,为今后的应用升级奠定基础。网络系统还应具有很高的资源利用率。

⑦ 可扩展性原则。网络系统设计不仅要考虑到近期目标,也要为网络的进一步发展留有扩展的余地,因此需要统一规划和设计。网络系统应在规模和性能两方面具有良好的可扩展性,一方面是设计的网络拓扑结构便于以后的扩展,另一方面选择的网络产品也应具有很好的兼容性,便于今后的设备升级和系统扩展。

2.2.2 网络总体规划和拓扑结构设计

一般来说,通常将网络分为两个主要的部分,一是通讯子网部分,一是资源子网部分。通讯子网主要包括拓扑结构设计,网络传输介质设计,网络设备选型等;而资源子网主要是指基于通讯子网之上的各种应用,包括服务器硬件设备,服务器上的网络操作系统,服务器上运行的各种服务,数据的容载和备份等。

1. 网络拓扑结构设计

网络的拓扑结构对整个网络的运行效率、技术性能发挥、可靠性和费用、网络管理和维护等方面都有着重要的影响,因此应该根据用户的实际情况选择最适合的拓扑结构,而要选择最适合的拓扑结构,就要对各种拓扑结构的特点和使用场合有全面的了解。下面介绍主要的几种拓扑结构。

(1) 总线型网络结构

这种网络拓扑结构中所有设备都直接与总线相连,它所采用的介质一般是同轴电缆,也有采用光缆作为总线型传输介质的,如 ATM 网、Cable Modem 所采用的网络等都属于总线型网络结构。它的结构示意图如图 2-3 所示。

图 2-3 总线型结构

这种结构具有以下几个方面的特点:
- 组网费用低:从示意图 2-3 可以看出,这样的结构根本不需要另外的互联设备,是直接通过一条总线进行连接,所以组网费用较低;
- 这种网络因为各节点是共用总线带宽的,所以在传输速度上会随着接入网络的用户的增多而下降;

- 网络用户扩展较灵活:需要扩展用户时只需要添加一个接线器即可,但所能连接的用户数量有限;
- 维护较容易:单个节点失效不影响整个网络的正常通讯,但是如果总线一断,则整个网络或者相应主干网段就断了;
- 这种网络拓扑结构的缺点是一次仅能一个端用户发送数据,其他端用户必须等待到获得发送权;
- 隔离困难,负荷随节点增加而增加。

(2) 环形网络结构

环形拓扑就是将所有站点彼此串行连接,这种结构的网络形式主要应用于令牌网中,在这种网络结构中各设备是直接通过电缆来串接的,最后形成一个闭环,整个网络发送的信息就是在这个环中传递,通常把这类网络称之为"令牌环网"。这种拓扑结构网络示意图如图2-4所示。

图2-4所示是一种示意图,实际上大多数情况下这种拓扑结构的网络不会是所有计算机真的要连接成物理上的环型,一般情况下,环的两端是通过一个阻抗匹配器来实现环的封闭,在实际组网过程中因地理位置的限制不方便真的做到环的两端物理连接。

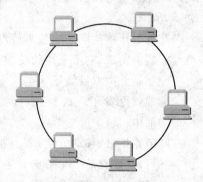

图2-4 环形网络结构

这种拓扑结构的网络主要有如下几个特点:

- 这种网络结构一般仅适用于IEEE802.5的令牌网(Token ring network),在这种网络中,"令牌"是在环型连接中依次传递。所用的传输介质一般是同轴电缆。
- 这种网络各节点地位平等,系统控制简单。可以从其网络结构示意图中看出,组成这个网络除了各工作站就是传输介质——同轴电缆,以及一些连接器材,没有价格昂贵的节点集中设备,如集线器和交换机。但也正因为这样,这种网络所能实现的功能最为简单,仅能当作一般的文件服务模式。
- 传输速度较快:在令牌网中允许有16 Mbps的传输速度,它比普通的10 Mbps以太网要快许多。当然随着以太网的广泛应用和以太网技术的发展,以太网的速度也得到了极大提高,目前普遍都能提供100 Mbps的网速,远比16 Mbps要高。
- 维护困难:从其网络结构可以看到,整个网络各节点间是直接串联的,这样任何一个节点出了故障都会造成整个网络的中断、瘫痪,维护起来非常不便。另一方面,因为同轴电缆所采用的是插针式的接触方式,所以非常容易造成接触不良,网络中断,而且故障原因查找起来非常困难,这一点相信维护过这种网络的人都深有体会。
- 可靠性差、扩展性差:因为它的环型结构,决定了它的扩展性能远不如星形结构好,如果要新添加或移动节点,就必须中断整个网络,在环的两端作好连接器才能连接。

(3) 星形网络结构

星形拓扑则是以一台设备作为中央连接点,各工作站都与它直接相连形成星形,这种结构是目前在局域网中应用得最为普遍的一种,在企业网络中几乎都是采用这一方式。星形网络几乎是 Ethernet(以太网)网络专用,它是因网络中的各工作站节点设备通过一个网络集中设备(如集线器或者交换机)连接在一起,各节点呈星状分布而得名。这类网络目前用的最多的传输介质是双绞线,如常见的五类线、超五类双绞线等。它的基本连接示意图如图 2-5 所示。

图 2-5 星形结构

这种拓扑结构网络的基本特点主要有如下几点:

➢ 容易实现:它所采用的传输介质一般是通用的双绞线,这种传输介质比较便宜,如目前正品五类双绞线每米也仅 1.5 元左右,而最便宜的同轴电缆每米也要 2.00 元左右,光缆就更贵了。这种拓扑结构主要应用于 IEEE802.2、IEEE802.3 标准的以太局域网中;

➢ 节点扩展、移动方便:节点扩展时只需要从集线器或交换机等集中设备中拉一条线即可,而要移动一个节点只需要把相应节点设备移到新节点即可,而不会像环型网络那样"牵其一而动全局";

➢ 维护容易:一个节点出现故障不会影响其他节点的连接,可任意拆走故障节点;

➢ 采用广播信息传送方式:任何一个节点发送信息在整个网中的节点都可以收到,这在网络方面存在一定的隐患,但这在局域网中使用影响不大;

➢ 网络传输数据快:这一点可以从目前最新的 1 000 Mbps~10 G 以太网接入速度可以看出。

(4) 树形拓扑结构

从实质上说,树形拓扑是星形拓扑的扩展,所以有时候也叫扩展的星形结构。在一个较复杂的网络中,星形网的分层罗列就构成了树形网络结构,树形网络是一种分层网,其结构可以对称,联系固定,具有一定的容错能力,一个分支和节点的故障不影响另一个分支的工作,无需对原网络做任何的改动就可以很容易地扩展工作站。

树形拓扑结构是当今网络系统集成工程中使用最广泛的一种结构,近年来的局域网、园区网、校园网和城域网,大多采用树形结构。

(5) 网状拓扑结构

网状拓扑结构的特点是各个节点通常都互相连接在一起,城域网有时候采用这种结构。

2. 选择拓扑结构的原则

选择拓扑结构时,应该考虑的主要因素有以下几点:

(1) 经济性

不同的拓扑结构所配置的网络设备不同,设计施工安装的费用也不同,要关注费用,就需要对拓扑结构、传输介质、传输距离等相关因素进行分析，选择合理的方案。比如，冗余环路设计可以提高可靠性，但费用也较高。

(2) **灵活性**

在设计网络时，考虑到用户今后的需求和设备可能变更，拓扑结构必须具有一定的灵活性，能很容易地被重新配置，此外还要考虑到信息点增减的灵活度。

(3) **可靠性**

网络设备的损坏、传输介质的人为中断、联结器件的老化和松动等故障都是有可能发生的，网络拓扑结构设计要做到避免因个别节点损坏而影响整个网络的正常运行。

如今的网络技术组以快速以太网和千兆以太网为主流，计算机局域网或园区网一般采用星形拓扑结构，或其变种。按照网络规模的大小，通常将网络分为核心层、汇聚层和接入层三层。核心层和汇聚层构成了网络的主干，通常用光纤连接，传输速率一般在千兆或以上，以避免出现网络瓶颈；接入层和汇聚层之间一般采用双绞线，光纤做备份，这样既可以满足用户目前的需求，又为今后网络的升级做好了充分的准备。这样设计的网络结构如图 2-6 所示。

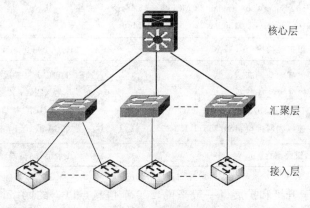

图 2-6　网络结构

2.2.3　网络层次结构设计

1. 核心层设计

核心层技术的选择，要根据需求分析中地理距离、信息流量和数据负载的轻重而定，一般来说，核心层用来连接建筑群和服务器群，可能会容纳网络上的绝大部分数据流量，是网络的骨干。连接建筑群的网络主干一般采用光纤作为传输介质，典型的核心层网络技术主要有千兆以太网、快速以太网(100-BASE-FX)、ATM 和 FDDI 等。从先进性、易用性和可扩展性考虑，目前应用最广泛的是千兆以太网，100-BASE-FX 用在建网经费紧张、对带宽要求不是很高、今后打算扩展到千兆的场合。

核心层的关键是核心交换机或路由器，根据网络结构和采用的技术不同，核心层可以选择

高性能二层交换机或者带路由功能的交换机,即通常说的三层交换机。在选择核心层交换机时,主要应考虑以下几方面因素:

① 高性能,高效率。二层交换最好能够达到线速交换,即交换机背板带宽≥所有端口带宽的总和,如果网络规模很大,需要配置 VLAN,则要求交换具有第三层交换的能力,表 2-5 对当前主要厂商的主流核心交换机作了简单比较。

表 2-5 当前主要厂商的主流核心交换机

项 目	Cisco 6500 系列	锐捷 RG-S6800E 系列
背板性能	32 Gbps 共享总线 25 6 Gbps 交换矩阵 720 Gbps 交换矩阵	RG-S6810E 和 RG-S6806E 分别提供 1.6T/0.8T 的背板带宽
三层包转发能力	Cisco Catalyst 6500 Supervisor Engine 1A 多层交换特性卡(MSFC2):15 Mpps Catalyst 6500 Supervisor Engine 2 MSFC2:最高 210 Mpps Catalyst 6500 Supervisor Engine 32 MSFC2a:15 Mpps Catalyst 6500 Supervisor Engine 720:最高 400 Mpps	高达 572 Mpps/286 Mpps 的二/三层包转发速率可为用户提供高速无阻塞的数据交换
扩展性	6/9/13 个可扩展插槽	10/6 个可扩展插槽
端口密度	6/9/13 个可扩展插槽分别高达: GBIC 口:82/130/194 100BASE-FX 口:240/384/576 10/100 快速以太网接口:480/768/1 152	10E 和 06E 个可扩展插槽分别高达: 万兆 XENPAK 接口:20/12 MINI-GBIC 接口:240/144 100BASE-FX 模块(MT-RJ 接口):320/192
其他性能	冗余电源,链路聚合	冗余电源,链路聚合

② 选型合理,便于升级和扩展。一般来说,250 个信息点以下的网络,选择具有可堆叠能力的固定配置交换机即可;250 个信息点以上的网络,适用于选择模块化的核心层交换机;500 个信息点以上的网络,交换机应能支持高密度端口和大吞吐量扩展卡,比如 Cisco 6000 和 6500 系列。

③ 高可靠性。最好选择采用冗余技术的设备,比如冗余电源,设备的可扩展卡支持热插拔,便于更换维护。

④ 强大的网络控制和管理能力。即要能够支持 QOS、RADIUS 认证,通用网络管理协议 SNMP、RMON、RMON2 等。

2. 汇聚层设计

一般的小型网络无须设置汇聚层,汇聚层交换机是中、大型园区网的骨干,因此对它的要求也是比较高的。在选型时主要应考虑以下因素。

① 高性能,高效率。汇聚层作为园区网的区域(一栋楼或几个楼层)中心,要尽量做到线

速交换,以免成为该区域的一个瓶颈,如果需要划分 VLAN,还要求支持三层交换能力。常用的汇聚层交换机有 Cisco 的 3550 和 3560 系列。

② 可扩展性。尽量选择带有光模块的汇聚层交换机,这样在核心层的连接上便可以根据经济情况灵活选择,有利于今后的升级和扩充。

③ 兼容性。因为各个厂家都有其核心技术,为了实现这些技术带来的好处,汇聚层交换机最好选用与核心交换机相同的品牌,比如防止 ARP 欺骗,防止局域网内私设的 DHCP 等都需要在同一厂家的交换机下实现。此外还要能够支持通用协议,如 QOS、SNMP 等。

3. 接入层设计

接入层是网络的边缘,其技术已相当成熟,各厂家产品的技术指标都差不多,因此可选择的品牌非常多,但在选择时要考虑以下因素:

① 稳定性。重点比较各品牌交换机的平均无故障时间、端口丢包率、延时、散热、功耗等技术指标。

② 经济性。在技术指标和品牌形象差不多的情况下,尽量选择价格较低的产品,以节约成本。

③ 可管理性。网络是否需要管理到具体的端口,管理方式如何,就是常说的可网管交换机和不可网管交换机。对可网管交换机,主要看其是否支持基于 802.1q 的 VLAN 划分、通用网管协议 SNMP、802.1x 等。

2.2.4 网络操作系统与服务器资源设备

服务器的选择配置是网络系统方案设计非常关键的技术之一,也是衡量系统集成商技术水平的重要指标。一方面网络系统的建设是以网络的应用为基础,也就是网络的具体应用决定了网络建设的规模。另一方面,建成后的网络系统要能够支撑基于网络的应用,再好的网络,如果不能满足应用的需求就只能是一个空架子。因此,在做网络方案设计的时候就离不开对应用系统的设计。

选择服务器首先要看其具体的网络应用。网络应用的框架如图 2-7 所示。

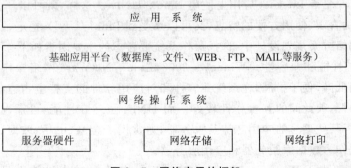

图 2-7 网络应用的框架

由于应用系统所采用的开发工具和运行环境建立在基础应用平台之上,基础应用平台与网络操作系统关系密切,如 Windows、UNIX、OS/2 等网络操作系统,他们所支持的应用软件是不同的。不同的服务器硬件支持的操作系统是不一样的,因此在选择服务器硬件的时候首先要把网络操作系统确定下来。

目前网络操作系统可选择的比较多,网络操作系统选择的恰当与否,有时决定了网络系统建设的成败。一般而言,系统集成商应该根据公司内部系统集成工程师以及用户网络管理人员的技术水平和对网络系统的经验进行选择。除非不得已,不要选择大家都比较生疏的服务器和操作系统,否则不仅可能延长工期,邀请外援,增加费用,还会导致系统培训、维护和管理的成本大大增加。网络操作系统的分类和适用范围如表 2-6 所列。

表 2-6 网络操作系统的分类和适用范围

序号	网络操作系统及版本	应用特点
1	Windows NT 4.0/2000 Server/2003 Server	采用图形界面,系统安装、网络配置、客户端设置、服务器配置管理直观、方便,支持大多数网络协议,继承了多种服务,如 IIS、DHCP、DNS 等,功能强大,几乎包括了构筑企业级应用服务器和 Internet 服务的所有内容。应用广泛。 缺点:对硬件尤其是内存开销较大,运行效率较低,对硬件要求高,稳定性不足,安全漏洞较多。
2	Linux 家族	价格低廉、功能强大、可靠性高,支持多任务,系统开销低,对硬件的要求较低,支持大多数局域网和广域网协议,Linux 操作系统及其应用软件大多数可以在互联网上免费获得,所以部署的费用很低。 缺点:缺乏商业化支持,关键场合应用并不多,对系统管理员要求较高。
3	Novell NetWare 5	在 20 世纪 90 年代前期有较高的市场份额,系统开销低,性能优异,安全性、稳定性和可靠性都比较好。 缺点:第三方软件支持较少,前景堪忧。

与网络设备选型不同,在同一网络中不一定是一致的操作系统,可以结合 Windows、Linux 和 UNIX 的特点,在网络中混合使用他们。比如,在应用服务器上采用 Windows2003,在 Mail、Web、Proxy 等 Internet 应用上使用 Linux/UNIX。这样,既可以享受到 Windows 平台应用丰富、界面直观、使用方便的特点,又可以享受到 Linux/UNIX 稳定、高效的好处。

在实际的网络方案规划设计中,选择操作系统要考虑的主要因素如下:

① 服务器的性能和兼容性。Windows 2003,Linux,NetWare 网络操作系统构建于主流 PC 芯片上,价格低廉,便于扩展,在系统兼容性和对应用软件的支持上占有优势,几种系统间有互联互通的协议,彼此间的互操作性较好。而 UNIX 虽然在性能、可靠性和稳定性方面具有优势,但只兼容某些型号的专用芯片及服务器,通常用于金融、电信、政府、大型企业等少数资金雄厚的行业作为数据库服务器和应用服务器。

② 安全因素。由于 Windows 系统在全球应用最广泛,大家都非常熟悉,黑客、病毒都喜

欢在 Windows 系统上面做文章，因此安全性较差。由于 Linux、UNIX、Netware 等系统使用者很少，加之 Linux 继承 UNIX 在安全方面成功的技术，表现更为优异。因此这些操作系统的安全性均高于 Windows 系统。

③ 价格因素。对中小型网络，这个问题往往占据主导地位，因为与网络操作系统相关的便是服务器硬件本身的价格。一般市场价格由高到底依次为 UNIX＞Netware＞Windows＞Linux。选择的同时还应注意到用户所需购买或开发的应用软件成本，以免引起其他方面的额外开支。

④ 市场占有率。市场占有率是衡量操作系统能否逐步成熟和保持良好发展势头的依据，比如早期的 Netware 操作系统在金融证券行业占有一席之地，但由于支持他的应用程序甚少，目前已经不再有人选用。而 Windows2003 风头正劲，已成为网络操作系统事实上的标准。Linux 和 UNIX 系统目前也在迅速发展，正在被越来越多的人所熟悉。

2.3 中心机房设计标准和原则

网络系统集成必然会涉及到中心机房（计算机机房）的建设。本章主要依据 GB50174-93《电子计算机机房设计规范》，介绍中心机房设计的基本要求。中心机房是整个网络系统的核心，众多的网络核心设备和重要服务器均放置于此，是网络系统最为重要的部分，中心机房设计的好坏直接决定了网络系统集成能否成功。因此，中心机房设计的宗旨，不仅要确保计算机系统稳定可靠运行，保障机房工作人员有良好的工作环境，而且应该尽可能采用最先进的技术，使网络系统高效、安全地运行。

2.3.1 机房位置及设备布置原则

1. 机房位置

中心机房宜设置在楼宇的 2~4 层。水、电要充足，稳定可靠，交通通讯方便，自然环境清洁；远离产生粉尘、油烟、有害气体以及生成或存储具有腐蚀性、易燃、易爆物品的场所，远离强震源和强噪声源；避开强电磁场干扰，如果无法避开强电磁场干扰，应采取有效的电磁屏蔽措施。

2. 机房组成

中心机房组成应根据计算机运行特点及网络设备具体要求确定，一般宜由主机房、基本工作间、第一类辅助房间、第二类辅助房间、第三类辅助房间等组成。

中心机房是计算机主机、服务器、核心交换机、路由器、磁盘机、磁带机、激光打印机、宽行打印机、绘图机、通讯控制器和监视器等设备的安装场所。

基本工作间是用于完成信息处理过程和必要的技术作业的场所。其中包括：终端室、数据录入室、通讯机室、已记录磁介质库和已记录纸介质库等。

第一类辅助房间是直接为计算机硬件维修、软件研究服务的场所。其中包括：硬件维修室、软件分析研究室、仪器仪表室、备件库、随机资料室、未记录磁介质库、未记录纸介质库、硬件人员办公室、软件人员办公室、上机准备室和外来人员工作室等。

第二类辅助房间是为保证中心机房达到各项工艺环境要求所必需的各公用专业技术用房间。其中包括：变压器室、高低压配电室、不间断电源室、蓄电池室、发电机室、空调机室、灭火器材室和安全保卫控制室等。

第三类辅助房间是用于生活、卫生等目的的辅助部分。一般包括：更衣室、休息室、缓冲间和舆洗室等。

中心机房的使用面积应根据计算机和网络设备的数量和尺寸来确定。通常按照欲安装设备占地面积的5~7倍考虑，或按照每台设备 4.5~5.5 m² 考虑，其他辅助房间可按照工作人数来考虑，一般为每人 3.5~4 m²。在此基础上要适当考虑一定的余量和将来可能的发展。

3. 设备布置

中心机房设备宜采用分区布置，一般可分为主机区、存储器区、数据输入区、数据输出区、通讯区和监控调度区等。具体划分可根据系统配置及管理而定。需要经常监视或操作的布置应方便操作。产生尘埃及废物的设备应远离对尘埃敏感的设备，并宜集中放置在靠近机房的回风口处。主机房内通道与设备间的距离应符合下列规定：两相对机柜正面之间的距离不应小于 1.5 m；机柜侧面距墙不应小于 0.5 m，当需要维修测试时，则距墙不应小于 1.2 m，走道净宽不应小于 1.2 m。

2.3.2 环境条件

1. 温度和湿度

主机房、基本工作间内的温度和湿度，必须满足计算机设备的要求，具体要求如表 2-7 所列。

表 2-7 开机状态下机房的温度、湿度要求

级别项目	A 级		B 级
	夏季	冬季	全年
温度	(23±2)℃	(20±2)℃	18~28 ℃
相对湿度	45%~65%		40%~70%
温度变化率	<5 ℃/h，并不得结霜		<10 ℃/h，并不得结霜

2. 噪声、电磁干扰、震动及静电

2.3.3 机房建设

计算机机房建设不仅要满足计算机信息系统的功能要求，还要满足人员舒适、安全和设备

安全等要求。因此,机房建设要充分考虑机房现在和未来对空间的需求,机房的安全,周围环境和供电、供水等问题。

1. 一般规定

计算机机房的建筑平面和空间布局应具有适当的灵活性,主机房的主体结构宜采用大开间跨度的柱网,内隔墙宜具有一定的可变性。主机房净高应按机柜高度和通风要求确定,一般为 $2.4 \sim 3.0$ m。楼板荷载可按 $5.0 \sim 7.5$ kN/m^2 考虑,主体结构应具有耐久、抗震、防火、防止不均匀沉陷等性能。变形缝和伸缩缝不应穿过主机房。主机房中各类管线宜暗敷,当管线需穿楼层时,宜设技术竖井。室内顶棚上安装的灯具、风口、火灾探测器及喷嘴等应协调布置,并满足各专业的技术需求。围护结构的构造材料应满足保温、隔热、防火等要求。各门的尺寸均应保证设备运输方便。

2. 入流及出口处

机房宜设单独出入口,当与其他部门共用出入口时,应避免人流、物流的交叉。建筑的入口至主机房应设通道,通道净宽不应小于 1.5 m,应设门厅、休息室和值班室,人员出入主机房和基本工作间应换鞋。主机房和基本工作间的换鞋间的使用面积应按最大班人数每人 $1 \sim 3$ m^2 计算。当无条件单独设更衣换鞋间时,可将换鞋、更衣柜设于机房入口处。

3. 防火和疏散

机房的耐火等级应符合现行国家标准《高层民用建筑设计防火规范》、《建筑设计防火规范》及《计算站场地安全要求》的规定,当与其他建筑合建时,应单独设防火分区。安全出口不应少于两个,并宜设于机房的两端。门应向疏散方向开启,走廊、楼梯间应畅通并有明显的疏散指示标志。主机房、基本工作间及第一类辅助房间的装饰材料应选用非燃烧材料或难燃烧材料。

4. 室内装饰

主机房室内装饰应选用气密性好、不起尘、易清洁,并在温、湿度变化作用下变形小的材料,并应符合下列要求。

① 墙壁和顶棚表面应平整,减少积灰面,并应避免眩光。如为抹灰时应符合高级抹灰的要求。

② 应铺设活动地板。活动地板应符合现行国家标准《计算机机房用活动地板技术条件》的要求。敷设高度应按实际需要确定,宜为 $200 \sim 350$ mm。活动地板下的地面和四壁装饰,可采用水泥砂浆抹灰。地面材料应平整、耐磨。当活动地板下的空间为静压箱时,四壁及地面均应选不起灰、不易积灰、易于清洁的饰面材料。

③ 吊顶宜选用不起尘的吸声材料,如吊顶以上空间作为敷设管线用时,其四壁应抹灰,底板应清理干净;当吊顶以上空间为静压箱时,则顶部和四壁均应抹灰,并刷不易脱落的涂料,其管道的饰面,亦应选用不起尘的材料。

④ 基本工作间、第一类辅助房间的室内装饰应选用不起尘、易清洁的材料。墙壁和顶棚

表面应平整,减少积灰面。装饰材料可根据需要采取防静电措施。地面材料平整、耐磨、易除尘。

⑤ 主机房和基本工作间的内门、观察窗、管线穿墙等的接缝处,均应采取密封措施。电子计算机机房内色调应淡雅柔和。当主机房和基本工作间设有外窗时,宜采用双层金属密闭窗,并避免阳光的直射。当采用铝合金窗时,可采用单层密闭窗,但玻璃应为中空玻璃。当主机房内设有用水设备时,应采取有效的防止给排水漫溢和渗漏的措施。

5. 噪声及振动控制

主机房应远离噪音源。当不能避免时,应采取取消和隔离措施。主机房内不宜设置高噪声的空调设备。当必须设置时,应采取有效的隔声措施。当第二类辅助房间内有强烈振动的设备时,设备及其通往主机房的管道,应采取隔振措施。

6. 空气调节

① 基本要求。主机房和基本工作间,均应设置空气调节系统。当主机房和其他房间的空调参数不同时,宜分别设置空调系统。计算机和其他设备的散热量应按产品的技术数据进行计算。主机房和基本工作间空调系统的气流组织,应根据设备对空调的要求、设备本身的冷却方式、设备布置密度、设备发热量以及房间温湿度、室内风速、防尘、消声等要求,并结合建筑条件综合考虑。气流组织形式应按计算机系统的要求确定。采用活动地板下送风时,出口风速不应大于 3 m/s,送风气流不应直对工作人员。

② 系统设计。要求设置空调的房间宜集中布置;室内温度、湿度要求相近的房间,宜相邻布置。主机房不宜设采暖散热器,如设散热器必须采取严格的防漏措施。机房的风管及其他管道的保温和消声材料及其黏结剂,应选用非燃烧材料或难燃烧材料。冷表面需作隔气保温处理。采用活动地板下送风方式时,楼板应采取保温措施。风管不宜穿过防火墙和变形缝。如必须穿过时,在穿过防火墙处设防火墙;穿过变形缝处,应在两侧设防火阀。防火墙应既可手动又能自控。穿过防火墙、变形缝的风管两侧各 2 m 范围内的风管保温材料,必须为燃烧材料。空调系统应设消声装置。主机房必须维持一定的正压。主机房与其他房间、走廊间的压差不应小于 4.9 Pa,与室外静压差不应小于 9.8 Pa。空调系统的新风量应取下列三种中的最大值:室内总送风量的 5%;按工作人员每人 40 m³/h;维持室内正压所需风量。主机房的空调送风系统,应设初效、中效两级空气过滤器,中效空气过滤器计数效率应大于 80%,末级过滤装置宜设在正压端或送风口。主机房在冬季需送冷风时,可取室外新风作冷源。机房的空气调节控制装置应满足电子计算机系统对温度、湿度以及尘对正压的要求。

③ 设备选择。空调设备的选用应符合运行可靠、经济和节能的原则。空调系统和设备选择应根据计算机类型、机房面积、发热量及对温、湿度和空气含尘浓度的要求综合考虑。空调冷冻设备宜采用带封冷凝器的空调机。当采用水冷机组时,对冷却水系统冬季应采取防冻措施。空调和制冷设备宜选用高效、低噪声、低震动的设备。空调制冷设备的制冷能力,应留有 15%～20% 的余量。当计算机系统需长期连续运行时,空调系统应有备用装置。

7. 电气技术

计算机机房电气技术主要考虑机房供配电、照明、静电防护和接地等问题。供配电和照明除了要考虑负载容量,还要考虑三相平衡问题。静电防护和接地,关系到设备安全和数据安全。

① 供配电。机房用电负荷等级及供电要求执行国家标准《供配电系统设计规范》。供配电系统应考虑计算机系统有扩展、升级等可能性,并应预留备用容量。机房宜由专用电力变压器供电。机房内其他电力负荷不得由计算机主机电源和不间断电源系统供电。主机房内宜设置专用动力配电箱。

当计算机供电要求具有下列情况之一时,应采用交流不间断电源系统供电:对供电可靠性要求较高,采用备用电源自动投入方式或柴油发电机组应急自启动方式等仍不能满足要求时;一般稳压稳频设备不能满足要求时;需要保证顺序断电安全停机时;计算机系统实时控制时;计算机系统联网运行时。

计算机主机电源系统应按设备的要求确定。单相负荷应均匀地分配在三相线路上,并应使三相负荷不平衡度小于 20%。电源设备应靠近主机房设备,电源进线应按现行国家标准《建筑防雷设计规范》采取防雷措施,电源应采用地下电缆进线。当不得不采用架空进线时,在低压架空电源进线处或专用电力变压器低压配电区设置标志。测试用电源插座应由计算机主机电源系统供电。其他房间内应适当设置维修用电源插座。主机房内活动地板下部的低压配电线路宜采用铜芯屏蔽导线或铜芯屏蔽电缆。活动地板下部的电源线应尽可能远离计算机信号线,并避免并排敷设,当不能避免时,应采取相应的屏蔽措施。

② 照明。机房照明的照度标准应符合下列规定:主机房的平均照度可按 200、300、500 lx 取值;基本工作间、第一类辅助房间的平均照度可按 100、150、200 lx 取值;第二、三类辅助房间应按现行照明设计标准的规定取值。机房照度标准的取值应符合下列规定:间歇运行的机房取低值;持续运行的机房取中值;连续运行的机房取高值;无窗建筑的机房取中值或高值。机房一般应无眩光或只有轻微眩光。

工作区内一般照明的均匀度(最低照度与平均照度之比)不宜小于 0.7。非工作区的照度不宜低于工作区平均照度的 1/5。机房内应设置备用照明,其照度宜为一般照明的 1/10。备用照明宜为一般照明的一部分。机房应设置疏散照明和安全出口标志灯,其照度不应低于 0.5 lx。机房照明线路宜穿钢管暗敷或在吊顶内穿钢管明敷。大面积照明场所的灯具宜分区、分段设置开关。技术夹层内应设照明,采用单独支路或专用配电箱(盘)供电。

③ 静电防护。基本工作间不用活动地板时,可铺设导静电地面,导静电地面可采用导电胶与建筑地面粘牢,导静电地面的体积电阻率均应为 $1.0 \times 10^7 \sim 1.0 \times 10^{10}$ Ω·cm,其导电性能应长期稳定,且不易发尘。主机房内采用的活动地板可由钢、铝或其他阻燃性材料制成。活动地板表面应是导静电的,严禁暴露金属部分。单元活动地板的系统电阻应符合现行国家标准《计算机机房用活动地板技术条件》的规定。主机房内的工作台面及坐椅垫套材料应是导静

电的,其体积电阻率应为 $1.0×10^7$~$1.0×10^{10}$ Ω·cm,主机房内的导体必须与大地作可靠的连接,不得有对地绝缘的孤立导体。导静电地面、活动地板、工作台面和坐椅垫套必须进行静电接地。静电接地的连接线应有足够的机械强度和化学稳定性,导静电地面和台面采用导电胶与接地导体粘接时,其接触面积不宜小于 10 cm²。静电接地可以经限流电阻及自己的连接线与接地装置相连,限流电阻的阻值宜为 1 MΩ。

④ 接地。机房接地装置应满足人身的安全及计算机正常运行和系统设备的安全要求。机房应采用下列四种接地方式。

交流工作接地:该接地系统把交流电源的地线与电动机、发电机等交流电动设备的接地点连接在一起,然后,再将它们与大地相连接。交流电接地电阻要求小于 4 Ω。

安全工作接地:为了屏蔽外界的干扰、漏电以及电火花等,所有计算机网络设备的机箱、机柜、机壳、面板等都需接地,该接地系统称为安全地。安全地接地电阻要求小于 4 Ω。

直流工作接地:这种接地系统是将电源的输出零电位端与地网连接在一起,使其成为稳定的零电位。要求地线与大地直接相通,并具有很小的接地电阻。直流电接地电阻要求小于 1 Ω。

上述三种接地都必须单独与大地连接,互相的间距不能小于 15 m。地线也不要与其他电力系统的传输线绕在一起并行走线,以防电力线上的电磁信号干扰地线。防雷接地,执行国家标准《建筑防雷设计规范》。

8. 给水排水

计算机机房设备主要有计算机和其他电器设备。计算机和多数电器设备都需要防止潮湿。如果机房需要用水,或有水管穿过机房墙壁和楼板,要充分考虑电器设备防潮的问题,特别要注意防止水管意外破裂和渗漏。

① 一般规定。与主机房无关的给排水管道不得穿过主机房。主机房内的设备需要用水时,其给排水干管应暗敷,引入支管宜暗装。管道穿过主机房墙壁和楼板处,应设置套管,管道与套管之间应采取可靠的密封措施。主机房内如设有地漏,地漏下应加设水封装置,并有防止水封破坏的措施。机房内的给排水管道应采用难燃烧材料保温。

② 系统和管材。机房应根据设备、空调、生活、消防等对水质、水温、水压和水量的不同要求分别设置循环和直流给水系统。循环冷却水系统应按有关规范进行水质稳定计算,并采取有效的防蚀、防腐、防垢及杀菌措施。机房内的给排水管道必须有可靠的防渗漏措施,暗敷的给水管道宜用无缝钢管,管道连接宜用焊接。循环冷却水管可采用工程塑料管或镀锌钢管。

9. 消防与安全

计算机机房的安全主要有人员安全、设备安全和数据安全等。机房必须严禁吸烟;要有紧急疏散口;所有设备要防止短路;确实非常重要的数据,应该及时做备份存放到机房建筑物以外的场所。

① 一般规定。计算机主机房、基本工作间应设二氧化碳或卤代烷灭火系统,并按现行有关规范的要求执行。机房应设火灾自动报警系统,并符合现行国家标准《火灾自动报警系统设

计规范》的规定。报警系统和自动灭火系统应与空调、通风系统联锁。空调系统所采用的电加热器,应设置无风断电保护。机房的安全设计,还应符合现行国家标准《计算站场地安全要求》的规定。计算机用于非常重要的场所或发生灾害后损失非常严重的机房,在工程设计中必须采取相应的技术措施。

② 消防设施。凡设置二氧化碳或卤代烷固定灭火系统及火灾探测器的计算机机房,其吊顶的上、下及活动地板下,均应设置探测器和喷嘴。主机房宜采用感烟探测器。当设有固定灭火系统时,应采用感烟、感温两种探测器的组合。当主机房内设置空调设备时,应受主机房内电源切断开关的控制。机房内的电源切断开关应靠近工作人员的操作位置或主要出入口。

③ 安全措施。主机房出口应设置向疏散方向开启且能自动关闭的门。并应保证在任何情况下都能从机房内打开。凡设有卤代烷灭火装置的计算机机房,应配置专用的空气呼吸器或氧气呼吸器。机房内存放废弃物应采用有防火盖的金属容器。机房内存放记录介质应采用金属柜或其他防火容器。根据主机房的重要性,可设警卫室或保安设施。机房应有防鼠、防虫措施。

2.4 服务器系统主要技术

2.4.1 服务器概述

在信息技术应用的早期,计算机的成本非常昂贵,模式单一,数量和应用都受到很大的限制。80年代初,随着超大规模集成电路技术的发展和成本下降,微型计算机增加迅猛,进而产生了计算机之间为信息共享和协同工作而组成的计算机网络。服务器便成为最重要的网络资源设备,服务器先后经历了文件服务器、数据库服务器、Internet/Intranet通用服务器和专用应用服务器等多种角色的演变。

2.4.2 服务器相关技术

1. SMP(Symmrtric Multi-Processing)对称多处理技术

对称多处理是指在一个计算机上汇集了一组处理器(多个CPU),各CPU之间共享内存子系统以及总线结构,但从管理的角度来看,他们就像一台单机一样。系统建任务队列对称的分布于多个CPU之上,从而极大地提高了整个系统的数据处理能力。PC服务器中最常见的对称多处理系统通常采用2路、4路、6路或8路处理器。SMP系统中最关键的技术是如何更好地解决多个处理器间的相互通讯和协调问题。

2. 群集(Cluster)技术

目前这项技术在服务器上应用得相当广泛,它是将一组相互独立的计算机通过高速的通讯网络组成一个单一的计算机系统,并以单一系统的模式进行管理。其目的是提供高可靠性、可扩展性和抗灾难性。

一个服务器集群包含多台拥有共享数据存储空间的服务器,各服务器通过内部局域网进行相互通讯。当其中一台服务器发生故障时,它所运行的应用程序将由其他的服务器自动接管,在大多数情况下,群集中所有的计算机都拥有一个共同的名称,群集系统内任意一台服务器都可被所有的网络用户使用。

在群集系统中运行的服务器并不一定是高档产品,但是服务器的集群却可以提供相当高的性能。每一台服务器都可以承担部分计算任务,并且由于集合了多台服务器的性能,系统整体的计算能力得到提高,同时每台服务器还承担一定的容错任务,当其中某台服务器出现故障时,系统可以在专用软件的支持下将这台服务器与系统隔离,并通过各台服务器之间的负载转移机制实现新的负载平衡,同时向系统管理员发出报警信号。群集技术通过功能整合和故障过滤技术实现系统的高可用性和高可靠性,群集技术还能够提供相对低廉的总体拥有成本和强大灵活的系统扩展能力。

3. NUMA(Non-Uniform Memory Access)分布式内存存取

这种技术的思路是将 SMP 和群集的优势结合起来。它是由若干通过高速专用网络连接起来的独立节点所构成的系统,各个节点可以是单个的 CPU 或是一个 SMP 系统。这一技术是对传统的 Intel 的 SMP 系统的一种改进。传统的基于 Intel 的 SMP 系统常常会因共享总线上的数据过于拥挤而导致数据阻塞。在一般情况下,它们无法容纳 16~32 个处理器。而如果采用 NUMA 技术,每一个 Intel 处理器都将拥有自己独立的局部内存,并能够形成与其他芯片中的内存静态或动态的连接。NUMA 服务器可以容纳 64 或 64 个以上的处理器。NUMA 体系结构的计算机从内部看,整体上是分布内存式的,但是由于它的传输通道速度非常高,所以用户用起来就像是共享内存式的机器一样。它的价格介于 SMP 系统和群集系统之间。最初 NUMA 技术是建立在采用专用的 IRIX 操作系统和 MIPS 处理器之上的,而现今该项技术已经被越来越多的厂商所采用。

4. 高性能存储技术

(1) SCSI(Small Computer System Interface)小型机系统接口

当前硬盘的制造技术已经得到了高速发展,已经制造出平均寻道时间小于 5 ms、盘片转速超过每分钟 1 500 转的硬盘,同时性能也得到了大幅提高,硬盘性能在服务器上的瓶颈逐渐减轻,而服务器的存储容量也得到大幅提高,I/O 性能成为评价服务器总体性能的重要指标。目前工作组以上的服务器基本上采用 SCSI 总线的存储设备,SCSI 总线是一种小型计算机系统接口,经过逐步改进,目前已成为服务器 I/O 系统最主要的标准,几乎所有服务器和外设厂商都在开发与 SCSI 接口相关的设备。

SCSI 适配器通常使用主机的 DMA(直接内存存取)通道把数据传输到内存,可以降低系统 I/O 操作时的 CPU 占有率。SCSI 接口可以连接硬盘、光驱、磁带机、扫描仪等常见设备,外设通过专用线缆与 SCSI 适配卡相连,SCSI 线缆把 SCSI 设备串联成菊花链。SCSI 的缺点是对连接的设备有物理距离和设备数量的限制,同时总线式的结构也带来一些问题,例如难以实现在多主机情况下的数据交换和共享等。

SCSI 总线支持数据的快速传输,目前主要采用的是 160 MB/s 和 320 MB/s 传输速率的 Ultra2 和 Ultra3 标准,由于采用了低压差分信号传输技术,使传输线长度从 3 m 增加到 10 m 以上。

(2) RAID(Redundant Array of Independent Disk)独立磁盘冗余阵列

RAID 技术采用若干硬磁盘驱动器按照一定要求组成一个整体,整个磁盘阵列由阵列控制器管理。磁盘阵列有许多特点:首先,提高了存储容量;其次,多台磁盘驱动器可并行工作,提高了数据传输率;再次,采用校验技术,提高了可靠性。如果阵列中有一块磁盘损坏,利用其他磁盘可以重新恢复损坏盘上原来的数据,而不影响系统的正常工作,并且可以在带电状态下更换已经损坏的磁盘(热插拔),阵列控制器会自动把重组数据写入新盘,或写入热备份盘而将新盘用作新的热备份盘。另外磁盘阵列通常配有冗余设备,如电源和风扇,以保证磁盘阵列的散热和系统的安全性。

5. EMP(Emergency Management Port)应急管理端口

EMP 是服务器主板上所带的一个用于远程管理服务器的接口,远程控制机可以通过 Modem 与服务器相连,控制软件安装于控制机上。远程控制机通过 EMPConsole 控制界面可以对服务器进行下列工作:

- 打开或关闭服务器的电源;
- 重新设置服务器,包括主板 BIOS 和 CMOS 的参数;
- 检测服务器内部情况,如温度、电压、风扇情况。

以上功能可以使技术人员通过 Modem 和电话线远程及时解决服务器的许多硬件故障。这是一种很好的实现快速服务和节省维护费用的技术手段。通过 ISC 和 EMP 两种技术可以实现对服务器的远程监控管理。

6. 智能输入输出技术

数据的输入/输出(I/O)对系统性能的影响是至关重要的。目前高性能服务器通常采用专用服务处理器对系统的整体性能进行监控。系统中的一些关键部件的工作情况都通过一条特殊的串行总线接口,传送到服务处理器并通过专用的监控软件监视各个部件的工作情况。服务处理器可以对服务器的所有部件进行集中管理,可随时监控内存、硬盘、网络、系统温度等多个参数,增加了系统的安全性,方便了管理。智能监控管理技术正逐渐由单处理器向多 CPU 方向发展,服务器系统中的重要部件都会由独立的专用监控处理器进行管理,再通过总线将各个监控处理器连接在一起,形成一个独立于系统的智能监控网络,即使在服务器系统瘫痪时,系统管理员也可以通过服务处理器恢复系统。

7. 热插拔(HotSwap)

热插拔功能允许用户在不关闭系统、不切断电源的情况下取出和更换损坏的硬盘、电源或板卡等部件,从而提高了系统对灾难的及时恢复能力、扩展性和灵活性等,例如一些面向高端应用的磁盘镜像系统都可以提供磁盘的热插拔功能。如果没有热插拔功能,即使磁盘损坏不会造成数据的丢失,用户还是必须暂时关闭系统,以便对受损部件进行更换,使得系统处于宕机状态。而使用热插拔技术只要简单地打开连接开关或者转动手柄就可以直接取出硬盘,而系统仍然可以不间断地正常工作。

对于一些应用于关键任务的服务器,由于可以在不停机的情况下更换损坏的 RAID 卡或以太网卡等,从而大大减少了由于硬件故障而造成的系统停机时间。

2.5 服务器产品选型原则

选择 PC 服务器时,首先应关注设备在高可用性、高可靠性、高稳定性和高 I/O 吞吐能力方面的潜力,其次才是服务器在高性能、维护能力和操作界面等方面的表现。这样,服务器的磁盘、电源和风扇等部件的冗余机制和性能就显得尤为重要。当然,用户还应关注系统软硬件、网络监控技术、远程管理技术和灾难恢复能力等。

综合因素选择。用户在选择 PC 服务器产品时首先要结合自身的应用对服务器本身有一个全面的了解,比如服务器是用作数据库服务器、邮件服务器,还是 Web 服务器等,然后才能量身定做。确定好应用之后就要在服务器相关的项目中来选择,包括服务器的可靠性、可用性、可维护性、系统带宽、速度、数据 I/O 吞吐量以及系统的整体性能等。此外还要考虑以下几个因素:该品牌产品线是否齐全,售后服务支持体系是否完善等。

硬件选择。由于服务器本身硬件配置复杂,不同硬件对系统的作用和影响也各不相同,因此必须总体考虑。在选择不同硬件配置时,用户应当根据自身网络的特点和要求来做决定,这就要求全面了解服务器硬件配置的基本特点。部门级和工作组级服务器要求相对较低,一般支持1~2个 CPU,硬盘和 I/O 槽的扩展性尤为重要。而企业级服务器要求支持 SMP 体系结构和多 CPU,使用 100 MHz(133 MHz)前端总线和 SCSI 控制器,现在的高端服务器都支持 SCSI Ultra 320,其最大传输率可达 320 Mbps,可支持超过 16 个设备。硬盘的热插拔也是一个很重要的指标,因为服务器是存储大量数据的地方。当用户存储的数据达到饱和时,可以不用停机更换硬盘,扩充存储容量。另外还应当考虑重要部件的冗余支持情况,如电源、风扇等关键部件,许多厂商都提供硬件冗余支持,有的部件支持热插拔,有的则不支持,在选择时应多加比较。

软件选择。用户购买服务器时要对多操作系统的兼容性予以注意,大部分 PC 服务器都流行安装 Windows 2000 和 Windows 2003,这些产品一般也对 Novell NetWare、Sun Solaris、Linux、FreeBSD 等操作系统平台提供支持。很多 PC 服务器都有自己的管理软件,可以帮助用户安装操作系统、进行系统设置和诊断、功能监控和错误报警等。这些管理软件是用户与服务器交互的直接界面,用户可以通过它们监测服务器目前的工作状态并能根据出现的问题及时采取措施,保证服务器的正常运转。因此在选择服务器时,用户应该特别注意系统所带来的隔内软件和这些软件的特点,应适合自己的应用。

高可用性选择。关键的企业应用都追求高可用性服务器,希望系统 7×24×365 不停机、无故障运行,有些服务器厂商采用服务器全年停机时间占整个年度时间的百分比来描述服务器的可用性,可用性为 99% 的系统,全年停机时间为 3.5 d;99.9% 的系统,全年停机时间为 8.5 h;99.99% 的系统,全年停机时间为 53 min;99.999% 的系统,全年停机时间仅为 1 min。这项描述指标中 9 的位数越多,可用性越高。像银行、证券、电信、铁路等用户对高可用性要求尤为强烈。影响可用性的原因主要是服务器发生故障,如电源、网卡、磁盘等,称为单点故障。如果单点故障发生而系统没有解决方案的话,用户的损失将是巨大的。目前流行的解决方案是备份、群集以及双机容错等。所以用户在选择服务器时不仅要关心硬件本身,还要关注高可用性方案。

高可靠性选择。服务器的高可靠性表现在重要部件的冗余方面。首先,硬件的设备冗余通常支持热插拔功能,如冗余电源、风扇等,可以在单个部件失效的情况下自动切换到备用设备上,保证系统运行。RAID 可以保证磁盘出现问题时在线更换,保证数据的完整性。此外,独特的硬件管理总线技术利用专门的硬件管理机制,可以在系统出现异常情况时迅速提供报警并给予处理。

2.6 某医院局域网方案设计

2.6.1 设计依据

1. 标　准

- IEEE802.3 10-BASE-T
- IEEE802.3u Ethernet(100BASE-T)
- EIA/TIA568 EIA/TIA569 EIA/TIA
- TSB36/40 工业标准及国际商务建筑布线标准
- ISO/IECIS 11801
- ISO/IECJTC1/SC25/WG3
- ANSIFDDI/TPDDI 100 Mbps
- ATM Forum

2. 安装与设计规范

- 工业企业通讯设计规范
- 中国工程建设标准化协会标准《建筑与建筑群综合布线系统工程设计规范》修订本 CECS 72:97;

- 中国工程建设标准化协会标准《建筑与建筑群综合布线系统工程施工及验收规范》CECS 89:97
- 市内电话线路工程施工及验收技术规范

3. 连接线路

布线系统的连接图如图2-8所示,其中E为设备,C为连接点,T为终端设备。

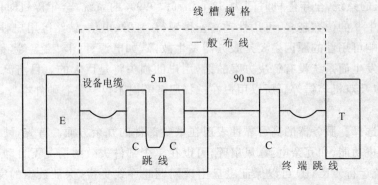

图2-8 布线系统的连接图

2.6.2 设计范围及要求

1. 设计范围

建立以新大楼和两个附属楼为主体的医院内部计算机网络,确保足够的数据带宽,同时兼顾今后的扩展性。

2. 设计目标的确定

该医疗网设计的综合布线系统将基于以下目标:
- 符合当前和长远的信息传输要求。
- 布线系统设计遵从国际(ISO/CEI11801)标准。
- 布线系统采用国际标准建议的星型拓扑结构。
- 考虑电脑网络的速度向100 Mbps,网络主干信息传输向1 000 Mbps发展的需要。
- 布线系统的信息出口采用国际标准的RJ-45插座。
- 布线系统符合综合业务数据网的要求。
- 布线系统要立足开放原则。

3. 布线要求

医院网络计算机主机房位于中心大楼。通过光缆分别连至院内的三幢建筑,与中心机房距离超过300 m的建筑物采用单模室外光缆、距离不到300 m的建筑物采用多模室外光缆连接,在各建筑内部采用超五类4对UTP电缆连接到设备间的配线架上。

2.6.3 布线系统的组成和器件选择原则

1. 系统组成

综合布线系统由建筑群干线系统、设备间系统、水平系统以及工作区系统组成。

2. 器件选择原则

对于办公大楼的结构化布线工程,建筑物之间布线工程,各行业专网,城域网等,慧锦 F-NET 的布线产品均能提供完整的解决方案,可满足话音、数据、图形、图像、多媒体、安全监控、传感等各种信息的传输要求。

① 工作区选择原则。全部选用超五类系列信息模块,性能全部超过国际标准 ISOIS 11801 的指标。

② 水平线缆选择原则。超五类 UTP 线缆,完全满足网络信息 100 MB 传输的要求。配合连结硬件产品可以支持多媒体,语音。数据,图形图像等所有标准应用。所有产品满足 ANSI/TIA/EIA-568A 及 ISO/IEC11801 等标准。

③ 主干线缆选择原则。主干线缆选用上海慧锦网络科技有限公司生产的 6 芯多模(单模)光缆,可以支持 ATM 或千兆以太网主干,体现了经济实用的原则。同时满足未来高带宽需求的应用。

④ 配线架选择原则。考虑今后的医疗网的发展,保证连接端口的扩充性以及先进性。配线架具有独特的电抗平衡性,可以确保五类线缆的传输性能。

2.6.4 布线系统设计

1. 工作区子系统设计

医院内各大楼工作区信息点选择 RJ-45 接口的单孔形式。

2. 水平子系统设计

信息点全部采用 F-NET CAT5E 4 对 UTP 超五类优质非屏蔽双绞线。根据我们的工程经验,结合办公大楼的各楼层平面图,计算出线缆的平均长度为 60 m。每箱 CAT5E 4 对 UTP 线缆长度为 305 m。

3. 楼间建筑群系统设计

楼间连接选用室外 6 芯多模光纤,从医院平面图可以大致估算出实际距离,部分可以利用原有的管道,其余采用架空方式或重新铺设地下管道。

4. 设备间系统设计

有两种类型的配线架,分别连接光纤和铜缆。设备间应尽量保持室内无尘土、通风良好,室内照明不低于 150 lx,载重量不小于 45.36 kg/m^2。应符合有关消防规范,配置有关消防系统。室内应提供 UPS 电源配电盘以保证网络设备运行及维护的供电。每个电源插座的容量不小于 300 W。

5. 具体的设计

① 工作区。可选择壁型或地板型信息插座,提供标准的 RJ-45 接口。工作区设计如图 2-9 所示。

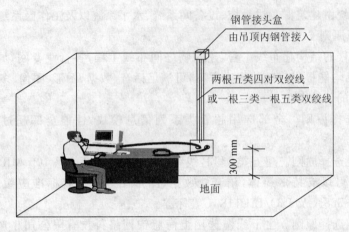

图 2-9 工作区设计

② 水平线缆。水平布线可采用桥架、配管及地下线槽等走线方式。在每层配电间设一个分配线架(IDF),通过水平桥架将水平线缆由各房间的信息点引至 IDF。

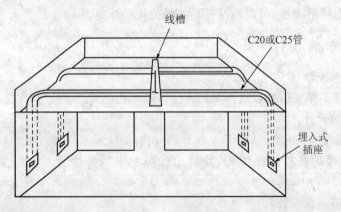

图 2-10 水平线缆设计

③ 垂直线缆及 IDF 的铺放。由各层配线间内的垂直干缆经配线间内的竖井,根据各信号线用途的不同,分别引至不同的 MDF。

④ 配线架放置。配线架均安装在各层配线间,建议将配线架安装在 19 英寸标准机架内或配线架机柜中。

2.6.5 工程实施内容

① 布线设计。在完成布线工艺配置方案,并得到贵方确认后,我方需与有关建筑设计部门合作,完成建筑的管线设计或修正。

② 布线施工与督导。在布线过程中,我方除具体施工外,将实施技术性的指导和非技术的工程管理、协调。

③ 线路测试。工程完工后,将选用布线产品厂家认定的专用仪器对系统进行导通、接续测试,并提交测试证明报告。

④ 系统联调。在系统的线路测试后,选择若干站点,对外部连接网络设备进行联通测试,并提供测试报告。

⑤ 工程验收。完成上述两项测试后,双方签字认定工程验收完毕,并携同布线产品公司完成工程保证体系。

⑥ 文档。验收后,我方将以文本方式,向贵方提供系统设计与方案配置、施工记录等在内的文档。

工程结构示意图如图 2-11 所示。

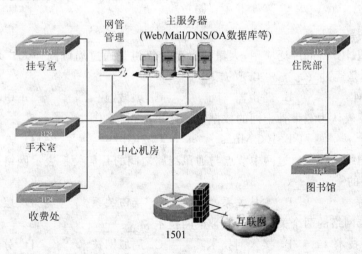

图 2-11 工程结构示意图

2.6.6 布线系统的报价

(1) 布线系统材料费

包括:信息出孔、水平及主干线缆、管理配线单元、跳线、安装线、工具及测试设备。

(2) 系统配置设计费

包括设计文档的费用。

(3) 工程督导、测试及系统保证

主要工作为：
- 铜缆布线、配线架以及信息模块的指导。
- 铜缆测试：各层各房间每个信息插座与配线架之间的铜缆测试,包括开路、短路、异位、连通性测试,并提供测试报告。
- 提供下列系统文档：配线架与各房间信息插座对应表；铜缆测试报告。对贵单位提供2名管理人员的培训。

(4) 布线安装与施工费
- 布线系统的线缆敷设。
- 总配线架和各层配线架的卡接、安装和缆线接续。
- 各楼层分线箱的安装以及电缆的续接。
- 计算机主机房电缆接续单元安装及电缆的接续。
- 各层信息出口的安装和接续。

本章习题

一、单项选择

1. 随着微型计算机的广泛应用,大量的微型计算机是通过局域网连入广域网,而局域网与广域网的互连是通过_____实现的。
   A. 通讯子网　　　　B. 路由器　　　　C. 城域网　　　　D. 电话交换网

2. 电信业一般认为宽带骨干网的数据传输速率达到_____。
   A. 10 Mb/s　　　　B. 100 Mb/s　　　C. 2 Gb/s　　　　D. 10 Gb/s

3. 计算机网络拓扑是通过网中节点与通讯线路之间的几何关系表示网络结构,它反映出网络中各实体间的_____。
   A. 结构关系　　　　B. 主从关系　　　C. 接口关系　　　D. 层次关系

4. 建设宽带网络的两个关键技术是骨干网技术和_____。
   A. Internet 技术　　B. 接入网技术　　C. 局域网技术　　D. 分组交换技术

二、简答题

1. 用户需求分析的方法包括哪些？
2. 网络总体的设计目标是什么？
3. 产品选型应该遵循的原则是什么？
4. 服务器系统设计主要有哪些技术？
5. 中心机房设计应该如何考虑？

第 3 章 综合布线技术

本章教学目标：
- 了解综合布线系统定义
- 掌握综合布线系统的构成
- 掌握综合布线系统的标准
- 理解综合布线系统的施工步骤
- 理解综合布线的具体实例

本章介绍综合布线系统的概念、组成以及综合布线系统的六个组成部分：工作区子系统，配线（水平）子系统，干线（垂直）子系统，设备间子系统，建筑群子系统，管理子系统。

3.1 综合布线系统概述

3.1.1 综合布线概念

综合布线是一种模块化的、灵活性极高的建筑物内或建筑群之间的信息传输通道，经过统一的规划设计，它将所有话音、数据、视频信号与控制设备的配线等综合在一套标准的配线系统中。它还包括建筑物外部网络或电信线路的连接点与应用系统设备之间的所有线缆及相关的连接部件。综合布线由不同系列和规格的部件组成，其中包括传输介质、相关连接硬件（如配线架、连接器、插座、插头、适配器）以及电气保护设备等，这些部件可用来构建各种子系统，它们有各自的用途，而且能随需求变化平稳升级。

综合布线的发展与建筑物自动化系统密切相关。传统布线如电话、计算机局域网都是各自独立的。各系统分别由不同的厂商设计和安装，传统布线采用不同的线缆和不同的终端插座。当需要调整办公设备或随着新技术的发展，需要更换设备时，就必须更换布线。这样增加新电缆而留下不用的旧电缆，天长日久，导致建筑物内出现一堆堆杂乱的线缆，造成很大的隐患，致使维护不便，改造也十分困难。美国电话电报（AT&T）公司的贝尔（Bell）实验室的专家们经过多年的研究，在办公楼和工厂试验成功的基础上，于 20 世纪 80 年代末期率先推出建筑与建筑群综合布线系统。

3.1.2 综合布线特点

综合布线是对传统布线方式的彻底变革，同传统的布线相比较，有着许多优越性，是传统布线所无法相比的。其特点主要表现在它具有兼容性、开放性、灵活性、可靠性、先进性和经济性。而且在设计、施工和维护方面也给人们带来了许多方便。相对于以往的布线,综合布线系统的特点如下。

1. 实用性

实施后,布线系统将能够适应现代和未来通讯技术的发展,并且实现话音、数据通讯等信号的统一传输。

2. 模块化

结构化布线系统中除去固定于建筑物内的水平缆线外,其余所有的接插件都是标准件,可互联所有话音、数据、图像、网络和楼宇自动化设备,以方便使用、搬迁、更改、扩容和管理。

3. 兼容性

这是综合布线最突出的特点。所谓兼容性是指它自身是完全独立的而与应用系统相对无关,可以适用于多种应用系统。综合布线将语音、数据与监控设备的信号线经过统一的规划和设计,采用相同的传输媒体、信息插座、交连设备、适配器等,把这些不同信号综合到一套标准的布线中。由此可见,这种布线比传统布线大为简化,可节约大量的物资、时间和空间。

4. 开放性

对于传统的布线方式,只要用户选定了某种设备,也就选定了与之相适应的布线方式和传输媒体。如果更换另一设备,那么原来的布线就要全部更换。综合布线由于采用开放式体系结构,符合多种国际上现行的标准,因此它几乎对所有著名厂商的产品都是开放的,如计算机设备、交换机设备等,并对所有通讯协议也是支持的,如 ISO/IEC8802-3、ISO/IEC8802-5 等。

5. 灵活性

传统的布线方式是封闭的,其体系结构是固定的,若要迁移设备或增加设备相当困难且麻烦,甚至是不可能。综合布线采用标准的传输线缆、相关连接硬件和模块化设计,因此所有通道都是通用的。每条通道可支持终端、以太网工作站及令牌环网工作站。所有设备的开通及更改均不需要改变布线,只需增减相应的应用设备以及在配线架上进行必要的跳线管理即可。

6. 可靠性

传统的布线方式由于各个应用系统互不兼容,因而在一个建筑物中往往要有多种布线方案。因此建筑系统的可靠性要由所选用的布线可靠性来保证,当各应用系统布线不当时还会造成交叉干扰。

综合布线采用高品质的材料和组合压接的方式构成一套高标准的信息传输通道。所有线槽和相关连件均通过 ISO 认证,每条通道都要采用专用仪器测试链路阻抗及衰减率,以保证其电气性能。应用系统布线全部采用点到点端接,任何一条链路故障均不影响其他链路的运行,这就为链路的运行维护及故障检修提供了方便,从而保障了应用系统的可靠运行。

7. 先进性

综合布线采用光纤与双绞线混合布线方式,极为合理地构成一套完整的布线。所有布线均采用世界上最新通讯标准,五类双绞线带宽可达 100 MHz,六类双绞线带宽可达 200 MHz。对于特殊用户的需求可把光纤引到桌面。语音干线部分用钢缆,数据部分用光缆,为同时传输多路实时多媒体信息提供足够的带宽容量。

8. 经济性

综合布线比传统布线更经济,主要因为综合布线使时间长,经济可靠。

3.1.3 综合布线系统的发展趋势

随着计算机技术的迅速发展,综合布线系统也在发生变化,但总的目标是向两个方向运动,具体表现为:下一代的布线系统——集成布线系统;智能大厦小区—家居布线系统。

通过上面的讨论可知,综合布线较好地解决了传统布线方法存在的许多问题,随着科学技术的迅猛发展,人们对信息资源共享的要求越来越迫切,尤其以电话业务为主的通讯网逐渐向综合业务数字网(ISDN)过渡,越来越重视能够同时提供语音、数据和视频传输的集成通讯网。因此,综合布线取代单一、昂贵、复杂的传统布线是必然趋势。

3.2 综合布线系统优点

综合布线的主要优点:

① 结构清晰,便于管理维护。传统的布线方法是,各种不同设施的布线分别进行设计和施工,如电话系统、消防与安全报警系统、能源管理系统等都是独立进行的。一个自动化程度较高的大楼内,各种线路如麻,拉线时又免不了在墙上打洞,在室外挖沟,造成一种"填填挖挖,挖挖填填,修修补补,补补修修"的难堪局面,而且还造成难以管理,布线成本高、功能不足和不适应形势发展的需要。综合布线就是针对这些缺点而采取的标准化的统一材料、统一设计、统一布线、统一安装施工,做到结构清晰,便于集中管理和维护。

② 材料统一先进,适应今后的发展需要。综合布线系统采用了先进的材料,如五类非屏蔽双绞线,传输的速率在 100 Mbps 以上,完全能够满足未来 5～10 年的发展需要。

③ 灵活性强,适应各种不同的需求,使综合布线系统使用起来非常灵活。一个标准的插座,既可接入电话,又可用来连接计算机终端,实现语音/数据点互换,可适应各种不同拓扑结构的局域网。

④ 便于扩充,既节约费用又提高了系统的可靠性。综合布线系统采用的冗余布线和星形结构的布线方式,既提高了设备的工作能力又便于用户扩充。虽然传统布线所用线材比综合布线的线材要便宜,但在统一布线的情况下,可统一安排线路走向,统一施工,这样就减少用料和施工费用,也减少了使用大楼的空间,而且使用的线材是较高质量的材料。

3.3 综合布线系统标准

3.3.1 综合布线系统标准

目前综合布线系统标准一般为 CECS92:97 和美国电子工业协会、美国电信工业协会的 EIA/TIA 为综合布线系统制定的一系列标准。这些标准主要有下列几种：
- ANSI/EIA/TIA-455 光纤、电缆和晶体管的实验方法；
- ANSI/TIA/EIA-568 商业大楼通讯布线标准；
- ANSI/EIA/TIA-569 商业建筑物电信通道和空间标准；
- ANSI/EIA/TIA-570 住宅和小商业建筑物的电信布线标准；
- ANSI/EIA/TIA-607 商业大楼接地线和耦合线标准；
- ANSI/TIA/EIA-606 商业大楼通讯布线结构管理标准；
- TIA/EIATSB-67UTP 端到端系统功能检测标准；
- ISO11801 国际商务建筑布线标准；
- ANSI/EIA/TIA-607 商业建筑物接地/汇联的要求；
- ANSI/ICEAS-80-576-1988 宅内布线用通讯电缆；
- ANSI/IPC-FC-211 扁平毯下数据传输电缆和性能规范；
- ASTMD4565-94 通讯线缆的绝缘与护套的物理与环境性能；
- ASTMD4566-94 通讯线缆的绝缘与护套的电气性能；
- IEC512-2 电气连续性和接触电阻实验，绝缘试验和电压应力试验方法；
- IEC807-8 电缆屏蔽用的带 4 个信号触点和接地触点连接器的详细规范；
- NQ-EIA/IS-43AC，LAN 用对绞数据通讯电缆-1 型，垂直电缆的详细标准；
- NQ-EIA/IS-43AG，LAN 用对绞数据通讯电缆-6 型，办公室电缆的详细标准；
- US1863-90 安全通讯回路附件的 US 标准；
- 《城市住宅区和办公楼电话通讯设施设计标准》；
- 《建筑与建筑群结构化布线系统设计规范》CECS72:97；
- 《建筑与建筑群结构化布线系统工程施工及验收规范》CECS89:97；
- 《工业企业通讯设计规范》；
- 《中国建筑电气设计规范》。

这些标准支持下列计算机网络标准：
- IEE802.3 总线局域网络标准；
- IEE802.5 环形局域网络标准；
- FDDI 光纤分布数据接口高速网络标准；
- CDDI 铜线分布数据接口高速网络标准；

➢ ATM 异步传输模式。

在布线工程中,常常提到 CECS92:95 或 CECS92:97。CECS92:95《建筑与建筑群综合布线系统工程设计规范》是由中国工程建设标准化协会通讯工程委员会北京分会、中国工程建设标准化协会通讯工程委员会智能建筑信息系统分会、冶金部北京钢铁设计研究总院、邮电部北京设计院、中国石化北京石油化工工程公司共同编制而成的综合布线标准,而 CECS92:97 是它的修订版。

3.3.2 综合布线标准要点

无论是 CECS92:95(CECS92:97),还是 EIA/TIA 制定的标准,其标准要点为:

① 目的。规范一个通用语音和数据传输的电信布线标准,以支持多设备、多用户的环境;为服务于商业的电信设备和布线产品的设计提供方向;能够对商用建筑中的结构化布线进行规划和安装,使之能够满足用户的多种电信要求;为各种类型的线缆、连接件以及布线系统的设计和安装建立性能和技术标准。

② 范围。标准针对的是"商业办公"电信系统;布线系统的使用寿命要求在 10 年以上。

③ 标准内容。标准内容为所用介质、拓扑结构、布线距离、用户接口、线缆规格、连接件性能、安装程序等。

④ 几种布线系统涉及范围和要点。

➢ 水平干线布线系统:涉及水平跳线架,水平线缆;线缆出入口/连接器,转换点等。

➢ 垂直干线布线系统:涉及主跳线架、中间跳线架;建筑外主干线缆,建筑内主干线缆等。

➢ UTP 布线系统。UTP 布线系统按传输特性划分为 5 类线缆:五类,指 100 MB/Hz 以下的传输特性;四类,指 20 MB/Hz 以下的传输特性;三类,指 16 MB/Hz 以下的传输特性;超五类,指 155 MB/Hz 以下的传输特性;六类,指 200 MB/Hz 以下的传输特性。目前主要使用五类、超五类。

➢ 光缆布线系统。在光缆布线中分水平干线子系统和垂直干线子系统,它们分别使用不同类型的光缆。水平干线子系统:62.5/125 μm 多模光缆(入出口有 2 条光缆),多数为室内型光缆。垂直干线子系统:62.5/125 μm 多模光缆或 10/125 μm 单模光缆。

综合布线系统标准是一个开放型的系统标准,它能广泛应用。因此,按照综合布线系统进行布线,会为用户今后的应用提供方便,也保护了用户的投资,使用户投入较少的费用,便能向高一级的应用范围转移。

自 20 世纪 90 年代以来,随着电信技术的发展,许多新的布线系统和方案被开发出来。国际标准化委员会 ISO/IEC、欧洲标准化委员会 CENELEC 和北美的工业技术标准化委员会 TIA/EIA 都在努力制定更新的标准以满足技术和市场的需求。但是,布线标准仍然没有统一。在参考布线的标准时,主要可以从以下几个标准体系来入手:国际标准、美洲标准、欧洲标准。

① ISO/IEC 11801 是国际标准化组织在 1995 年颁布的有关综合布线的标准。

② ANSI/EIA/TIA - 586A:该标准与 ISO/IEC 11801 都是 1995 年制定的,它是由 TIA

(Telecommunications Industry Association)TR41.8.1 工作组发布的。它定义了语音与数据通讯布线系统,适用于多个厂家和多种产品的应用环境。这个标准为商业布线系统提供了设备和布线产品设计的指导,制定了不同类型电缆与连接硬件的性能与技术条款。这些条款可以用于布线系统的设计和安装,是在北美广泛使用的商业建筑通讯布线标准。

③ ANSI/EIA/TIA-568B:由 TIA-586A 演变而来,于 2002 年 6 月正式出台。TIA-568 分为三个部分:B1 是综合布线系统的总体要求;B2 是平衡双绞线布线系统;B3 是光纤布线部件标准。

④ EN50173 是欧洲使用的标准,与北美的两个标准基本理论相同,更强调系统的电磁兼容性。

除了国际标准以外,我国也有相关的国家标准。例如《建筑与建筑群综合布线系统工程设计规范》(GB/T50311-2000)、《建筑与建筑群综合布线系统工程验收规范》(GB/T50312-2000)。

3.4 综合布线系统的设计等级

对于建筑物的综合布线系统,一般定为 3 种不同的布线系统等级。它们是:基本型综合布线系统;增强型综合布线系统;综合型综合布线系统。

这 3 种系统等级的综合布线都能够支持语音、数据等服务,能随着工程的需要转向更高功能。它们的主要区别在于:支持语音和数据服务所采用的方式不同,在移动和重新布局时实施链路管理的灵活性不同。

3.4.1 基本型综合布线系统

基本型综合布线系统方案,是一个经济有效的布线方案。它支持语音或综合型语音/数据产品,并能够全面过渡到数据的异步传输或综合型布线系统。适用于综合布线系统中中等配置标准的场合,用铜芯双绞电缆组网。它的基本配置:
- 每一个工作区有 1 个信息插座;
- 每一个工作区有 1 条水平布线和 4 对 UTP 系统;
- 完全采用 110A 交叉连接硬件,并与未来的附加设备兼容;
- 每个工作区的干线电缆至少有 2 对双绞线。

它的特点为:
- 能够支持所有语音和数据传输应用;
- 支持语音、综合型语音/数据高速传输;
- 便于维护人员维护、管理;
- 能够支持众多厂家的产品设备和特殊信息的传输。

3.4.2 增强型综合布线系统

增强型综合布线系统不仅支持语音和数据的应用,还支持图像、影像、影视、视频会议等。

适用于综合布线系统中中等配置标准的场合,用铜芯双绞电缆组网。它具有为增加功能提供发展的余地,并能够利用接线板进行管理。它的基本配置:
- 每个工作区有 2 个以上信息插座;
- 每个信息插座均有水平布线 4 对 UTP 系统;
- 具有 110A 交叉连接硬件;
- 每个工作区的电缆至少有 8 对双绞线。

它的特点为:
- 每个工作区有 2 个信息插座,灵活方便、功能齐全;
- 任何一个插座都可以提供语音和高速数据传输;
- 便于管理与维护;
- 能够为众多厂商提供服务环境的布线方案。

3.4.3 综合型综合布线系统

适用于综合布线系统中配置标准较高的场合,用光缆和铜芯双绞电缆混合组网。综合型综合布线系统配置应在基本型和增强型综合布线系统的基础上增设光缆系统。它的基本配置:
- 在建筑、建筑群的干线或水平布线子系统中配置 62.5 μm 的光缆;
- 在每个工作区的电缆内配有 4 对双绞线;
- 每个工作区的电缆中应有 2 对以上的双绞线。

它的特点为:
- 每个工作区有 2 个以上的信息插座,不仅灵活方便而且功能齐全;
- 任何一个信息插座都可供语音和高速数据传输;
- 有一个很好环境,为客户提供服务。

综合布线系统的设计方案不是一成不变的,而是随着环境、用户要求来确定的。其要点为:
- 尽量满足用户的通讯要求;
- 了解建筑物、楼宇间的通讯环境;
- 确定合适的通讯网络拓扑结构;
- 选取适用的介质;
- 以开放式为基准,尽量与大多数厂家产品和设备兼容;
- 将初步的系统设计和建设费用预算告知用户,在征得用户意见并订立合同书后,再制定详细的设计方案。

3.5 综合布线系统的体系结构

综合布线系统可划分成六个子系统,由这六个子系统构成的综合布线结构图如图 3-1 所示。

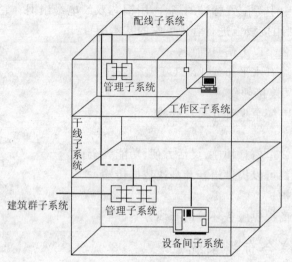

图 3-1 综合布线系统结构图

3.5.1 工作区子系统

工作区子系统又称为服务区子系统,它是由终端设备连接到信息插座之间的设备组成,包括信息插座、插座盒(或面板)、连接软线、适配器等。相对来说,工作区子系统布线简单,为终端设备的添加、移动和变更提供了方便。

工作区子系统设计时要注意以下几点:从 RJ-45 插座到设备间的连线用双绞线,长度一般不超过 5 m;RJ-45 插座须安装在墙壁上或不易碰到的地方,插座距离地面 30 cm 以上;插座和插头(与双绞线)按照标准线序接线。

3.5.2 水平子系统

配线子系统也称为水平子系统,它的功能是将干线子系统线路延伸到用户工作区。水平子系统布置在同一楼层上,一端接在信息插座上,另一端接在层配间的跳线架上,它从工作区的信息插座开始到管理子系统的配线架,用于将信息点与干线(垂直)子系统连接起来,由工作区用的信息插座、每层配线设备至信息插座的配线电缆、楼层配线设备和跳线等组成。

水平子系统主要采用 4 对非屏蔽双绞线,它能支持大多数现代通讯设备,在遇到某些要求宽带传输的设备时,可采用"光纤到桌面"的方案。

3.5.3 干线(垂直)子系统

干线子系统也称为垂直子系统,它提供整个建筑物综合布线系统干线电缆的路由,是楼层之间垂直干线电缆的统称。通常它是由主设备间(如计算机房、程控交换机房)至各层管理间,一般采用电缆馈线或光缆,两端分别接在设备间和管理间的跳线架上。

3.5.4 设备间子系统

设备间子系统又称为设备子系统,所有楼层的资料都由电缆或光缆传送至此,因此设备间子系统是综合布线系统中最主要的管理区域。设备间子系统由设备中电缆、连接器和相关支撑硬件组成。

比较理想的设置是把计算机房、交换机房等设备间设计在同一楼层中,这样既便于管理又节省投资。

3.5.5 管理子系统

管理子系统是连接干线子系统和配线子系统的设备,设置在每层配线设备的房间内,其主要设备有机柜、双绞线配线架,在需要有光纤的布线系统中,还应有光纤跳线架和光纤跳线。当终端设备位置或局域网的结构变化时,只要改变跳线方式即可解决。

3.5.6 建筑群子系统

建筑群子系统是将一个建筑物中的电缆延伸到建筑群的另外一些建筑物中的通讯设备和装置,它提供楼群之间通讯设施所需的硬件,其中有电缆、光缆和防止电缆的浪涌电压进入建筑物的电气保护设备。建筑群子系统由连接各建筑物之间的综合布线电缆、建筑群配线设备和跳线等组成。

3.6 综合布线施工步骤

布线施工的主要步骤是:

① 勘察现场。包括走线路由,需要考虑隐蔽性,对建筑物破坏(建筑结构特点),在利用现有空间的同时避开电源线路和其他线路,现场情况下对线缆等的必要和有效的保护需求,施工的工作量和可行性等。

② 规划设计和预算。根据上述情况确定路由并申请批准,如需要在承重梁上打过墙眼时需要向相关管理部门申请,以免违反施工法规。整个规划及破坏程度说明最好经甲方及管理部门批准。修正规划,在正式的有最终许可手续的规划基础上,计算用料和用工,综合考虑设计实施中的管理操作等费用,提出预算和工期以及施工方案和安排。实施方案中需要考虑用户方的配合程度。实施方案需要与用户方协商认可签字,并指定协调负责人员。

③ 现场施工。

④ 现场认证测试,制作测试报告。

⑤ 制作布线标记系统。布线的标记系统要遵循相关标准,标记要有10年以上的保用期。

⑥ 验收,并建立文档。在上述各环节中必须建立完善的文档,作为验收的一部分。

当然综合布线中涉及的内容还有很多,本书由于篇幅限制在这里不详述,读者若有兴趣可参考其他相关书籍。

3.7 综合布线系统方案实例

当今世界已进入网络信息时代,并将很快进入电子商务时代,信息化已成为推动经济和社会发展的强大动力。世界各国都在制定信息化的实施计划,争先建设本国的信息基础设施。目前我国已建立了各类专用网络,特别是中国教育和科研网络(CERNET)的建成,促进了我国教育和科研的飞速发展。

实例方案:XX学院有关负责人经过艰苦的工作,对各方面的技术进行了充分的了解和把握,充分考虑了校园网建设的现实需求和潜在需求,对硬件系统和软件系统进行了规划,并最终提出了学院校区校园网所需的各种技术规格,形成了XX学院校区弱电工程建设文件。

3.7.1 总体设计原则

根据XX学院校区校园网建设项目招标文件要求,总体设计原则概括为:

① 实用性原则。采用的技术路线、产品全部经过实践检验,被证明是成熟可靠的,总体设计能满足学院校区校园网建设项目的需求。

② 开放性、标准性原则。提供的软硬件产品采用标准的技术、结构、系统组件和用户接口,支持所有的流行的网络标准及协议。

③ 可靠性原则。网络系统运行可靠,提供冗余容错设计,有故障检测和恢复手段。

④ 安全性原则。网络安全可靠,能够在多个层次上实现安全访问控制。防止网络病毒和网络黑客的入侵,保证信息安全。

⑤ 先进性原则。网络设备先进,设计思想先进,管理工具先进。

⑥ 易于管理原则。网络系统易于管理,能及时检测隔离发生的故障。

⑦ 高效原则。网络设备的性能指标及资源利用率高。

⑧ 可扩展性原则。网络系统能够在规模和性能两个方面扩展,保证将来不断发展的要求。

⑨ 高性价比原则。有较高的性能价格比。

⑩ 规范性原则。提供的技术产品应采用下列国家或组织的技术标准和规范:

- GB——中华人民共和国国家标准;
- ISO——国际标准组织;
- ITU-T——国际电信联盟;
- IEEE——国际电气与电子工程师协会;
- EIA——电气工业协会;
- IEC——国际电工协会;

➢ CERNET——中国教育和科研教育网。

3.7.2 校园网建设需求

① 主干采用千兆以太网,到桌面 10/100 MB 自适应连接。
② 楼层交换机至主交换机之间采用 1 000 MB 互联。
③ 通过中心路由器连接到学校本部或教育科研网 CERNET 和其他公共网络,实现与 Internet 的互联。
④ 内部网络采用 Intranet 应用模式架构整个应用信息系统。具体信息点分布图见表 3-1。

表 3-1 信息点分布表

区分类	大楼名称	信息点
教学区	扇型 3 号大楼	25
	2 号大楼	166
	3 号大楼左	231
	3 号大楼右	152
	计算中心大楼	204
	实验大楼	192
	行政办公楼	264
	图书馆	141
后勤区	学生宿舍 A1	240
	学生宿舍 A2	240
	学生宿舍 A3	240
	学生宿舍 A4	240
	学生宿舍 A5	240
	学生宿舍 B1	240
	学生宿舍 B2	240
	学生宿舍 C1	240
	学生宿舍 C2	240
	学生宿舍 C3	240
	学生宿舍 D1	240
	学生宿舍 D2	240
	后勤服务楼 1	155
	后勤楼 2	100
	后勤楼 3	100
	科技开发楼 1	100
	科技开发楼 2	100
	学生食堂 1	24
	学生食堂 2	24
	校医院	24
教师住宅区		500

3.7.3 主要技术要求

通过对学院校区校园网建设项目系统现状和对整个网络系统建设需求的了解,以千兆主干网络为基础平台,以校园网应用为主线,以实现广泛的教育资源共享、提高教育教学的现代化水平为目的,公司推荐如下主要技术方案:采用 Nortel 公司的交换机产品来构造中国民航飞行学院校园网络;网络主干交换机采用 Passport8606;楼层交换机采用 Business Policy Switch 2000;网管软件采用 Optivity。具体涉及的技术要求如下:

1. 骨干网技术要求

① 满足对多媒体数据的要求,避免主干网络瓶颈的出现;
② 提供子网划分、虚拟网技术和能力,解决内部网络的路由,实现较高的内部路由性能;
③ 具有高可靠性;
④ 保证传输的服务质量,提供必要的服务质量(QOS)、服务级别(COS)和服务类型(TOS)等;
⑤ 主干交换机的交换容量不小于 50 GB;
⑥ 高性能价格比。

2. 布线系统技术要求

① 布线系统全部采用符合国家标准或国际标准的产品进行完全的结构化布线;
② 在较好性能价格比的情况下,布线的标准适当超前,整个系统应提供 15 年以上的质量保证;
③ 楼宇之间根据距离远近采用多模(MMF)或单模(SMF)光纤,大楼内部采用五类双绞线。

3. 网络管理技术要求

① 基于开放的校园网系统,应当支持集成化的 SNMP 及 CMIP 应用,能够全面管理 TCP/IP 网络设备,并且提供面向目标的图形管理接口和 API 编程接口;
② 网络管理员可以通过网络管理工作站,借助图形化的界面,对网络上的设备进行监控和集中式管理,只要对网络软件进行配置,不必到现场进行实际操作,就能重新构造网络;
③ 提供方便、安全、可靠的故障和维护管理、安全管理、性能管理、统计管理、计费管理等基本管理功能。

4. 系统安全控制技术要求

① Internet 的安全控制应提供地址转换、被动监听、端口扫描和否认服务等机制,同时划分不同级别的安全区域;
② 远程访问的安全控制应提供访问服务器的用户身份认证、用户授权及用户记账/审计等功能;
③ 应提供对整个网络和工作站进行侦毒、解毒和清毒等工作,防范计算机病毒。

3.7.4 网络的设计原则

根据本系统的网络建设需求和对网络需求的分析,学院校区校园网系统应遵循以下建网原则:

① 采用先进的网络技术:主要是在网络主干技术的选型上,既要能够满足当前学校教学、科研和办公应用系统的需要,又能够满足多媒体系统对多媒体传输的需求;

② 实用性:本网络方案设计保证网络的实用性,并在性能接近的情况下,使网络结构尽可能简洁;

③ 良好的网络可靠性:主要体现在网络主干和网络主干交换机配置上,避免单点故障以及在关键的部分有冗余;

④ 良好的网络可用性:在网络交换机的功能和性能方面,网络配置应尽量减少网络瓶颈,提供先进的交换机和高性能的路由配置;

⑤ 良好的网络可扩展性:在网络带宽的扩展和交换端口数量的扩展方面,具有比较大的灵活性;在网络技术的升级方面,遵循网络工业标准;

⑥ 良好的网络安全性:能够在网络系统中集成防火墙功能;

⑦ 虚拟网:能够提供基于不同规则的虚拟网划分手段;

⑧ 良好的网络可管理性和操作方便性;

⑨ 经济性:本网络方案性能价格比高,并综合考虑到设备价格变化、设备升级扩展等因素。

3.7.5 具体方案

基于对学院校区校园网建设需求的详细分析以及对目前网络技术发展的描述,按照网络分层原则,将学院校区校园网网络分为两层结构:主干网络层和接入层。主干网络层提供中心路由和交换能力,通过大楼之间的主干多模(MMF)光纤,采用1 000 MB以太网技术相连接;接入层提供桌面10/100 MB连接和交换能力,通过楼内五类/超五类双绞线将桌面系统与大楼交换机相连。整个校园网络成星型状结构,便于管理与维护。

1. 校园网主干设计与建设

校园主干网络为千兆以太网,由网络中心核心交换机和教学区8栋、后勤区20栋和教师住宅区等29栋大楼的大楼交换机构成。有关它们的选型与配置如下所述。

根据学院校区校园网建设标书要求和对网络厂商,特别是在我国校园网络建设中的应用情况综合分析后,选用加拿大北方电讯网络公司(Nortel Networks)的网络产品。

(1) Nortel Networks 网络交换产品 Passport 8000 的技术特点

① 万能交换功能。主干交换机具有 Any-To-Any Switching 的功能,即在同一台交换机内可以完成任意网络类型之间的交换,如 GigabitEthernet、TokenRing、FDDI/CDDI、ATM

等。这样可避免传统的由路由器实现带来的投资浪费和传输延迟。

② 扩展能力。所采用的设备是模块化结构，提供了强大的网络扩展能力。可以有多种扩展选择，ACCELAR8000 路由交换机从固定槽位到 6、10 个扩展槽，为网络配置提供了灵活的选择范围，在同一机箱内最多可以分别支持 32、64 个 Gigabit Ethernet 或 192、384 个 10/100 端口。

③ 虚拟网网络(Virtual LANs)。所有采用的设备支持灵活多样的虚网划分方法，可以满足不同应用需求：
- 虚网中的站点不受网络设备接口类型限制；
- 支持网络站点的移动被交换机自动识别并仍保持原来所属的虚拟网属性，而无需网络管理人员的干预；
- 虚网能延伸到整个网络，可以跨越网络主干；
- 虚网能够跨越 WAN，减少了传输延迟，充分利用了资源。

④ 三层交换功能。骨干交换机内部支持第三层交换功能，实现了 VLAN 之间的高速通讯：
- 采用线速三层交换，减少了路由产生的网络拥塞，并降低了因路由器提供路由支持的成本；
- 交换机的内置路由与外部路由器具有互操作性。

⑤ 网络管理。强大的网络管理功能为网络管理员提供了有力的手段对网络资源进行监控、排错和再配置：
- 支持广泛的网络管理平台，如 HP 的 OpenView、IBM 的 Tivoli、SUN 的 NetManager、Windows NT/95 等；
- 能提供带内(In Band)和带外(Out Band)网络管理功能；
- 能提供设备配置/管理、虚网配置/管理和网络性能统计监控的网管工具；
- 具有相当友好的图形化网管界面。

(2) Nortel Networks 交换产品 Business Policy Switch 2000 的技术特点

BPS2000 是 Nortel Networks 最新推出的交换机产品，它具有如下一些特性：
- 通过流的分类、设置优先级和执行策略规则，可提供关键性的应用服务所需的可靠连接性和所需带宽保证，如话音、视频应用。
- 通过堆叠 8 个单元使其拥有多达 224 个 10/100 MB 自适应端口，以实现可靠的高密度桌面交换，并支持 1 000 Mbps 上联。
- 可以将堆叠中交换机之间彼此独立的 10/100 MB 和高速上行链路端口归并成更高带宽、负载均衡的连接方式。
- 2.5 Gbps 交换光纤和用户交换 ASICs 能够支持所有端口上峰值速率达每秒 3 百万个数据包的全线速传输速率。

BPS 2000 交换机集合了 BayStack 450/410/350/310 交换机特性，继承了 Nortel Networks 性能领先业界的优良传统,支持 802.1Q VLAN 群集、802.1p 优先级排队、基于协议的 VLANs、IGMP 窃听、基于 Web 的管理以及其他功能。

(3) 举例说明网络中心核心交换机 Passport 8000 具体配置

网络中心位于图书馆大楼 2 层,核心交换机采用 1 台 Nortel 公司 Passport 8610 作为网络的交换核心(Core),交换机采用双电源和控制模块,提供全冗余的配置,为整个网络提供核心交换和路由能力。其交换容量为 128 Gbps,将来可扩展至 256 Gbps。配置的 2 个 16 端口千兆以太模块,其中 29 个端口分别用于连接教学区的 8 栋大楼、后勤区的 20 栋大楼以及教师住宅大楼,其余 3 个端口可连接相关的 Intranet 服务器,如 Email 服务器、DNS 与 Web 服务器、数据库服务器等;配置的 1 个 48 端口的 10/100 MB 自适应以太模块用于连接 1 台网管工作站、中心路由器和网络中心局域网信息点。具体如表 3-2 所列。

表 3-2 核心交换机 Passport 8610 的端口配置

配置模块	模块数量	端口数量	需求端口数量	是否满足需求
16 端口 1 000 Base-SX(MMF)模块	2	32	32	满足
48 端口 10/100 M TX 模块	1	48	32	满足

注:为了满足更多的信息点的需要,在 Passport 8606 中直接添加一个 48 端口的 10/100 MB 自适应以太网模块和 16 端口的千兆以太网模块即可。

2. 接入层网络设计与建设

作为学院校区校园网接入层,它主要根据学院校区校园网标书和航空港校区弱电参考说明要求"整个系统应对学院现有大楼约 5 382 个信息点进行综合布线,并将信息点通过网络设备连接起来"来进行。接入层提供桌面 10/100 MB 连接和交换能力,通过楼内五类/超五类双绞线将桌面系统与大楼交换机相连。因此根据上节主干网络中关于大楼交换机的配置描述,针对各大楼具体需要连入校园网的信息点数进行详细的配置。

现在以 1 号大楼交换机配置为例进行说明。对 1 号大楼交换机,已选用 2 台 Nortel Networks 公司的 BPS 2000 可堆叠式交换机作为大楼交换机,配置 2 个 BayStack 400-ST1 级联模块,配置 1 个 BayStack 400-SRC 级联返回式电缆,这样 2 台 BPS 共提供 3×24 个 10/100 M 自适应以太端口用于连接大楼内 25 个信息点。其具体配置如表 3-3 所列。

表 3-3 1 号大楼交换机第一台 BPS 2000 的端口配置

配置模块	扩展模块数量	端口数量	需求端口数量	是否满足需求
1 端口 1 000 Base-SX(MMF) 冗余 PHY MDA	1	1	1	满足
BayStack 400-ST1 级联模块	1			满足
BayStack 400-SRC 级联返回式电缆	1			满足
24 端口 10/100 M 快速以太模块		24	24	满足

3.7.6 网络解决方案的优势

Passport 8000 系列交换机代表了一种高新性能的网络技术:超高速的数据包传输汇以 IP/IPX 的路由性能。通过提供充裕带宽,智能减少广播影响,支持低延迟、时间敏感的多媒体应用。

1. 高可靠性

本方案中选用的 Nortel Networks 的网络产品具有很高的可靠性与可用性。

为提供高可靠性,避免单点故障,方案对高可靠的冗余备份的连接的考虑如下:骨干交换机采用双控制模块和冗余电源,保证系统的可靠性;Passport 8000 交换机具有 6 槽或 10 插槽模块化配置;用于高密度骨干网以及网络中心,可配置冗余电源,冗余千兆连接和冗余的交换结构模块,所有模块均可热插拔。

2. 高性能

Passport 8000 拥有业界领先的性能,本方案中选用的网络设备的处理能力如下:8000 系列具有 128 GB 无阻塞交换能力,可以扩展到 256 Gbps 和以每秒 148 810 数据包转发能力。

BPS 2000 是一种 10/100 MB 以太网交换机,2.5 Gbps 无阻塞交换构造每秒高达 300 万包的线速交换能力。

3. 高安全性

为了保护网络系统的数据安全性,本方案中提供多种方式和层次的访问控制安全机制,可进行端到端的安全性控制。主要包括:基于 MAC 地址的端口安全,IP 授权访问,系统日志,灵活的 VLAN 的划分。

4. 高度的开放性与标准化

Nortel Networks 作为全球领先的第三层交换机的生产厂家,一贯坚持采用开放性体系结构与工业标准,所有网络产品支持所有标准的网络与接口协议。

5. 易维护

本方案中的骨干网络网络维护人员可以方便地对网络设备进行正常的维护工作及远程控制,具体包括:采用模块化结构,网络骨干设备可以在不影响网络正常运行的情况下进行模块热插拔;网络设备可以在不影响网络正常运行的情况下进行电源热插拔;网络设备可通过调制解调器拨号,通过 Telnet,SNMP 等方式进行远程配置及远程控制。

6. 灵活的扩展性

Passport 8606 交换机具有模块化配置。8606 用于高密度骨干网以及网络中心,可提供高达 32 个千兆以太网端口或 192 个自检测 10/100 BASE-TX 以太网端口或 96 个 100 BASE-FX 光纤快速以太端口,或是上述三类端口的任意组合。

7. 易于管理维护

高效而简便的网络管理对于用户而言是至关重要的。本方案提供了强有力的网络管理系统解决方案；提供 RMON，解决 LAN 问题快捷简便；可对桌面机一级故障直接进行快速修断及隔离；网络重设置通过拖放操作进行，简便易行；面向对象的人机接口使网络管理简单易行；具有企业虚拟网络划分与管理功能。

3.7.7 结构化布线系统产品选择

良好的结构化布线产品和高质量的工程施工是现代建筑系统工程的重要环节。在一幢大楼的结构化布线系统中，选用的布线产品必须重点满足管理中心的高速网络传输的要求，具有先进可靠、易于管理维护、易于扩展等特性。目前国内外有数十种不同的布线产品，这些产品都有其不同的优缺点。对产品的评价包括性能、质量、外观、使用管理的方便性、系统扩展性、应用保证、技术服务支持、厂家信誉、价格等多方面的因素，不同的客户在不同的应用环境下对产品的选择会有不同的侧重点。通过综合考虑一幢大楼项目的复杂性、要求技术的先进性、可靠性和长远发展的需要，在本布线方案中，向客户推荐美国 LUCENT 的产品。

1. LUCENT 产品介绍

LUCENT 布线系统（SYSTIMAX SCS）的每个部件都是由贝尔实验室按照包括 ISO 9001 制造和质量控制流程在内的极其严格的制造标准进行设计、制造和安装的。

朗讯不仅对布线的施工和设计人员均有相应的认证措施，SYSTIMAX SCS 布线安装的产品与应用保证更高达 15 年。

SYSTIMAX SCS 布线系统解决方案满足或超过所有主要标准所提出的指标，包括由朗讯科技帮助指定的 EIA/TIA 建筑物布线标准在内。

全球有超过 2 400 家分销商代理商和系统集成商为 SYSTIMAX SCS 布线产品提供销售设计和工程维护安装等客户服务，为客户和合作伙伴提供良好的地区和国家级技术支持。

2. LUCENT 的优势

① 兼容性。LUCENT 结构化布线系统是一套全开放式的布线系统，它具有一套全系列的适配器，可以将不同厂商设备的不同传输介质全部转换成相同的非屏蔽双绞线，通过双绞线可传输话音、数据、图像、视频信号；采用光纤可远程高速传输数据、高清晰度图像信号，可支持目前所有数据及话音设备厂商的系统。

② 灵活性。由于所有信息系统采用相同的传输介质，因此所有信息通道是通用的。信息通道可支持电话、传真、多用户终端、25 Mbps\155 Mbps\622 Mbps\1.2 Gbps\2.488 Gbps ATM、10 BaseT、100 BaseT 以及即将应用的千兆以太网工作站和令牌环站。所有设备的开通及更改均不需改变系统布线，只需作必要的跳线管理即可；系统组网也可灵活多样，各部门既可独立组网又可方便地互联，为合理组织信息流提供了必要条件。

③ 可靠性。PremisNET 系统采用高品质的标准材料，所有触点均采用特有 45°LSA-PLUS（采用镀银触点，银提供不会腐蚀的连接，它不会因时间推移损害连接性能，触点可靠性、防腐蚀性及气密性能明显优于镀锡、镀镍触点；专利 45°接插技术独特的回复力及扭转力

确保触点的可靠性能明显高于传统的 90°接插技术)接点技术,以组合压接的方式构成一套高标准信息通道,每条信息通道都经过专用仪器测试以保证其电气性能。系统布线全部采用物理星形拓扑,点到点端接,任何一条线路故障均不影响其他线路的运行,同时为线路的运行维护及故障检修提供了极大方便,从而保证了系统可靠运行。从目前国内市场反馈的信息来看,LUCENT PremisNET 系统的综合性能比国际 EIA/TIA568 标准的要求高 4 倍,优于同类产品 3 倍。

④ 先进性。PremisNET 采用极富弹性的布线概念,可选择采用光纤与双绞线混布方式,极为合理地构成一套完整的布线系统。所有布线均采用世界最新通讯标准,所有信息通道均满足 ISDN(综合业务数字网)标准,采用 8 芯配置,通过青铜类(Cat.5)双绞线传输数据带宽满足 100 MHz(Cat.5 ISO 11801"D")及 16 MHz(Cat.3 ISO 11801"C")的国际标准。其中,屏蔽系统的系统性能在满足用户保密性能要求的同时,还大大提高了系统的抗干扰性能,改善了信号平衡,减少了 EMI 辐射。

⑤ 模块化。适应于不同规模的结构化布线环境,可随用户的需要而增减跳线面板、跳线等。非屏蔽系统的用户端功能的更改,只须在弱电间进行简单的链路修改;屏蔽系统的用户端功能的更改,只须在弱电间进行简单的跳线处理。

⑥ 配套化。LUCENT 产品包括各类型的主配线架(MDF)、光纤配线架(ODF)、户外交接箱、分线盒、无线本地环路系统、电力快速系统、结构化布线系统,均已获得 UL、CSL 和 ISO 等国际认证机构的质量认证。1997 年,LUCENT 产品还获得中国建设部信息中心、中国勘察设计协会联合颁发的名牌建筑产品推荐证书。

3.7.8 网络管理

网管系统是维护网络正常运行的重要子系统,网络管理的复杂程度取决于网络本身的大小和复杂程度。它是一个集软件、硬件、操作系统和人员安排于一体的综合网络系统。网络管理就是控制一个复杂的数据网络去获得最大效益和生产率的过程,为了更好的定义网络管理的范围,国际标准化组织(ISO)把网络管理的任务划分为 5 项:网络的故障管理、配置管理、性能管理、安全管理和计账管理。

1. 故障管理

故障管理是定位和解决网络问题和故障的过程,包括以下几方面的工作:维护并检查错误日志,形成故障统计;接收错误检测报告并作出反应;跟踪、辨认错误;执行诊断测试;纠正错误。

2. 配置管理

网络配置是发现和设置这些现有设备的过程,网络设备的配置控制了数据网络的行为,配置管理包含以下几方面的工作:创建并维护;可以访问被管理设备的配置文件,并在必要时进行分析和编辑;可以比较网管中心数据库中的配置文件,以便对设备当前使用的配置和数据库中存放的配置进行比较;网络节点设备部件、端口的配置;网络节点设备系统软件的配置;网络业务配置,网络节点各种数据的初始配置与修改,网络各种业务政策的配置和管理;对配置操作过程的记录统计。

3. 性能管理

性能管理涉及测量网络硬件、软件和媒体的性能。例如,测量活动可以包括利用率、误码率、响应时间等。利用性能管理信息,管理人员可以确定网络是否能满足用户的需要。性能管理包含以下几个方面的内容:自动发现网络拓扑结构及网络配置,实时监控设备状态;通过对管理设备的监控或轮询,获取有关网络运行的信息及统计数据,并能提供网络的性能统计,如设备可利用率,CPU利用率,故障率,流量统计,业务量统计,时延统计等。对历史数据的统计分析功能;优化网络性能。

4. 安全管理

安全管理是对网络中获得信息的过程进行控制。一些由计算机存储的进入网络中的信息可能不适合于每个用户的观察,这些敏感的信息包括:有关单位内部的一些机密文件,如新产品的开发信息和用户名单等。

安全管理将提供对终端服务器上进入点的监控,并且记录正在操作的人员的地址。安全管理还可以提供报警信号提醒管理员潜在的安全问题。

网管系统采取高级别、多层次的安全防护措施;对各种配置数据、统计数据采取备份、保护措施;网管系统提供严格的操作控制和存取控制;当网管系统出现故障时,可自动或人工恢复,不影响网络运行。

3.7.9 系统实施与工程管理

学院校区校园网系统,是以技术规范为基础,遵照整体方案进行全面建设以至整体方案工程建成投入运行的全过程。它是一项相当复杂的系统工程,需要调动各方面积极因素,协调好内外部环境。同时还要有科学的方法,遵循一定的原则和步骤。因此,一定要加强组织管理,安排好工程实施计划。

1. 工程实施计划

系统建设可分为三个阶段:第一阶段(二个月)为合同签定及定货阶段;第二阶段(一个半月)为网络、服务器安装调试阶段;第三阶段(一个月)为培训、系统测试和验收阶段。

第一阶段,系统的详细设计。合同签订后立即开始系统的详细设计工作。本阶段将产生《系统的详细设计方案书》。然后开展设备订货工作,由网络建设部负责设备的订货工作;与业主单位配合,开展网络安装设计工作,绘制网络安装设计图。要求图纸标有明确的尺寸标高和详细的安装说明。此图纸要认真考虑到建筑上的修改或设备及安装上的修改,并准确地在安装图上反映出来。此图纸经业主及设计院核查认可,在设备到货前一周提交。

第二阶段,设备安装。网络施工人员进场施工。安装过程中,将严格按照国内电气安装规范和其他有关规定进行网络工程施工，业主负责质量监督和验收。

第三阶段，系统调试。在设备安装完毕后，公司向客户提交一份详细的调试方案及各控制设定点，得到业主的同意后，进行系统调试。

硬件调试：对各种交换机用几种不同方法校验。

系统联调：整个系统通电调试，全部通讯无误；软硬件各子系统的配合无误；与其他系统的接口信号传输无误。

整个系统的工作稳定正常，整个系统调试验收阶段将产生如下文档：《系统配置手册》，《测试报告书》。系统还将产生其他文档：《进度报告书》，《会议纪要》，《问答表》。

2. 工程验收和资料提交

将于工程完成前，提交测试表格和试运行记录表格给客户审批。工程完工后，立即安排客户及客户指定的有关单位对工程进行验收工作。验收工作严格按合同中规定的技术性能指标进行，验收合格后双方签署验收合格证明。

在签约后四个星期之内，呈交主要产品样本给客户；两个月内呈交主要设备说明书和详尽技术资料、图样、特性曲线等给业主；工程完成后向客户提交操作与维修说明书；工程完成后向客户提交易损件及备件手册。

本 章 习 题

1. 什么是综合布线系统？
2. 综合布线系统由哪几个部分组成？
3. 综合布线系统的特点是什么？
4. 考察本校的校园网络，画出其网络拓扑图，指出它采用了哪种网络技术。

第 4 章　网络工程项目管理

本章教学目标：
- 了解网络工程项目管理的概念
- 掌握项目管理
- 掌握工程招标书书写规范
- 理解工程监理的作用
- 理解工程测试和验收的基本环节

本章介绍网络工程项目的概念，掌握项目管理，工程招标书书写规范，工程监理的作用，工程测试和验收的基本环节等。为后续项目管理积累实践经验。

4.1　项目管理概述

任何工程技术项目的实施都离不开管理，网络系统集成是一种占用资金较多，工程周期较长的经营行为，要确保一个项目的顺利进行，必然离不开项目管理，优质的项目管理不仅可以确保项目的成功，而且可以节约项目成本，提高项目的利润。

1. 什么是项目管理

项目管理是一种科学的管理方式。在领导方式上，它强调个人职责，实行项目经理负责制；在管理机构上，它采用临时性动态组织形式——项目小组；在管理目标上，它坚持效益最优原则下的目标管理；在管理手段上，它有比较完整的技术方法。

对企业来说，项目管理思想可以指导其大部分生产经营活动。例如，市场调查与研究，市场策划与推广，新产品开发，新技术引进和评价，人力资源培训，劳动关系改善，设备改造和技术改造，融资或投资网络信息系统建设等，都可以被看作一个具体项目，可采用项目小组的方式完成。

2. 项目管理的精髓

一般来说，项目就是在一定的资源约束下完成既定目标的一次性任务。它包含了三层意思：一定的资源约束、一定的目标和一次性任务。这里的资源包括时间资源、经费资源、人力资源和物质资源。

如果把时间从资源中单列出来，并将它称为"进度"，而将其他资源都看作可以通过采购获得并表现为费用或成本，那么就可以如此定义项目：在一定的进度和成本约束下，为实现既定的目标并达成一定的质量所进行的一次性工作任务。

通常,对于一个确定的合同项目,其任务的范围是确定的,此时项目管理就演变为在一定的任务范围下如何处理好质量、进度、成本三者的关系。

3. 项目管理对网络系统集成的意义

网络系统集成是一类项目,因此必须采用项目管理的思想和方法来指导。网络系统集成项目的失败有技术方面的原因,但在绝大多数情况下,往往最终会表现为费用超支和进度拖延。虽然不能保证有了项目管理,网络系统建设就一定能成功,但项目管理不当或根本没有项目管理意识,网络系统建设必然会失败。因此,项目管理是网络系统集成成功的保证。

4. 网络系统集成项目的特殊性

网络系统集成作为一类项目,具有三个鲜明的特点:

① 目标不精确,任务边界模糊,质量要求主要是由项目团队定义。在网络系统集成中,客户常常在项目开始时只有一些初步的功能要求,没有明确的想法,也提不出确切的需求,因此,网络系统项目的任务范围很大程度上取决于项目组所做的系统规划和需求分析。由于客户方对信息技术的各种性能指标并不熟悉,所以,网络系统项目所应达到的质量要求也更多地由项目组定义,客户则负责审查。为了更好地定义或审查网络系统项目的任务范围和质量要求,客户方可以聘请网络系统项目监理或咨询机构来监督项目的实施情况。

② 客户需求随项目进展而变,导致项目进度、费用等不断变更。尽管已经根据最初的需求分析报告做好了网络设计方案,签订了较明确的工程项目合同,然而随着网络系统的不断实施,客户需求会不断被激发,这就要求项目经理不断监控和调整项目的计划执行情况。

③ 网络系统集成项目是智力和劳动力密集型项目,受人为因素影响很大,项目成员的结构、责任心、能力和稳定性对网络系统项目的质量以及是否成功有决定性的影响。网络系统集成的全过程渗透了人的因素,带有较强的个人风格。为高质量的完成项目,必须充分发掘项目成员的智力才能和创造精神,不仅要求他们具有一定的技术水平和工作经验,而且还要求他们具有良好的心理素质和责任心。与其他行业相比,在网络系统开发中,人力资源的作用更为突出,必须在人才激励和团队管理方面给予足够的重视。由此可见,网络系统集成项目与其他项目一样,在范围管理、时间管理、成本管理、质量管理、人力资源管理、沟通管理、采购管理、风险管理和综合管理等方面都需要加强,特别要突出人力资源管理的重要性。

4.2 项目管理过程

网络工程是一项投资较大的计算机工程,必须有严格的工程管理规划,才能确保工程进度和工程质量。在网络系统建设过程中,应当组织有效的机构层次,明确责任和任务,编制详细可行的质量管理手册,科学有效地进行工程管理和质量保证活动。目的在于实施网络工程系统规定的各种必要的质量保证措施,以保证整个网络工程高效、优质、按期完成,确保整个网络系统能满足各单位的需求,确保系统集成商能获得自己应有的利润。

系统集成商应逐步形成一整套独特而高效的工程项目管理规范及实施的方法和手段，主要体现在以下几个方面。
- 工程实施管理的体系结构；
- 文档管理与控制；
- 方案设计与规范；
- 设备验收与控制；
- 工程实施的准备与组织；
- 工程实施过程的控制；
- 工程实施的验证；
- 标识和可追溯性；
- 存储和发放；
- 风险控制；
- 审核与评测；
- 经验与交接；
- 质量控制；
- 人员培训。

下面将以网络系统集成项目中几个主要环节的进程为主线，详细介绍全面实施网络系统集成项目管理的各个方面。

4.3 工程管理

4.3.1 项目管理组织结构

在充分明确工程目标的基础上，深入细致而全面地调查与工程相关的所有工程人员的实际情况，与施工有关的一切现场条件，及施工材料设备的采购供应状况，以顺利完成工程目标为目的，组织以项目经理为首的若干个强有力、高效率的项目管理小组，即包括工程决策、工程管理、工程监督、工程实施和工程验收等在内的一整套管理机构，形成一个相对完善的独立的机体，全面服务于系统集成工程，切实保障工程的各个具体目标的实现。下面分别介绍组织结构中几个主要机构的任务和责任。

1. 领导决策组

确定工程实施过程中的重大决策性问题，如确定工期、总体施工规范、质量管理规范及甲乙双方的协调等。

2. 总体质量监督组

建立有集成商、用户、项目监理单位三方参与的工程项目实施质量监督管理小组。其任务是:协助和监督工程管理组把好质量关,管理上直接对决策组负责,要保证在人员配备上坚持专家原则、多方原则和最高决策原则;定期召开质量评审会、措施落实会,切实使工程的全过程得到有力的监督和明确、有效的指导。

3. 系统集成执行组

根据工程的实际情况,对工程内容进行分类,划分若干工程小组,每个小组的工作内容应具有一定的相关性,这样有利于形成高效的施工方式。在施工过程中,必须坚持防病毒和质量保证的双重规范。

4. 对外协调组

负责工程的具体实施管理,全面完成决策组的各项决策目标。其任务包括:资金、人员和设备调配,控制整个工程队质量和进度,及时向决策组反馈工程预算的具体情况。

为了全面做好整个工程的材料和设备的采购供应工作,一方面要事先做好采购供应计划,更重要的是要有极强的适应性,根据工程实施的具体情况随时调整供应计划,确保工程的顺利进行。

5. 工程管理与评审鉴定小组

负责工程项目进度控制,技术文档的收集、编写、管理,项目进度评估,验收鉴定的组织和管理等。

4.3.2 工程实施的文档资料管理

结合国际 ISO 9000 工程管理规范,在工程的实施过程中,文档资料的管理是整个工程项目管理的一个重要组成部分,必须根据相关的文档资料管理规范进行规范化管理。网络系统集成文档目前在国际上还没有一个标准可言,国内各大网络公司提供的文档内容也不一样。但网络文档是绝对重要的,它既要作为工程设计实施的技术依据,更要成为工厂竣工后的历史资料文档,还要作为整个系统未来维护、扩展、故障处理工作的客观依据。根据近几年从事网络工程的实际经验,系统集成项目的文档资料主要包括 4 个方面的内容:网络方案设计文档、网络管理文档、网络布线文档和网络系统文档。如果工程项目中包括软件开发项目,还应包括应用软件文档。

1. 网络设计文档

➢ 网络系统需求分析报告。
➢ 网络系统集成项目投标书。
➢ 网络系统的设计方案。
➢ 网络设备配置图。
➢ 网络系统拓扑结构图。
➢ 光纤骨干网铺设路由平面图。
➢ 各个建筑物的站点分布图。

2. 网络管理文档
- 网络设备到货验收报告。
- 网络设备初步测试报告。
- 网络设备配置登记表。
- IP 地址分配方案。
- VLAN 划分方案。
- 设备调试日志。
- 网络系统初步验收报告。
- 网络试运行报告。
- 网络最终验收报告。
- 系统软件设置参数表。

3. 网络布线文档
- 网络布线工程图(物理图)。
- 综合布线系统各类测试报告。
- 综合布线系统标识记录资料:配线架与信息插座对照表;配线架与集线器接口对照表;集线器与设备间的连接表;光纤配线表。
- 综合布线系统技术管理方案。
- 综合布线系统的总体验收评审资料。
- 测试报告(提供每一节点的接线图、长度、衰减、近端串扰和光纤测试数据)。

4. 网络系统文档
- 服务器文档,包括服务器硬件文档和服务器软件文档。
- 网络设备文档,网络设备是指工作站、服务器、中继器、集线器、路由器、交换机、网桥、网卡等。在做文档时,必须有设备名称、购买公司、制造公司、购买时间、维护期、技术支持电话等。
- 用户使用权限表。

5. 网络应用软件文档
- 应用系统需求分析报告。
- 应用系统设计书。
- 应用系统使用手册。
- 应用系统维护手册。

4.4 网络工程招标书规范

4.4.1 招标书写作格式与要求

从事网络工程的技术人员会经常碰到标书。作为标书,一般分为招标书、投标书、评标书三部分。本书为了便于叙述把招标书和投标书分开进行介绍。

招标书是某一工程项目向社会公开招聘建设者的文件,在实际操作过程中,又分为邀标书和公开招标书。

邀标是工程建设单位向已知有承建工程项目能力的施工单位发去邀请函,欢迎施工单位前来投标。作为被邀请方,不需要出资购买标书;作为邀请方,可根据被邀请方的施工方案、技术能力、工程经验来决定工程由哪一位被邀方来承建,在所邀请的所有方案中如果没有满意的,可废弃这一次邀标活动,且不承担被邀方的经济损失。

公开招标则不一样。被邀方要出资购买招标文件,中标单位只能在参加投标的单位中评选,不得使用非投标单位建设工程。

采用工程建设单位招标的方式,可以吸取各家之长,完善系统总体方案,满足系统造型、产品配置、工程施工和运行管理等方面的要求,为业主正确地选择一个理想的工程承包商。同时也体现出公平、公正、公开的原则。

招标是招标人利用投标者之间的竞争达到优选买主的目的,从而利用和吸收各地甚至各国的优势于一家的商品交易行为。这是订立合同的一种法律形式。一般正式招标书都采用广告、通知、公告等形式发布。

1. 写 法

招标书内容要简明扼要,告知投标人怎么做、做哪些,使投标人一看就明白该项工程需做哪些事,大概需要多少时间,需要投入多少资金,需要购买哪些设备,需要哪些外部环境等。

招标书一般分为五部分:第一部分,投标邀请函;第二部分,投标项目要求;第三部分,投标人须知;第四部分,工程建设项目合同;第五部分,投标文件格式和附件。

2. 标 题

招标公告的标题由招标单位名称及文种构成,如《××工程设备公司招标中心公告》。

3. 正 文

招标公告的正文由前言、主体和结尾组成。前言写明招标单位的基本情况和招标目的。主体包括文件编号、招标项目名称、招标范围、招标投标方法、招标时限、招标地点等。结尾写明招标单位的名称、地址、电话号码和传真等。

4. 落 款

① 制定招标公告的日期。

② 投标企业须知(也称招标书)。

③ 投标企业须知即把没有写进招标公告和招标章程的内容,又要求投标单位必须做到的一些具体问题写进这个文件。

5. 注意事项

招标方案应切实可行。招标标准应当明确,表达必须准确。规格应当准确无误。

4.4.2 招标书格式实例

为了更直观地说明招标书的格式,举例如下。

第一部分　招标邀请书

（招标机构）_____受_____委托,对项目所需的货物及服务进行国内竞争性招标。兹邀请合格投标人前来投标。

1. 招标文件编号:_____
2. 招标货物名称:_____
3. 主要技术规格:_____
4. 交货时间:(见标书要求)_____
5. 交货地点:_____
6. 招标文件从____年__月__日起每天(公休日除外)工作时间在下述地址出售,招标文件每套人民币_____元(邮购另加人民币_____元),售后不退。
7. 投标书应附有_____元的投标保证金,可用现金或按下列开户行、账号办理支票,银行自带汇票。投标保证金请于____年__月__日__时(北京时间)前递交到。
    开户名称:(招标机构)
    账　　号:_____
    开户银行:_____
8. 投标截止时间:____年__月__日__时__分(北京时间),逾期不予受理。
9. 投递标书地点:_____
10. 开标时间和地点:_____
11. 通讯地址:_____
    邮政编码:_____
    电报挂号:_____
    电　　话:_____
    传　　真:_____
    联 系 人:_____
    E-mail:_____
    招标机构:_____
    年月日:_____

第二部分　招标须知

一、说明

1. 使用范围

本招标文件仅适用于本招标邀请中所叙述项目的货物及服务采购。

2. 定义：招标文件中下列术语应解释为：

2.1 "招标人"系指招标机构。

2.2 "投标人"系指向招标人提交投标文件的制造商或供货商。

2.3 "货物"系指卖方按合同要求，须向买方提供的设备、材料、备件、工具、成套技术资料及手册。

2.4 "服务"系指合同规定卖方必须承担的设计、安装、调试、技术指导及培训以及其他类似的承诺义务。

2.5 "买方"系指在合同的买方项下签字的法人单位，即：委托招标业主。

2.6 "卖方"系指提供合同货物及服务的投标人。

3. 合格的投标人

3.1 凡具有法人资格，有生产或供应能力的国内企业（实行生产许可证制度的须持有生产许可证），在国内注册的外国独资或中外合资、合作企业，符合并承认和履行招标文件中的各项规定者，均可参加投标。

3.2 允许联合投标，但必须确定其中一个单位为投标的全权代表参加投标活动，并承担投标及履约中应承担的全部责任与义务。当联合投标时，须向招标人提交联合各方签订的《联合投标协议书》，《联合投标协议书》对所有合伙人在法律上均有约束力。同时，全权代表一方自身的行为能力和经济实力应符合投标资格要求。联合投标按资质较低一方考核和审定。

4. 投标费用

投标人应自行承担所有与编写和提交投标文件有关的费用，不论投标的结果如何，招标人在任何情况下均无义务和责任承担这些费用。

二、招标文件

5. 招标文件

5.1 招标文件用以阐明所需货物及服务、招标投标程序和合同条款。招标文件由以下部分组成：

(1) 招标邀请函；

(2) 投标须知；

(3) 招标项目要求及技术规范；

(4) 合同主要条款；

(5) 附件。

5.2 招标文件以中文编印，以中文本为准。

5.3 招标人应认真阅读招标文件中所有的事项、格式、条款和规范等要求。如果没有按照招标文件要求提交全部资料或者投标文件，没有对招标文件作出实质性影响，该投标有可能被拒绝，其风险应由投标人自行承担。

6. 招标文件的澄清

任何要求澄清招标文件的投标人,均应在投标截止日前五天以书面形式或传真、电报通知招标人。招标人将以书面形式予以答复。

7. 招标文件的修改

7.1 在投标截止日期前的任何时候,无论出于何种原因,招标人可主动或在解答投标人提出的问题时对招标文件进行修改。

7.2 招标文件的修改将以书面形式通知所有购买招标文件的投标人,并对他们具有约束力。投标人应立即以电报、传真形式确认收到修改文件。

7.3 为使投标人在编写投标文件时,有充分时间对招标文件的修改部分进行研究,招标人可以酌情延长投标日期,并以书面形式通知已购买招标文件的每一投标人。

7.4 除非有特殊要求,招标文件不单独提供招标货物使用地的自然环境、气象条件、公用设施等情况,投标人被视为熟悉上述与履行合同有关的一切情况。

三、投标文件的编写

8. 投标文件的编写

投标人应仔细阅读招标文件,了解招标文件的要求。在完全了解招标货物的技术规范和要求以及商务条件后,编制投标文件。

9. 投标的语言及计量单位

9.1 投标人的投标书以及投标人就有关投标的所有来往函电均应使用中文。

9.2 投标文件中所使用的计量单位除招标文件中有特殊规定外,一律使用法定计量单位。

10. 投标文件构成

投标人编写的投标文件应包括下列内容:

(1) 按照第11、12和13条要求填写的招标格式、招标报价表及《招标书》。

(2) 按照第14条要求出具的证明文件,证明投标人是合格的,而且一旦其投标被接受,投标人有能力履行合同。

(3) 按照第14条要求出具的证明文件,证明投标人提供的货物及服务的合格性,且符合招标文件的规定。

(4) 第18条规定的投标保证金。

11. 投标书格式

投标人应按照招标文件要求及所附投标报价说明完整地填写《投标书》和招标报价表,表明所提供的货物、货物简介(含技术参数)、数量及价格。

12. 投标报价

12.1 投标人对投标货物及服务报价,应报出最具有竞争力的价格,并在投标货物数量及分项价格表内分别填写货物名称、规格型号、数量、设备出厂单价、总价。运保费须单独报出。

12.2 投标人应在投标文件所附的合适的投标报价表上表明投标货物的单价和总价。每种货物只允许有一种报价,任何有选择报价将不予接受。投标人必须对投标报价表上全部货物进行报价,只投其中部分货物者投标文件无效。

12.3 最低投标报价不能作为中标的唯一保证。

13. 投标货币

投标应以人民币报价。

14. 证明投标人资格的文件

(1) 投标人有效的"法人营业执照"(复印件)

(2) 法人代表授权书(原件)

(3) 法人授权代表身份证(复印件)

(4) 产品鉴定证书(复印件)

(5) 生产许可证(复印件)

(6) 荣获国优、部优荣誉证书(复印件)

(7) 投标人认为有必要提供的声明及文件

(8) 联合投标时,应提供《联合投标协议书》

15. 投标货物符合招标文件规定的技术响应文件

15.1 投标人必须依据招标文件中招标项目要求及技术规格的要求逐条说明投标货物的适用性。

15.2 投标人必须提交其所投标货物和服务符合招标文件的技术响应文件。该文件可以是文字资料、图纸和数据,并须提供在技术规格中规定的保证货物正常和连续运转期间所需要的所有备件和专用工具的详细清单,包括其价格和供货来源资料。

15.2.1 如有需要,应在规格偏离表(附件)上逐项说明投标货物和服务的不同点以及完全不同之处。

15.2.2 提供近三年以来类似设备的业绩。

15.2.3 货物的图纸和样本、资料及说明书等。

15.2.4 外购件注明供货来源和生产企业。

16. 投标文件的有效期

投标文件自开标之日起60天内有效。

17. 投标文件的书写要求

17.1 投标文件正本和所有副本须用不褪色的墨水书写或打印,装订成册。

17.2 投标文件的书写应清楚工整,凡修改处应由投标全权代表盖章。

17.3 字迹潦草、表达不清、未按要求填写或可能导致非唯一理解的投标文件可能被定为废标。

17.4 投标文件应由法人授权代表在规定签章处逐一签署及加盖投标人的公章。

17.5 投标文件的分数:一式_____份。正本一份,副本_____份,并在文件左上角注明"正本"、"副本"字样,参考资料不限量。

17.6 投标人可根据投标货物的具体需要自行编制其他文件一式_____份,纳入投标文件。

18. 投标保证金

18.1 根据投标须知第10.1条的规定,投标人应提交不低于投标报价_____%的投标保证金,作为其投标书的一部分。

18.2 投标保证金是为了保证买方免遭因投标人的不当行为而蒙受的损失。买方在因投标人的不当行为受到损害时可根据投标须知第17.6条的规定没收投标人的投标保证金。

18.3 投标保证金为人民币,可用现金,或使用支票、银行保函和汇票,由投标人按招标邀请函中明确的银行、账号和要求数额办理,于开标前规定时间交招标人。

18.4 对未按招标须知第18.1和18.3条的规定提交投标保证金的投标,招标人将视为非响应性投标而予以拒绝。

18.5 落标人的投标保证金,将按24.2条的规定予以无息退还。

18.6 下列任何情况发生时,投标保证金将被没收:

(1)投标人在投标函中规定的投标有效期内撤回投标;

(2)投标人在规定期限内未能:

a. 根据投标须知第25条规定签订合同;或根据第22.5条规定接受对错误的修正;

b. 根据投标须知第25.3条规定提交履约保证书;

c. 未按投标须知第28条规定执行。

四、投标

19. 招标文件的密封与标记

19.1 投标人应将投标文件正本和副本分别装入信袋内加以密封,并在封签处加盖投标人公章(或合同专用章)。

19.2 投标文件信袋封条上应写明:

(1)招标人、招标文件所指明的投标送达地址;

(2)招标项目名称;

(3)标书编号;

(4)投标企业名称和地址;

(5)注明"开标时才能启封","正本","副本"。

19.3 为方便开标唱标,投标人应将正本的投标书、开标一览表单独密封,并在信封上标明"开标一览表"字样,然后再装入正本招标文件密封袋中。

19.4 未按本须知密封、标记和投递的投标文件,招标人不对其后果负责。

20. 投标截止日期

20.1 投标人必须在招标文件规定的投标截止时间前将投标文件送达指定的投标地点。

20.2 招标人将根据本须知条款6.3条推迟投标截止日期以书面或传真电报的形式通知所有投标人。招标人和投标人受投标截止日期约束的所有权利和义务均应延长至新的截止日期。

20.3 在投标截止时限以后送达的投标文件,招标人拒绝接收。

五、开标及评标

21. 开标

21.1 招标人根据招标文件规定的时间、地点主持公开开标,届时请投标的代表参加,参加开标大会的代表应签到以证明其出席。

21.2 开标时将投标文件正本"开标一览表"及招标人认为必要的内容公开唱标。

21.3 招标人作开标记录,并存档备查。

22. 评标

22.1 招标人根据招标货物的特点组建评标委员会。评标委员会由招标人、买方的代表和技术、经济等有关方面的专家组成。评委会对所有投标人的投标书采用相同标准评标。

22.2 评标的依据为招标文件和投标文件。

22.3 与招标文件有重大偏离的投标文件将被拒绝。

22.4 评标时除考虑投标报价以外,还将考虑以下因素:

22.4.1 投标货物的技术水平、性能;

22.4.2 投标货物的质量适应性;

22.4.3 对招标文件中付款方式的响应;

22.4.4 交货期和供货能力;

22.4.5 配套设备的齐全性(如有需要);

22.4.6 备品备件和售后服务承诺;

22.4.7 其他特殊要求因素(如安全及环保等);

22.4.8 投标人的综合实力、业绩和信誉等。

22.5 投标文件中有下列错误必须修正并确认,否则投标文件将被拒绝,其投标保证金将被没收:

22.5.1 单价累计之和与总价不一致,以单价为准修改总价;

22.5.2 用文字表示的数值与用数字表示的数值不一致,以文字表示的数值为准;

22.5.3 文字表述与图形不一致,以文字表述为准。

22.6 投标文件的澄清

22.6.1 为有助于投标书的审查、评价、比较,评标委员会有权请投标人就投标文件中的有关问题予以说明和澄清。投标人有责任按照招标人通知的时间地点派专人进行答疑。

22.6.2 投标人对要求说明和澄清的问题应以书面形式明确答复,并应有法人授权代表的签署。

22.6.3 投标人的澄清文件是投标文件的组成部分,并替代投标文件中被澄清的部分。

22.6.4 投标文件的澄清不得改变投标文件的实质内容。

22.6.5 评标委员会判断投标文件的响应性仅基于投标文件本身而不靠外部证据。

22.6.6 评标委员会将拒绝被确定为非实质性响应的投标,投标人不能通过修改或撤销与招标文件的不符之处而使其投标成为实质性响应的投标。

22.7 评标委员会有权选择和拒绝投标人中标。评标委员会无义务向投标人进行任何有关评标的解释。

22.8 评标过程严格保密。凡是属于审查、澄清、评价和比较的有关资料以及授标建议等均不得向投标人或其他无关的人员透露。

22.9 投标人在评标过程中,所进行的企图影响评标结果的不符合招标规定的活动,可能导致其被取消中标资格。

23. 授予合同

23.1 买方根据评标委员会提出的书面评标报告和推荐的中标候选人确定中标人,买方也可以授权评标委员会直接确定中标人。

23.2 合同将授予符合下列条件之一的投标人：

23.2.1 能够最大限度地满足招标文件中规定的各项综合评价标准；

23.2.2 能够满足招标的实质性要求，并且经评审的投标价格最低，但是投标价格低于成本的除外。

23.3 授予合同时变更数量的权利

招标人在授予合同时有权对"招标货物一览表"中规定的货物数量和服务予以增加或减少，或分项选择中标人。

24. 中标通知

24.1 评标结束 10 日内，招标人将以书面形式发出《中标通知书》，但发出时间不超过投标有效期，《中标通知书》一经发出即发生法律效力。

24.2 在中标人与买方签订合同后 10 日内，招标人向其他投标人发出落标通知书并无息退还投标保证金。不解释落标原因，不退回投标文件。

24.3 《中标通知书》将作为签订合同的依据。

六、签订合同

25. 签订合同

25.1 中标人收到《中标通知书》后，按《中标通知书》中规定的时间地点与买方签订合同。

25.2 买卖双方共同承认的招标文件、投标文件及评标过程中形成的书面文件均作为签订合同的依据。

25.3 中标人在规定的时间内向招标人交履约保证书一份。履约保证书保证金额为中标总额的_____%。如中标人在整个履行合同过程中无违约行为，则不需支付违约保证金。其违约保证书在合同执行完毕（含质量保证期）后自然失效。

26. 拒签合同

如中标人拒签合同，则按 17.6 条处理。

27. 中标人违约

如中标人违约，招标人可从中标候选人中重新选定中标单位，组织供需双方签订经济合同。

七、其他事项

28. 中标服务费

签订合同后，按国家有关部门制定的标准，中标人向招标人交纳中标服务费。中标服务费标准为中标总金额的_____%。

29. 通讯地址

所有与本招标文件有关的函电请按下列通讯地址联系：

招标单位：_____

通讯地址：_____

邮　　编：_____

电报挂号：_____

电　　话：_____

传　　真：_____

E-mail：_____
联系人：_____

第三部分　合同基本条款

一、说明

1. 合同基本条款是指设备需方(以下简称甲方)和中标方(以下简称乙方)应共同遵守的基本原则,并作为双方签约的依据。对于合同的其他条款,双方应本着互谅互让的精神,在谈判中协商解决。

2. 制定"合同基本条款"的依据是《中华人民共和国经济合同法》。

二、设备条款

甲、乙双方应以招标文件、投标文件及评标委员会确认的设备技术要求、质量标准、数量和交货日期等作为本条款的基础。

三、技术资料

1. 甲方应向乙方提供所购设备、配套设备、所属装置等有关技术资料。

2. 乙方应按合同规定的时间向甲方提供用于土建施工、设备安装、调试的有关技术资料。

四、质量保证

1. 乙方应按合同规定的设备性能、质量标准向甲方提供未经使用的全新设备。

2. 乙方提供设备的质量保证期为现场安装验收合格之后_____个月。如甲方不能及时安装,最长不超过自到货之日起_____个月。在保证期内因设备本身的质量问题发生故障,乙方应负责免费修理和更换零部件。对达不到使用要求者,经双方协商,可以下办法处理：

(1) 退货处理。乙方应退回甲方支付的设备款,同时应承担该设备的直接费用(运输、保险、检验、安装调试、设备款利息及银行手续费等)。

(2) 更换设备。由乙方承担所发生的直接费用。

(3) 贬值处理。

3. 在设备调试阶段,根据甲方要求,乙方应及时派出现场服务人员,处理现场发生的有关质量技术问题,免费派人指导安装调试。在使用过程中如发生质量问题,乙方在接到甲方通知后应在_____小时内到达甲方现场。

五、验收

1. 乙方交货前应按合同规定的检验方法,作出全面检测。其记录附在质量证明书内。但有关质量、规格、性能、数量或重量的检测不应视为最终检测。乙方检验的结果和详细要求应在质量证明书中加以说明。

2. 对关键设备,按合同规定由甲方负责,甲乙方共同验收。对一般设备,由甲方验收。设备到货后,甲方应在_____天内验收完毕。

六、设备发运、包装及运输

1. 乙方在交货前将合同号、设备名称、数量、件数等用电报或传真等通知甲方。

2. 设备在运输中因包装不善造成的锈蚀、破损、丢失等均由乙方承担责任。包装箱外应用不褪色的油漆,按规定打上清楚的包装标志。对无包装的设备应系有金属标签。对重量超过_____

吨以上的货物,应标明重心所在位置。

3. 运杂费按招标书要求办理。

七、交货期及交货方式

按招标书要求办理。

八、付款方式

按招标书要求办理。

九、违约责任

按《中华人民共和国经济合同法》有关规定,加以双方规定。

十、不可抗力事件处理

1. 在执行合同期限内,任何一方因不可抗力事件所至不能履行合同,则合同履行期可延长,延长期与不可抗力影响期相同。

2. 不可抗力事件发生后,应立即通知对方,并寄送有关权威机构出具的证明。

3. 不可抗力事件延续_____天以上,双方应通过友好协商,确定是否继续履行合同。

十一、仲裁

双方在执行合同中所发生的一切争议,应通过协商解决。如协商不成,应向工商行政管理部门提交仲裁,也可直接向人民法院起诉。

十二、合同生效及其他

合同经双方签字并加盖公章后生效。

4.5 网络工程投标书规范

4.5.1 网络工程投标书书写规范

投标书写作的原则是遵循招标书提出的要求进行写作,切忌长篇大论,做到简明扼要。一般写作内容为:

- 简述工程项目和用户需求;
- 工程建设的原则;
- 工程建设的方案;
- 工程交付使用时间和进度安排;
- 项目组织管理;
- 工程概算;
- 测试与验收;
- 质量保证;
- 商务;
- 服务与支持。

4.5.2 投标书格式实例

下面简单介绍投标书的格式。

1. 投标书封面格式

投 标 书

建设项目名称：

投标单位：

投标单位全权代表：

投标单位：　　　　　　　　　　　　　　　　（公章）

　　　　　　　　　　　　　　　　年　　月　　日

2. 投标书格式

投 标 书

致：_____

　　根据贵方为_____项目招标采购货物及服务的投标邀请_____（招标编号），签字代表_____（全名、职务）经正式授权并代表投标人_____（投标方名称、地址）提交下述文件正本一份和副本一式_____份。

　　（1）开标一览表
　　（2）投标价格表
　　（3）货物简要说明一览表
　　（4）按投标须知第 14、15 条要求提供的全部文件
　　（5）资格证明文件
　　（6）投标保证金，金额为人民币_____元

据此函，签字代表宣布同意如下：
1. 所附投标报价表中规定的应提供和交付的货物投标总价为人民币_____元。
2. 投标人将按招标文件的规定履行合同责任和义务。
3. 投标人已详细审查全部招标文件，包括修改文件（如需要修改）以及全部参考资料和有关附件。我们完全理解并同意放弃对这方面有不明及误解的权利。

4. 其投标自开标日期有效期为_____个日历日。
5. 如果在规定的开标日期后,投标人在投标有效期内撤回投标,其投标保证金将被贵方没收。
6. 投标人同意提供按照贵方可能要求的与其投标有关的一切数据或资料,完全理解不一定要接受最低价格的投标或收到的任何投标。
7. 与本投标有关的一切正式往来通讯请寄:
   地址:_____ 邮编:_____
   电话:_____ 传真:_____
   投标人代表姓名、职务:_____
   投标人名称(公章):_____
   日期:_____年___月___日

全权代表签字:_____

3. 开标大会唱标报告格式

投标单位全称				
序 号	投标设备名称	数 量	投标价(万元)	交 货 期
交货地点		备 注		

投标单位: 法人授权代表:

(公　章)   (签　章)

　　　　　　　　　　　　　　　　　　　　　　　　年　月　日

说明:唱标报告在开标大会上当众宣读,务必填写清楚,准确无误。

4. 投标设备数量价格表格式

投标设备数量价格表

招标文件编号:

单位:万元

序 号	设备名称	设备价			其他费用				投标价(设备总价与其他费用总金额之和)
		数量(台)	单 价	总 价	运输费	调试费	备品备件费	总金额	

投标单位:(盖章)   法人授权代表:(签字)

5. 企业法人营业执照影印件

> 企业法人营业执照影印件,实行许可证制度的,还须提供生产许可证影印件。

6. 投标企业资格报告

投标企业资格报告

须知

  1. 投标人投标时,应填写和提交规定的格式1、格式2,以及提供其他有关资料。
  2. 对所附表格中要求的资料和询问应作出肯定的回答。
  3. 资格文件的签字人应保证他所作的声明以及回答一切问题的真实性和准确性。
  4. 投标人提供的资格文件将由投标人和买方使用,并据此进行评价和判断,确定投标人的资格和能力。
  5. 招标人对投标人提交的文件将予以保密,但不退还。
  6. 全部文件应以中文书写,正本1份,副本_____份,按投标人须知第18条封装。

格式1 资格声明

  (招标机构)_____:
  为响应贵方_____年____月____日第____号招标邀请,下述签字人愿意参加投标,提供货物需求一览表中规定的(货物品目号和名称),提交下述文件并证明全部说明是真实的和正确的。
  1. 由(制造厂商)提供的(货物品目号和名称)参加投标。授权书1份正本,1份副本。签字人代表该制造厂家并受其约束。
  2. 制造厂家的资格声明,有1份正本,_____份副本。
  3. 下述签字人在证书中证明本资格文件中的内容是真实的和正确的,同时附上我方银行(银行名称)出具的资信证明。
  制造厂家:授权签署本资格文件人:
  名称:_____
  签字:_____
  地址:_____
  打印的姓名:_____
  电话:_____
  职务:_____
  传真:_____
  电话:_____
  邮编:_____

格式2 制造厂家资格声明

  1. 名称及概况
  (1)制造厂家名称:_____

(2) 总部地址：_____
　　传真/电话：_____
(3) 成立日期或注册日期：_____
(4) 实收资产：_____
(5) 近期资产负债表(到_____年____月____日止)
　　a. 固定资产：_____
　　b. 流动资金：_____
　　c. 长期负债：_____
　　d. 短期负债：_____
　　e. 净值：_____
(6) 主要负责人姓名：_____
2. (1) 关于制造投标货物的设施及其他情况
　　　工厂名称地址：_____
　　　年生产力：_____
　　　职工人数/其中工厂技术人员数：_____
(2) 制造厂家不生产而需从其他制造厂家购买的主要零部件
　　制造厂家名称和地址：_____
3. 制造厂家生产投标货物的经历(包括项目业主、额定能力、初始商业运行日期等)
4. 近三年该货物在国内外主要用户的名称和地址
　名称地址：_____
　销售项目：_____
　(1) 出口销售
　(2) 国内销售
5. 近三年的年营业额
　年份_____出口_____国内_____总额_____
6. 易损件供应商的名称和地址：_____
　部件名称_____供应商_____
7. 有关开户银行的名称和地址_____
8. 制造厂家所属的集团公司_____
9. 其他情况
　兹证明上述声明真实、正确，并提供了全部能提供的材料和数据，我们同意遵照贵方要求出示有关证明文件。
　制造厂家名称：_____
　授权代表签字：_____
　授权代表职务：_____
　电话/传真：_____
　日期：_____年____月____日

7. 投标设备报告

投标设备报告

1. 投标设备型号、规格、技术参数和说明。
2. 投标设备的质量标准、检测标准、测试手段。
3. 对投标设备的设计、制造、安装、测试等方面采取技术和组织措施。
4. 交货地点、交货时间、交货方式、交货进度及运输条件。
5. 技术服务。
6. 备品备件提供情况。
7. 投标单位认为有必要说明的问题。

8. 投标设备偏差表

招标文件编号：

序 号	设备名称	型号及规格	数 量	招标设备要求数据	投标设备实际数据

说明：如投标设备的规格、性能、技术参数与招标设备的要求不完全一致时，请填此表。如全部满足要求时，可不交此表。

9. 法人代表授权书

（招标机构）_____：

现委派_____参加贵方组织的_____招标活动，全权代表我单位处理招标的有关事宜。

附授权代表情况：

姓　　名：_____　　年　　龄：_____　　性　　别：_____
身份证号：_____　　职　　务：_____　　邮　　编：_____
通讯地址：_____
电　　话：_____　　电　　挂：_____
单位名称：（公章）　　　　　　　　　　　法人代表：（签章）

本授权书有效期：____年__月__日至____年__月__日

10. 履约保证金保函

（中标后开具）

开证日期：_____

致：_____

_____号合同履约保证金

本保函作为贵方与_____（以下简称买方）于_____年____月____日____

11. 投标书附录

说明：1. 下表所有数据应在招标文件发出前由招标人填写，由投标人签署确认；
   2. 数据栏中，对数据的限额说明见招标文件第Ⅱ卷中专用条款数据表。

序号	事项	合同条款	数据
1	投标担保金额		人民币250万元（必须银行电汇）
2	履约担保金额	10.1	承包合同总价的5%，其中30%现金，70%银行保函（当履约担保金额全部为现金时，为承包合同总价的3%）
3	发布开工令期限（从签定合同协议书之日）	41.1	签订合同协议书之日后28天内
4	开工期（接到监理工程师的开工令之日算起）	41.1	接到开工令之日起7天内
5	工期	43.1	按合同规定工期
6	拖工期损失偿金	47.1	人民币5万元/天
7	拖工期损失偿金限额	47.1	合同价的10%
8	缺陷责任期	49.1	2年
9	保修期	50.2	5年
10	中期（月进度）支付证书最低限额	60.2	人民币50万元
11	保留金比例	60.3	月计量金额的10%
12	保留金限额	60.3	合同价的5%
13	开工预付款	60.5	合同价的5%
14	材料、设备预付款	60.7	无
15	支付时间	60.15	监理工程师签发中期支付证书后35天内 监理工程师签发最后支付证书后42天内
16	未付款额的利率	60.15	0.015‰/天

法定代表人（或被授权人）签字和公章：(签字和盖章)

4.6 工程监理

4.6.1 工程监理的基本概念

项目监理机构:监理单位派驻工程项目负责履行委托监理合同的组织机构。

监理工程师:取得国家监理工程师执业资格证书并经注册的监理人员。

总监理工程师:由监理单位法定代表人书面授权,全面负责委托监理合同的履行、主持项目监理机构工作的监理工程师。

总监理工程师代表:经监理单位法定代表人同意,由总监理工程师书面授权,代表总监理工程师行使其部分职责和权力的项目监理机构中的监理工程师。

专业监理工程师:根据项目监理岗位职责分工和总监理工程师的指令,负责实施某一专业或某一方面的监理工作,具有相应监理文件签发权的监理工程师。

监理员:经过监理业务培训,具有同类工程相关专业知识,从事具体监理工作的监理人员。

监理规划:在总监理工程师的主持下编制,经监理单位技术负责人批准,用来指导项目监理机构全面开展监理工作的指导性文件。

监理实施细则:根据监理规划,由专业监理工程师编写,并经总监理工程师批准,针对工程项目中某一专业或某一方面监理工作的操作性文件。

工地例会:由项目监理机构主持的,在工程实施过程中针对工程质量、造价、进度、合同管理等事宜定期召开的、由有关单位参加的会议。

工程变更:在工程项目实施过程中,按照合同约定的程序对部分或全部工程在材料、工艺、功能、构造、尺寸、技术指标、工程数量及施工方法等方面做出的改变。

工程计量:根据设计文件及承包合同中关于工程量计算的规定,项目监理机构对承包单位申报的已完成工程的工程量进行的核验。

见证:由监理人员现场监督某工序全过程完成情况的活动。

旁站:在关键部位或关键工序施工过程中,由监理人员在现场进行的监督活动。

巡视:监理人员对正在施工的部位或工序在现场进行的定期或不定期的监督活动。

平行检验:项目监理机构利用一定的检查或检测手段,在承包单位自检的基础上,按照一定的比例独立进行检查或检测的活动。

设备监造:监理单位依据委托监理合同和设备订货合同对设备制造过程进行的监督活动。

费用索赔:根据承包合同的约定,合同一方因另一方原因造成本方经济损失,通过监理工程师向对方索取费用的活动。

临时延期批准:当发生非承包单位原因造成的持续性影响工期的事件,总监理工程师所作出的暂时延长合同工期的批准。

延期批准:当发生非承包单位原因造成的持续性影响工期事件,总监理工程师所作出的最终延长合同工期的批准。

4.6.2 工程监理的内容

信息工程监理的执行者站在第三方的立场,以圆满计算机信息系统工程为目的,协调建设方和开发方的关系,确保监理工作的公正性、公平性、公开性。监理工作的服务内容主要分为工程前、中、后3个部分。

工程前。参与建设项目的可行性研究,进行投资、工期、质量和技术的综合分析;帮助建设单位组织有关领域的专家对项目的总体规划、本期建设项目的技术方案和设备选型进行论证和优化,确定工程的设计要求,参与计划任务书的编制;协助建设单位编制招标文件并组织招标投标活动,帮助挑选优秀的工程承包单位;参与合同谈判,协助建设单位签订施工合同;审定设备造价;帮助业主制定必要的人员培训计划。

工程中。协助建设单位对工程建设过程进行质量控制监理和验收;确认承包单位选择的分包单位;检查施工准备情况,审查承包单位的质量控制体系和措施;审查批准承包单位提出的施工进度计划;监督建设单位按相关的标准或规范施工,督促承包单位采取措施实现合同目标要求;核实质量文件,对施工质量进行监督、评价,必要时通知施工单位返工或停工;主持协商工程设计变更,调解合同双方争议,必要时处理索赔事项。

工程后。组织工程竣工验收准备,验证系统功能性能与合同的符合性,审核与工程配套的技术文档是否齐全并满足相关标准及规范的要求,检查技术培训是否达到合同要求;出具竣工验收报告;负责对规定保修期内工程质量的检查、鉴定以及督促责任单位修理;督促整理承包合同文件的技术档案资料;帮助业主制定系统运行管理规章制度。

4.6.3 工程监理的实施步骤

用户可根据自身需要,委托监理机构承担工程全过程或某些工程阶段的监理工作。监理流程如图4-1所示。

4.6.4 项目监理机构

监理单位履行施工阶段的委托监理合同时,必须在施工现场建立项目监理机构。项目监理机构在完成委托监理合同约定的监理工作后可撤离施工现场。

项目监理机构的组织形式和规模,应根据委托监理合同规定的服务内容、服务期限、工程类别、规模、技术复杂程度、工程环境等因素确定。

监理人员应包括总监理工程师、专业监理工程师和监理员,必要时可配备总监理工程师代表。

总监理工程师应由具有三年以上同类工程监理工作经验的人员担任;总监理工程师代表

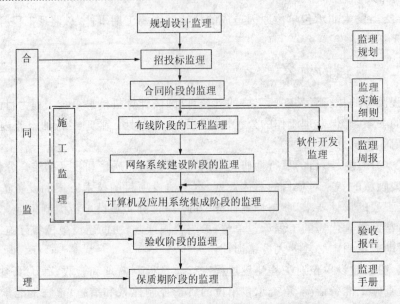

图 4-1 监理流程图

应由具有二年以上同类工程监理工作经验的人员担任;专业监理工程师应由具有一年以上同类工程监理工作经验的人员担任。

项目监理机构的监理人员应专业配套、数量满足工程项目监理工作的需要。

监理单位应于委托监理合同签订后十天内将项目监理机构的组织形式、人员构成及对总监理工程师的任命书面通知建设单位。当总监理工程师需要调整时,监理单位应征得建设单位同意并书面通知建设单位;当专业监理工程师需要调整时,总监理工程师应书面通知建设单位和承包单位。

4.7 工程测试与验收

在工程实施过程中,严格执行分段测试计划,以国际规范为标准,在一个阶段的施工完成后,采用专用测试设备进行严格测试;并真实、详细、全面地写出分段测试报告及总体质量检测评价报告,及时反馈给工程决策组,作为工程的实时控制依据和工程完工后的原始备查资料。

4.7.1 综合布线系统的验收

1. 施工前网络工程监理需要检查的事项

(1) 环境需求

➢ 地面、墙面、天花板内、电源插座、信息模块座、接地装置等要素的设计与要求。

➢ 设备间、管理间的设计。

- 竖井、线槽、孔洞位置的要求。
- 施工队伍以及施工设备。
- 活动地板的敷设。

(2) 施工材料的检查
- 双绞线、光缆是否按方案规定的要求购买。
- 塑料槽管、金属槽是否按方案规定的要求购买。
- 机房设备如机柜、集线器、接地面板是否按方案规定的要求购买。
- 信息模块、座、盖是否按方案规定的要求购买。

(3) 安全、防火要求
- 器材是否靠近火源。
- 器材堆放处是否安全防盗。
- 发生火情时能否及时提供消防设施。

2. 检查设备的安装

(1) 机柜与配线面板的安装
- 在机柜安装时要检查机柜安装的位置是否正确,规格、型号、外观是否符合要求。
- 跳线制作是否规范,配线面板的接线是否美观整洁。

(2) 信息模块的安装
- 信息插座装的位置是否规范。
- 信息插座、盖安装是否平、直、正。
- 信息插座、盖是否用螺丝拧紧。
- 标志是否齐全。

3. 双绞线电缆和光缆的安装

(1) 桥架和线槽安装
- 位置是否正确。
- 安装是否符合要求。
- 接地是否正确。

(2) 线缆布防
- 线缆规格、路由是否正确。
- 线缆的标号是否正确。
- 线缆拐弯处是否符合规范。
- 竖井的线槽、线固定是否牢靠。
- 是否存在裸线。

4. 室外光缆的布线

(1) 架空布线
- 架设竖杆位置是否正确。
- 吊线规格、垂度、高度是否符合要求。
- 卡挂钩的间隔是否符合要求。

(2) 管道布线
- 使用的管孔、管孔位置是否合适。
- 线缆规格。
- 线缆走向路由。
- 防护设施。

(3) 挖沟布线(直埋)
- 光缆规格。
- 敷设位置、深度。
- 是否加了防护铁管。
- 回填时复原与夯实。

(4) 隧道线缆布线
- 线缆规格。
- 安装位置、路由。
- 设计是否符合规范。

5. 线缆终端的安装
- 信息插座安装是否符合规范。
- 配线架压线是否符合规范。
- 光纤头制作是否符合要求。
- 光纤插座是否符合规范。
- 各类路线是否符合规范。

4.7.2 综合布线系统的测试

在布线工程完工后,由质量监理机构的专家和甲乙方的技术专家组成联合检测组,对申请竣工的工程做出质量抽测计划,采用测试仪器和联机测试的双重标准进行科学的抽样检测,并给出权威性的测试结构和质量评审报告书,以此作为工程验收的质量依据标准,归入竣工文档资料中。

1. 测试依据

有两个文件,即《Commercial Building Telecommunications Cabling Standard EIA/TIA568B》及《电信网光纤数字传输工程施工及验收暂行技术规范》。

2. 测试方式

施工完成后,要对系统进行两种测试:
- 线缆测试。采用专用的电缆测试仪对电缆的各项技术指标进行测试,包括连通性、串扰、回路电阻、信噪比等。
- 联机测试。选取若干个工作站,进行实际的联网测试。

上述测试提供完整的测试报告和标准。

3. 测试指标

对于双绞线,采用 CAT5-LAN 电缆测试仪对下列指标进行测试:
- 连通性
- 接线图
- 回路电阻　　　　　>10 dB
- 衰减　　　　　　　<23.2 dB
- 阻抗　　　　　　　100±5 Ω
- 近程串扰　　　　　>24 dB
- 直流电阻　　　　　<40 Ω
- 传输延时　　　　　<1.0

对于光缆,测试数据包括下列指标:
- 信号衰减　　　　　<2.6 dB(500 m,波长 1 300 mm)
- 信号衰减　　　　　<3.9 dB(500 m,波长 850 mm)

4.7.3　网络设备的清点与验收

1. 任务目标

对照设备订货清单清点到货,确保到货设备与订货一致。使验货工作有条不紊,井然有序。

2. 先期准备

由系统集成商负责人员在设备到货前根据订货清单填写《到货设备登记表》的相应栏目,以便于到货时进行核查、清点。《到货设备登记表》仅为方便工作而设定,所以不需任何人签字,只需由专人保管即可。

3. 开箱检查、清点、验收

一般情况下,设备厂商会提供一份验收单,可以设备厂商的验收单为准。

4.7.4　网络系统的初步验收

对于网络设备,其测试成功的标准为:能够从网络中任一台机器和设备(有 Ping 或 Telnet 能力)Ping 及 Telnet 通网络中其他任一台机器或设备(有 Ping 或 Telnet 能力)。由于网内设

备较多,不可能逐对进行测试,故可采用如下方式进行:
- 在每一个子网中随机选取两台机器或设备,进行 Ping 和 Telnet 测试。
- 对每一个子网测试连通性,即从两个子网中各选一台机器或设备进行 Ping 和 Telnet 测试。
- 测试中,Ping 测试每次发送数据包不应少于 300 个,Telnet 连通即可。Ping 测试的成功率在局域网内达到 100%,在广域网内由于线路质量问题,视具体情况而定,一般不应低于 80%。
- 测试所得具体数据填入《初步验收测试报告》。

4.7.5 网络系统的试运行

从初验结束时刻起,整体网络系统进入为期三个月的试运行阶段。整体网络系统在试运行期间不间断地连续运行时间不应少于两个月。试运行由系统集成商代表负责,用户和设备厂商密切协调配合。在试运行期间要完成以下任务:
- 监视系统运行
- 网络基本应用测试
- 可靠性测试
- 下电—重启测试
- 冗余模块测试
- 安全性测试
- 网络负载能力测试
- 系统最忙时访问能力测试

4.7.6 网络系统的最终验收

各种系统试运行满三个月后,由用户对系统集成商所承做的网络系统进行最终验收。最终验收的过程如下:
- 检查试运行期间的所有运行报告及各种测试数据。确定各项测试工作已做充分,所有遗留的问题都已解决。
- 验收测试。按照测试标准对整个网络系统进行抽样测试,测试结果填入《最终验收测试报告》。
- 签署《最终验收报告》,该报告后附《最终验收测试报告》。
- 向用户移交所有技术文档,包括所有设备的详细配置参数、各种用户手册等。

4.7.7 交接和维护

1. 网络系统交接

终验结束后开始交接过程。交接是一个逐步使用户熟悉系统,进而能够掌握、管理、维护系统的过程。交接包括技术资料交接和系统交接,系统交接一直延续到维护阶段。

技术资料交接包括在实施过程中所产生的全部文件和记录,至少提交如下资料:总体设计文档、工程实施设计、系统配置文档、各个测试报告、系统维护手册(设备随机文档)、系统操作手册(设备随机文档)和系统管理建议书等。

2. 网络系统维护

在技术资料交接后,进入维护阶段。系统的维护工作贯穿系统的整个生命期。用户方的系统管理人员将要在此期间内逐步培养独立处理各种事件的能力。

在系统维护期间,系统如果出现任何故障,都应详细填写相应的故障报告,并报告相应的人员(系统及厂商技术人员)处理。

在合同规定的无偿维护期后,系统的维护工作原则上由用户自己完成,用户可以独立进行对系统的修改。为对系统的工作实施严格的质量保证,建议用户填写详细的系统运行记录和修改记录。

本章习题

1. 什么是项目管理?
2. 工程测试包括哪些文档?
3. 工程的测试与验收步骤是什么?

第 5 章 交换机配置与管理

本章教学目标：
- 了解交换机的结构和组成
- 掌握交换机的分类
- 掌握交换机在网络中的连接及作用
- 理解交换技术基础
- 理解并掌握生成树协议
- 了解二层交换机基本配置及基本端口 VLAN 的划分
- 掌握二层交换机实现 Trunk 及 VTP 的配置
- 理解三层交换机实现 VLAN 及 DHCP 配置

交换机工作在 OSI 参考模型的第二层——数据链路层。在计算机网络系统中，交换概念的提出是对于共享工作模式的改进。交换机是一种基于物理地址识别的，可以完成存储转发报文功能的局域网设备。在同一时刻，交换机可以将多个端口对之间的数据进行传输。在以太网组网的过程中有多种技术可供使用，例如 STP、VLAN、Truck、VTP 等。不仅可以使网络根据实际的需要来组建，更重要的是使网络更稳定，健壮性更好。而要控制这些技术，就需要有一定的管理工具和操作方法。本章将详细介绍交换机的配置工具和配置方法。

5.1 OSI 模型与数据通讯设备

国际标准化组织信息处理系统技术委员会(ISO TC97)于 1978 年为开放系统互联建立了分委员会 SC16，并于 1980 年 12 月发表了第一个开放系统互联参考模型(OSI/RM：Open Syterms Interconnection/Reference Model)的建议书，1983 年它被正式批准为国际标准，即著名的 ISO7498 国际标准。通常人们也将它称为 OSI 参考模型，并记为 OSI/RM，有时简称为 OSI。我国相应的国家标准是 GB9398。

"开放系统互联"的含义是任何两个遵守 OSI 标准研制的系统是相互开放的，可以进行互联。现在 OSI 标准已被广泛接受，成为指导网络发展方向的标准。

OSI 模型将网络结构划分为 7 层，即物理层、数据链路层(包括逻辑链路控制和介质访问控制两个子层)、网络层、传输层、会话层、表示层和应用层，如图 5-1 所示。每一层均有自己的一套功能集，并与紧邻的上层和下层交互作用。在顶层，应用层与用户使用的软件进行交互。在 OSI 模型的底端是携带信号的网络电缆和连接器。总的来说，在顶端与底端之间的每一层均能确保数据以一种可读、无错、排序正确的格式被发送。

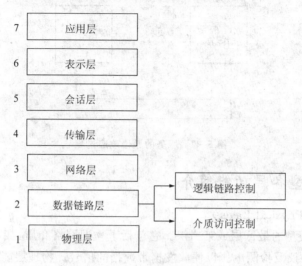

图 5-1 OSI 参考模型

OSI 是一个描述性的模型,解决了不同计算机及外设,不同计算机网络之间的相互通讯的问题,成为计算机网络通讯标准。

OSI 模型的特点是:简化相关的网络操作;提供即插即用的兼容性和不同厂商之间集成的标准化接口;使工程师们能专注于设计和优化不同的网络互联设备的互操作性;防止一个区域的网络变化影响另一个区域的网络,因此,每一个区域的网络都能单独快速地升级;把复杂的网络连接问题分解成小的简单的问题,易于学习和操作。

5.1.1 OSI 的服务原语

服务在形式上是用一组原语(primitive)来描述的。原语被用来通知服务提供者采取某些行动,或报告某同层实体已经采取的行动。在 OSI 参考模型中定义了四种服务原语:请求(request),指示(indication),响应(response),证实(confirm)。

- 请求(request),用户利用它要求服务提供者提供某些服务,如建立连接或发送数据等;
- 指示(indication),服务提供者执行一个请求以后,用指示原语通知收方的用户实体,告知有人想要与之建立连接或发送数据等;
- 响应(response),收到指示原语后,利用响应原语向对方作出反应,例如同意或不同意建立连接等;
- 确认(confirm),请求对方可以通过接收确认原语来获悉对方是否同意接受请求。

服务的原语响应过程如图 5-2 所示。

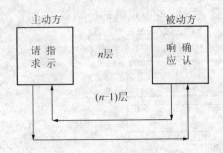

图 5-2　服务的原语响应过程

5.1.2　OSI 模型各层功能简介

1. 物理层（PH，Physical Layer）

物理层是 OSI 模型的最低层或第一层。它包括了物理网络介质，如双绞线、同轴电缆、光纤等。物理层产生协议及检测电压以便收发携带数据的信号。物理层能设定数据发送速率并监测数据错误率，但不提供错误校验服务。物理层的任务就是为其上一层（即数据链路层）提供一个物理连接，以便透明地传送比特流。在物理层上所传数据的单位是比特。

IEEE 已制定了物理层协议的标准，IEEE 802 规定了以太网和令牌环网应如何处理数据。ISO 对 OSI 模型的物理层所作定义为：在物理信道实体之间合理地通过中间系统，为比特传输所需的物理连接的激活、保持和去除提供机械的、电气的、功能性的和规程性的手段。比特流传输可以采用异步传输，也可以采用同步传输完成。

网络节点的物理层控制网络节点与物理通讯通道之间的物理连接。物理层上的协议有时也称为接口。物理层协议规定与建立、维持及断开物理信道有关特性，这些特性包括机械的、电气的、功能性的和规程性的四个方面。这些特性保证物理层能通过物理信道在相邻网络节点之间正确地收、发比特流信息，即保证比特流能送上物理信道，并且能在一端取下它。物理层仅关心比特流信息的传输，而不涉及比特流中各比特之间的关系，对传输差错也不作任何控制。

DTE（Data Terminal Equipment）指的是数据终端设备，是对属于用户所有的连网设备或工作站的通称，它们是数据的源或目的，例如数据输入/输出设备、通讯处理机或计算机。DTE 具有根据协议控制数据通讯的功能。DCE（Data Circuit-Terminating Equipment 或 Data Communications Equipment）指的是数据电路终端设备或数据通讯设备，前者为 CCITT 所用，后者为 EIA 所用。DCE 是对网络设备的通称，该设备为用户设备提供入网的连接点。自动呼叫应答设备、调制解调器及其他一些中间装置均属 DCE。

具体来说，物理层定义了设备连接接口的 4 个特性。

① 机械特性。机械特性对插头和插座的几何尺寸、插针或插孔芯数及其排列方式、锁定

装置形式等作了详细的规定。一般来说,DTE 的连接器常用插针形式,其几何尺寸与 DCE 连接器相配合,插针芯数和排列方式与 DCE 连接器成镜像对称。

② 电气特性。物理层的电气特性规定了这组导线的电气连接及有关电路的特性,一般包括:接收器和发送器电路特性的说明、表示信号状态的电压/电流电平的识别、最大数据传输的说明,以及与互联电缆相关的规则等。

DTE 与 DCE 接口的各根导线(也称电路)的电气连接方式有非平衡方式、采用差动接收器的非平衡方式和平衡方式三种。

③ 功能特性。物理层的功能特性是指接口的信号根据其来源、作用以及与其他信号之间的关系而各自具有的特定功能。接口信号线按功能一般可分为数据信号线、控制信号线、定时信号线和接地线等四类。EIARS—232 和 EIARS—499 标准采用 V.24 建议,CCITT X.21 接口则采用 X.24 建议。

④ 规程特性。物理层的规程性规定了使用交换电路进行数据交换的控制步骤,这些控制步骤的应用使得比特流传输得以完成。一个标准的最后形成,是一个需要经过不断的探讨和逐步完善的过程。目前由 CCITT 建议在物理层使用的规程有 V.24、V.25、V.54 等 V 系列标准,以及 X.20、X.20 bis、X.21、X.21 bis 等 X 系列标准,它们分别适用于各种不同的交换电路中。

2. 数据链路层(DL,Data Link Layer)

数据链路层是 OSI 模型的第二层,其控制网络层与物理层之间的通讯。它的主要功能是将网络层接收到的数据分割成特定的可被物理层传输的帧。主要功能如下:成帧和拆帧;检错和纠错;流量控制即防止"快速"发方数据淹没"慢速"收方;信道分配(MAC 介质访问控制子层);建立、维持和释放数据链路的连接。

数据链路层负责在两个相邻节点间的线路上无差错地传送以帧为单位的数据。帧是数据的逻辑单位,每一帧包括一定数量的数据和一些必要的控制信息。

不同种类的帧亦以不同的方式安排它们的组成部分。图 5-3 显示了一个简化的数据帧结构。这个帧的每个部分对所有类型的帧都是必需的,且是通用的。

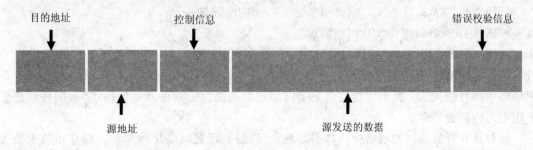

图 5-3 数据帧结构

在传送数据时,若接收节点检测到所传数据中有差错,就要通知发方重发这一帧,直到这一帧正确无误地到达接收节点为止。在每帧所包括的控制信息中,有同步信息、地址信息、差错控制,以及流量控制信息等。这样,链路层就把一条有可能出差错的实际链路,转变成让网络层向下看起来好像是一条不出差错的链路。

可以把数据帧想象为一列有许多车厢的火车。其中一些车厢可能不是必需的,每列火车载的货物量也是不同的,但每列火车都需要有一个火车头和一个首车,正如不同种类的火车以略微不同的方式安排车厢一样。

3. 网络层(NL,Network Layer)

网络层,即 OSI 模型的第三层,其主要功能是将网络地址翻译成对应的物理地址,并决定如何将数据从发送方路由到接收方。

在计算机网络中进行通讯的两个计算机之间可能要经过许多个节点和链路,也可能还要经过好几个通讯子网。在网络层,数据的传送单位是分组或包。网络层的任务就是要选择合适的路由,使发送站的运输层所传下来的分组能够正确无误地按照地址找到目的站,并交付给目的站的运输层。这就是网络层的寻址功能。

网络层为建立网络连接和为上层提供服务,应具备以下主要功能:

- 路由选择和中继;
- 激活,终止网络连接;
- 在一条数据链路上复用多条网络连接,多采取分时复用技术;
- 差错检测与恢复;
- 排序,流量控制;
- 服务选择;
- 网络管理。

网络层的一些主要标准如下:

- ISO.DIS8208,称为"DTE 用的 X.25 分组级协议";
- ISO.DIS8348,称为"CO 网络服务定义"(面向连接);
- ISO.DIS8349,称为"CL 网络服务定义"(面向无连接);
- ISO.DIS8473,称为"CL 网络协议";
- ISO.DIS8348,称为"网络层寻址"。

除上述标准外,还有许多标准。这些标准都只是实现网络层的部分功能,所以往往需要在网络层中同时使用几个标准才能完成整个网络层的功能。由于面对的网络不同,网络层将会采用不同的标准组合。

针对具有开放特性的网络中的数据终端设备,都要配置网络层的功能。现在市场上销售的网络硬件设备主要有网关和路由器。

4. 传输层(TL,Transport Layer)

在传输层,信息的传送单位是报文。当报文较长时,先要把它分割成好几个分组,然后交给下一层(网络层)进行传输。

传输层主要负责确保数据可靠、顺序、无错地从 A 点传输到 B 点(A、B 点可能在也可能不在相同的网络段上)。因为如果没有传输层,数据将不能被接收方验证或解释,所以,传输层常被认为是 OSI 模型中最重要的一层。传输协议同时进行流量控制或是基于接收方可接收数据的快慢程度规定适当的发送速率。

传输层的根本任务是根据通讯子网的特性最佳地利用网络资源,并以可靠和经济的方式,在两个端系统的会话层之间建立一条运输连接。传输层向上一层(会话层)提供一个可靠的端到端的服务,它屏蔽了会话层,使它看不见传输层以下的数据通讯的细节。在通讯子网中没有传输层,传输层只能存在于端系统(即主机)之中。传输层以上的各层不再管理信息传输的问题。正因为如此,传输层就成为计算机网络体系结构中最为关键的一层。

实用的传输层协议有 TCP/IP 协议中的 TCP 和 CCITTX.29 建议等。

5. 会话层(SL,Session Layer)

会话层负责在网络中的两节点之间建立和维持通讯。所谓"会话"是指在两个实体之间建立数据交换的连接,常用于表示终端与主机之间的通讯。

在会话层及以上的更高层次中,数据传送的单位没有另外再取名字,一般都可称为报文。

会话层虽然不参与具体的数据传输,但它却对数据传输进行管理。在两个互相通讯的应用进程之间,建立、组织和协调其交互。如确定是双工工作,还是半双工工作。当发生意外时,要确定在重新恢复会话时应从何处开始。

会话层的主要的功能是对话管理、数据流同步和重新同步,现介绍如下。

① 为会话实体间建立连接。为给两个对等会话服务用户建立一个会话连接,应该做如下几项工作:将会话地址映射为传输地址;选择需要的传输服务质量参数(QOS);对会话参数进行协商;识别各个会话连接;传送有限的透明用户数据。

② 数据传输阶段。这个阶段是在两个会话用户之间实现有组织、同步的数据传输。用户数据单元为 SSDU,而协议数据单元为 SPDU。会话用户之间的数据传送过程为将 SSDU 转变为 SPDU。

③ 连接释放。连接释放是通过"有序释放"、"废弃"、"有限量透明用户数据传送"等功能单元来释放会话连接的。会话层标准为了使会话连接建立阶段能建立协商功能,也为了便于参考和引用其他国际标准,定义了 12 种功能单元。各个系统可根据自身情况和需要,以核心功能服务单元为基础,选配其他功能单元组成合理的会话服务子集。会话层的主要标准有"DIS8236:会话服务定义"和"DIS8237:会话协议规范"。

6. 表示层(PL,Presentation Layer)

与低五层提供透明的数据传输不同,表示层是处理所有与数据表示及传输有关的问题,完成某些特定的功能。表示层服务的一个典型例子是用一种大家一致同意的标准方法对数据编码。表示层还为上层用户提供数据信息的语法表示变换。

表示层主要解决用户信息的语法表示问题。表示层将欲交换的数据从适合于某一用户的抽象语法变换为适合于 OSI 系统内部使用的传送语法。用户就可以把精力集中在他们所要交谈的问题本身,而不必更多地考虑对方的某些特性。表示层协议还对图片和文件格式信息进行解码和编码。

表示层的主要功能为:
- 语法转换,将抽象语法转换成传送语法,并在对方处实现相反的转换;
- 语法协商,根据应用层的要求协商选用合适的上下文,即确定传送语法并传送;
- 连接管理,包括利用会话层服务建立表示连接,管理在这个连接之上的数据传输和同步控制,以及正常地或异常地终止这个连接。

OSI 表示层为服务、协议、文本通讯符制定了 DP8822、DP8823、DIS6937/2 等一系列标准。

7. 应用层(AL,Application Layer)

应用层是 OSI 参考模型中的最高层,它确定进程之间通讯的性质以满足用户的需要;负责用户信息的语义表示,并在两个通讯者之间进行语义匹配,也即应用层不仅要提供应用进程所需要的信息交换和远地操作,而且还要作为互相作用的应用进程的用户代理,来完成一些为进行语义上有意义的信息交换所必需的功能。

其作用是在实现多个系统进程相互通讯的同时,完成一系列业务处理所需的服务。它的主要任务是为用户提供应用的接口,即提供不同计算机间的文件传送、访问与管理,电子邮件的内容处理,不同计算机通过网络交互访问的虚拟终端功能等。应用层是 OSI 协议分层中最复杂的一层。

应用层的一个功能是传输文件。不同的文件系统有不同的文件命名原则,文本行有不同的表示方法等。不同的系统之间传输文件所需处理的各种不兼容问题,也同样属于应用层的工作。此外还有电子邮件、远程作业输入、名录查询和其他各种通用和专用的功能。

应用层的标准有"DP8649 公共应用服务元素","DP8650 公共应用服务元素用协议",文件传送、访问和各类服务及协议。

5.1.3 分层的原因

可以将复杂的协议根据功能划分为几个不同的部分来实现,这样减少代码编程量。

可以使人们在设计协议时更容易的分析细节部分。

随着技术的进步,在其他层次的协议改变后,标准化部分的其他分层协议仍然可以继续使用。

5.1.4 数据通讯设备

在计算机网络中常见的网络设备包括中继器、集线器、网桥、交换机、路由器、网关等。具体的与OSI参考模型的对应关系以及功能如表5-1所列。

表5-1 网络设备的层次对应关系

OSI 层次	互联设备	作 用	寻址功能
物理层	中继器、集线器、网卡	在电缆段间复制比特,放大电信号,扩展网络长度	无地址
数据链路层	网桥、交换机	在LAN之间对存储转发数据链路帧	MAC地址
网络层	路由器	在异型网络间存储转发分组	网络地址
传输层及以上	网关	在第四层或第四层以上实现不同网络体系间互联接口	—

一般工作在物理层的设备有集线器(Hub)、网卡、中继器等。在数据链路层的设备有以太网交换机和网桥等。而在网络层的设备包括路由器,三层交换机等。工作在第四层的物理设备一般只有概念性质的四层交换机。交换机可以工作在数据链路层、网络层、传输层,对应的交换机就被称作第二层、第三层、第四层交换机。普通的交换机都是二层交换机,也是使用最普遍的一种交换机。

5.2 交换机概述

局域网交换技术的发展要追溯到两端口网桥。桥是一种存储转发设备,用来连接相似的局域网。从互联网络的结构看,桥是属于DCE级的端到端的连接,交换技术(Switch)是在多端口网桥的基础上于20世纪90年代初发展起来的,实现OSI模型的下两层协议,某些局域网交换机也实现了OSI参考模型的第三层协议,实现简单的路由选择功能。

交换机的每个端口都提供专用的带宽,它把每个端口所连接的网站分割为独立的LAN,每个LAN成为一个独立的冲突域。交换机还是一种存储转发设备,通过直通方式、无碎片直通方式、存储转发方式来发送信息。

5.2.1 交换机的原理

1. 端口交换

端口交换技术最早出现在插槽式的集线器中,这类集线器的背板通常划分有多条以太网段(每条网段为一个广播域),不用网桥或路由连接,网络之间是互不相通的。以太主模块插入后通常被分配到某个背板的网段上,端口交换用于将以太模块的端口在背板的多个网段之间进行分配、平衡。根据支持的程度,端口交换还可细分为:

- 模块交换,将整个模块进行网段迁移;
- 端口组交换,通常模块上的端口被划分为若干组,每组端口允许进行网段迁移;
- 端口级交换,支持每个端口在不同网段之间进行迁移。

2. 帧交换

帧交换是目前应用最广的局域网交换技术,它通过对传统传输媒介进行微分段,提供并行传送的机制,以减小冲突域、获得高的带宽。一般来讲每个公司的产品的实现技术均会有差异,但对网络帧的处理方式一般有以下几种:

- 直通交换,提供线速处理能力,交换机只读出网络帧的前14字节,便将网络帧传送到相应的端口上;
- 存储转发,通过对网络帧的读取进行验错和控制。

前一种方法的交换速度非常快,但缺乏对网络帧进行更高级的控制,缺乏智能性和安全性,同时也无法支持具有不同速率的端口的交换。因此,各厂商把后一种技术作为重点。

有的厂商甚至对网络帧进行分解,将帧分解成固定大小的信元,该信元处理极易用硬件实现,处理速度快,同时能够完成高级控制功能如优先级控制。

3. 信元交换

ATM 技术代表了网络和通讯技术发展的未来方向,也是解决目前网络通讯中众多难题的一剂"良药",ATM 采用固定长度 53 字节的信元交换。由于长度固定,因而便于用硬件实现。

5.2.2 交换机的作用

交换机在以太网中起数据包文转发的作用。它把从某个端口接收到的数据包文从其他端口转发出去。除了连接同种类型的网络之外,还可以在不同类型的网络之间起到互联作用(以太网和快速以太网)。现在的交换机所支持的网络主要有以太网、快速以太网和千兆以太网。

交换机最大的作用在于能有效地抑止广播风暴的产生。主要是因为交换机是基于 MAC 地址进行交换的,通过分析 MAC 帧的帧头信息(源 MAC 地址、目的 MAC 地址、MAC 帧长等),取得目的 MAC 地址后,查找交换机中存储的 MAC 地址表(MAC 地址相对应的交换机的端口号),确认有此 MAC 地址的网卡连接在交换机的哪个端口上,然后将数据包文发送到相应的端口上。这也是交换机不同于物理层的设备——集线器的最大不同点。交换机和集线器的冲突域如图 5-4 所示。

交换机还将连接的交换网络的每个网段都单独划分开来,有效降低以太网中广播信道的冲突。所以支持更多的网络节点,这就使得很多局域网可以形成一个很大的以太网。

另外,交换机的成本比较便宜,容易安装和维护,具有自适应功能。这些使得交换机在短短数年内已经被广泛用于各种应用场合。现在 Cisco 公司的 Catalyst 系列交换机是目前全世界最流行的交换机,所使用的配置命令都是兼容的。

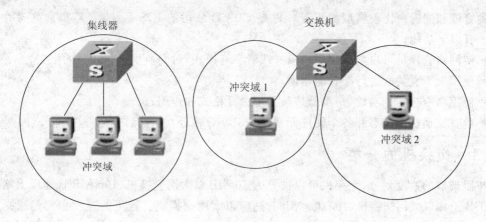

图 5-4 交换机和集线器的冲突域

5.2.3 交换机的组成

交换机由以下几个部分组成:

① MPU(MAC 处理器)。交换机的 MPU 是专用的集成电路芯片 ASIC,比通用的 CPU 更专业化,针对 MAC 数据包文的处理速度更快,可以实现高速的数据传输。处理器随着具体的交换机模型不同而不一样。

② 背板交换矩阵,主要是完成 N×N 的高速交换的功能。

③ PHY(物理层处理器)。交换机的 PHY 和集线器(Hub)的端口电路芯片是一样的,完成 bit 级数据的收发。

④ RAM/DRAM。主存储单元,也被称作内存。可以存储交换机需要运行的配置。

⑤ Flash。存储系统软件和配置文件等的可编程式存储器。也被称为"闪存"。

⑥ RJ-45。以太网的标准接口。由四对连线组成,总共 8 个连接。这种接口就是我们现在最常见的网络设备接口,俗称"水晶头",属于双绞线以太网接口类型。RJ-45 插头只能沿固定方向插入,设有一个塑料弹片与 RJ-45 插槽卡住以防止脱落。图 5-5 是 RJ-45 的示意图。

⑦ 启动软件。启动软件一般是固化存储在 ROM 或者 Flash 存储芯片中的。如果存储在 ROM 之中,那么产品一旦成型,就不能改动启动程序。如果是采用 Flash 芯片存储启动程序,那么一旦启动程序异常,可以利用配置命令将缺省的启动程序从本地计算机下载到交换机内部,不但可以减少维修交换机的成本,也可以使交换机具有健壮性。

⑧ 配置软件。交换机的辅助软件,便于交换机的启动

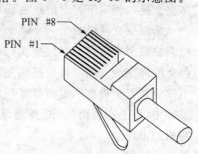

图 5-5 RJ-45 示意图

和各种管理和配置。比较典型的配置软件是 CISCO 公司的 IOS 系统,它是非常重要的一个部分。有以下功能:
> 使网络管理员可以登录到用户模式或者私有模式,对交换机进行相关的配置;
> 使用上下文关联进行配置的帮助;
> 使用命令行帮助功能,帮助管理员了解命令格式和作用;
> 检查交换机的状态和各个硬件元素(RAM,ROM 等)的存储内容。

5.2.4 交换机的分类

按照端口的速度划分,交换机可以被分为 10 MB 以太网交换机、100 MB 快速以太网交换机、1 GB 千兆以太网交换机、10/100 MB 自适应以太网交换机。这里的速度主要是指交换机各个端口的速度,而不是交换机骨干交换的速度。如果 100 MB 或者 1 GB 端口是采用光模块而不是 RJ-45 的电口,也称交换机为光模块交换机。

局域网交换机根据使用的网络技术可以分为以太网交换机、令牌环交换机、FDDI 交换机、ATM 交换机、快速以太网交换机等。

如果按交换机应用领域来划分,可分为台式交换机、工作组交换机、主干交换机、企业交换机、分段交换机、端口交换机、网络交换机等。

按照交换机工作的 OSI 模型层次划分,交换机可以被分为二层交换机、三层交换机、四层交换机。

第二层交换机具有虚拟网(VLAN)的功能,它的每个 VLAN 拥有自己的冲突域。第二层交换机是最简单、也是最便宜的一种交换机,它的端口有 8 口、16 口、32 口等。第二层交换机采用了三种方式转发数据包文:一种是直通方式,一种是存储—转发方式,还有一种是自由分段式。

第三层交换机相对于第二层交换机要更高级。第三层交换根据检查数据包文中的 IP 目的地址来决定转发数据包文的方向。它类似于路由器,创建并维护了一张路由表。根据路由表将数据包文转发到目的地。但是,由于利用了交换机的快速交换结构,可以实现"一次路由,多次交换",相对于普通的路由器来说,第三层交换机可以比普通路由器更快的转发数据包文。

第四层交换机只是一个概念上的交换机,在实际中可以利用二层交换机结合相应的传输控制协议来实现。第四层交换机可以根据 TCP 或 UDP 协议所携带的信息来决定转发的数据包文的优先级。然后再根据优先级的高低来"智能化"的控制数据包文的转发。这样做的目的不仅仅是避免拥塞和提高带宽利用率,而且在一定程度上对于每个网络的用户更加公平。但实际中,由于在利用 ASIC 处理 TCP 协议方面有不小的困难,很难看到有实际应用的四层交换机的出现。

5.3 交换机的连接

相同品牌或不同品牌的交换机之间都可以通过级联的方式而扩展端口,而且交换机和集线器之间也可以通过级联的方式进行连接。只要交换机可以不断的分级级联,那么以太网可以被无限制的扩容。

5.3.1 交换机的端口

以太网交换机的端口主要有光口和电口两种。

光口主要是针对 1 GB 或以上速率的端口使用,目的是减小传输过程中的误码率。但是相应的成本也是较高的,一般这种光口交换机主要用在高端用户,或者大型局域网的比较高级别的用户处。根据发光二极管的工作模式不同,光口还可以分为单模光口和多模光口。

电口主要是指 RJ-45 接口,这是一种通讯接口规范,属于物理层的电器特性。RJ-45 是由 4 对双绞线构成的 8 引脚接口,通常支持的介质类型有 10Base5,10Base2,10BaseT,10BaseF,100BaseTX,100BaseT4,100BaseFX,100BaseT,1000BaseFX,1000BaseT,1000BaseSX,1 000BaseLX 等。前面的数字表示端口所支持的传输速度(Mbit/s)。表 5-2 中给出了几个典型的介质类型和特征。

表 5-2 典型介质及特征

介质类型	介质特征	
10Base5	最大传输距离:500 m 最多支持的节点数:1 024	传输速率:10 Mbit/s 设备之间最小距离:2.5 m
	收发器电缆 收发器	
10Base2	最大传输距离:185 m 最多支持的节点数:30	传输速率:10 Mbit/s 设备之间最小距离:0.5 m
100BaseT	最大传输距离:500 m 最多支持的节点数:不限 传输速率:100 Mbit/s 设备之间最小距离:1 m	

续表 5-2

介质类型	介 质 特 征
1 000BaseFX	最大传输距离:100 m,如果采用较好的线缆可以获得更远的距离。 最多支持的节点数:不限 传输速率:1 000 Mbit/s 设备之间最小距离:根据收发模块的类型和光纤的类型决定。

还有 AUI 接口和 BNC 接口,AUI 接口专门用于连接粗同轴电缆,BNC 是专门用于与细同轴电缆连接的接口。细同轴电缆也就是常说的"细缆",它最常见的应用是分离式显示信号接口,即采用红、绿、蓝和水平、垂直扫描频率分开输入显示器的接口,信号相互之间的干扰更小。早期的网卡上有上述的 AUI 和 BNC 接口,但是,现在的交换机和网卡都不再采用这两种接口。

在这些端口中,交换机上会有一个端口被特别的注明为"uplink"。表示可以利用该 uplink 端口向上级联到其他交换机的普通端口。如果交换机没有提供专门的级联端口(uplink 端口),那么,只能使用交叉跳线,将两台交换机的普通端口连接在一起,扩展网络端口数量,如图 5-6 所示。

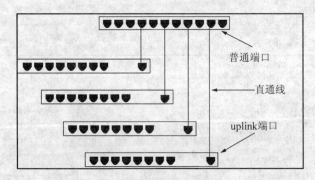

图 5-6 通过 uplink 端口级联电口交换机

需要注意的是,当使用普通端口连接交换机时,必须使用交叉线而不是直通线。

这里要介绍一下如何制作交叉线和普通直连线。图 5-7 表示普通直连线,5-8 表示交叉线。"side"表示网线的端头,也就是水晶头部分,而紫色线代表实际网线中的白色线。需要准备的工具有:RJ-45 卡线钳一把,水晶头,双绞线。制作步骤共有四步,可以简单归纳为四个字:"剥","理","插","压"。剥线的长度为 13~15 mm,不宜太长或太短。按图 5-7,5-8 所示顺序理平,遵守规则,否则不能正常通讯。一定要平行插入到线顶端,以免触不到金属片。利用卡线钳压水晶头,压过的水晶头的金属脚比没压的要低。

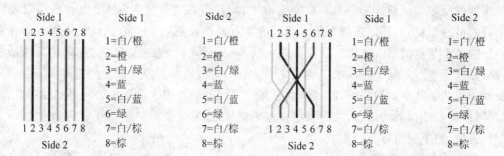

图 5-7 普通直连线的图示　　　　　　图 5-8 交叉线的图示

如果采用光口,那么级联的时候需要注意将第一台交换机的发送光口 TX 和级联的第二台交换机的接收光口 RX 通过光纤连接起来,同样的,第一台交换机的接收光口 RX 和级联的第二台交换机的发送光口 TX 通过光纤连接起来。如图 5-9 所示。

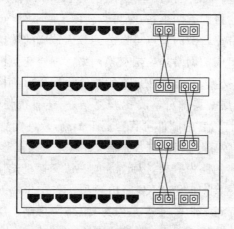

图 5-9 利用交叉线级联光口交换机

5.3.2 共享式与交换式网络

采用上述的电口和光口连接的以太网,使用集线器或者交换机作为网络的中心,可以看成是一个拓扑结构为星型的网络。采用集线器连接节点所构成的网络,称之为共享式网络。而采用交换机连接节点所构成的网络,称之为交换式网络。

集线器工作在物理层,被称为"Hub"。由于不能区分数据包文的来源和目的,所以集线器将某个端口收到的 bit 流原封不动的发送到所有其他端口上。这种转发方法就是最简单的信道共享式广播。如果 Hub 的每个端口都是 10 Mbit/s,那么集线器的总的带宽也只有 10 Mbit/s。一般集线器的所有端口速率都是一样的,因为不同的端口速率对于集线器来说没有任何实际意义。

集线器的所有端口都处于一个共享冲突域中,集线器在端口之间转发的 bit 流不仅使所需要的目的节点能收到,其他连接在集线器上的节点都能收到这个广播。只能依靠工作在数据链路层的各个节点的网卡来决定是接收向上层递交,还是简单的丢弃。这种采用集线器连接的网络的全部节点都处于同一个广播域之中,因此,这种网络很容易产生广播风暴。

集线器组成的共享式网络可以级联,通过多个集线器的互相连接来扩展网络的端口数,但是,这种网络随着端口数的增加,总的网络带宽不会增加,发生数据碰撞的概率也就越大,一旦达到某种程度,整个网络将不可用。

交换机主要工作在数据链路层。它可以辨析出 MAC 层的帧的头部信息,根据 MAC 帧头部的目的地址信息再比较原先存储在 MAC 地址表中所对应的端口号,将存储的 MAC 帧发送到相应的目的端口。这样就可以避免出现广播风暴。交换机的端口可以是一样的,也可以不一样。通常看到的交换机是"8+1","16+2","32+4"。"8+1"表示"具有 8 个 10 Mbit/s 的端口和 1 个 100 Mbit/s 端口的交换机",表示交换机同时具有大量相对较低速端口和少量相对较高速端口。这样做的目的有两个:一是可以使向上级联的"uplink"口有较大的带宽;二是对于某些需要占用较多带宽资源的节点可以分配较大速率的端口。

以三层交换机为中心组成的网络是三层交换网络。三层交换机实质就是一种特殊的路由器,是一种在性能上侧重于交换,二层和三层有很强交换能力而价格低廉的路由器。网络处理器价格高昂,在于它除了三层交换部分本身比较复杂外,还有很强的 QOS,POLICY 等功能。以 IBM 的 Rainer 处理器为例,它的硬件可管理上千个流,软件配置不同流的带宽,内嵌 PowerPC 处理器,拥有大量的协处理器和硬件加速器,可以并行地处理数据。从三层交换机通常的应用环境来看不需要太多的路由表项,因此,一般三层交换机支持的路由表项比 GSR 要少。例如:Cisco 4000 系列只支持到 16~32 KB 路由表项,不过 Cisco 应用在 6500 系列上的 SUPER ENGINES 2 已经支持到 128 K,主要是因为 Cisco 考虑到三层交换机在城域网和骨干网上的应用有关。

因为三层交换机采用硬件实现三层交换,所以交换速度能做到很高,但缺点是同时需要支持大量三层协议,如 IP,IPX,AppleTalk,DECnet 等。这些协议的封包格式不一样,用软件实现起来容易,但用硬件实现却非常复杂。用硬件实现转发的协议太多只会带来成本的急剧上升。因此,三层交换机一般只考虑支持较为常用的 IP,IPX 协议,以及 IP 多播。

交换式网络也可以级联,但不会出现共享式网络的问题。如果端口标明是 10 Mbit/s 和 100 Mbit/s 自适应的,那么互相连接的两个端口的带宽取决于最小端口速率的那个端口。也就是说,一个 10 Mbit/s 的端口和一个 100 Mbit/s 的端口级联,那么这条链路的带宽只有 10 Mbit/s。而整个交换机的背板带宽远远大于最大端口的速率。

OSI 参考模型的各个层次所完成的功能是不相同的,可以利用工作在不同层次的交换机组网,利用第二层和第三层交换机组网的例子如图 5-10 所示。

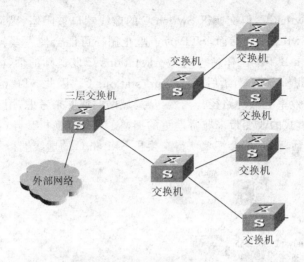

图 5-10 利用第二层和第三层交换机组网

5.4 生成树协议(STP)

5.4.1 STP 协议原理

交换机有可能发生故障,电缆可能会被切断或拔掉,所以局域网设计的时候需要多个交换机进行冗余设计,使用户仍可以获取网络服务。冗余链路会使帧在网络中无限循环,会引起网络性能下降。因此,局域网使用生成树协议(Spanning-Tree Protocol,简称 STP),这样可以防止网络循环。

生成树协议是由 Sun 微系统公司著名工程师拉迪亚·珀尔曼博士(Radia Perlman)提出的。交换机使用珀尔曼博士发明的这种方法能够达到数据链路层进行路由的理想境界,冗余和无环路运行。可以把生成树协议设想为一系列交换机设备用于优化和容错发送数据过程的树型结构。

如果没有 STP,存在物理冗余链路的网络会在不确定的时间内发生循环。为了防止循环帧,STP 阻塞某些端口转发帧,使任意两个局域网之间只存在一条活动路径。STP 算法将网桥/交换机的端口配置成转发/阻塞状态。处于转发状态的端口才构成以太网之间发送帧的唯一路径。交换机可以从处于转发状态的端口中转发和接收帧,但不能从处于阻塞状态的端口转发和接收帧。即使网络中有多条有效路径会引起不正常的环路,导致网络不正常时,STP也能够提供路径冗余。使用 STP 可以使两个终端中只有一条有效路径。

图 5-11 是一个简单的 STP 树例子。其中 Switch C 上的一个端口处于阻塞状态。当 Workstations A 同 Workstations C 通讯,其发送一个广播帧时不会出现循环,它将帧的一份

拷贝发送到交换机 Swtich C,但交换机 Swtich C 的虚线端口被阻塞,因而不会再通过该端口将帧转发给交换机 Swtich B。然而,STP 为了阻止循环可能会使一些帧经过更长的物理路径。例如,如果 Switch B 下的工作站想向 Workstations C 发送帧的话,帧将不得不经过交换机 Switch A 到交换机 Switch C,最后到达 Workstations C。因此 STP 虽然避免了循环,却使某些流量不得不使用效率更低的路径。当然,从局域网的速度来考虑,用户一般不会在意性能上的差异,除非流量模式的改变带来非常严重的拥塞。如果交换机 Switch A 与交换机 Switch C 之间的链路失效的话,STP 就会汇聚使得交换机 Switch C 的虚线端口不再阻塞。

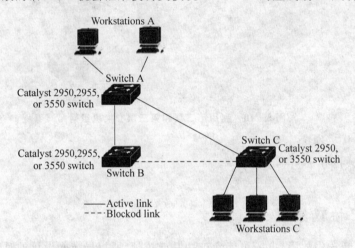

图 5-11　生成树和冗余的连接

在图 5-12 中,主要链路失效,STP 已经会聚。

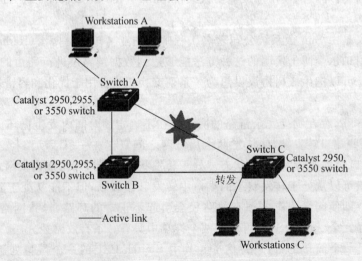

图 5-12　带冗余链路的网络和失效后的 STP

STP 在大的网络中定义了一个树,由生成树算法来计算一个无环路的路径,并且迫使一定的备份路径处于"Stand-by"状态。生成树的帧叫做网桥协议数据单元(bridge protocol data unit,简称为 BPDU),它按一定的时间间隔被网络中所有的交换机发送和接收,并用来检测生成树的拓扑结构。如果生成树中的网络一部分不可达,或者 STP 值变化了,生成树算法会重新计算生成树拓扑,并且通过启动备份路径来重新建立连接。STP 操作对于终端来说是透明的,无论它们连在 LAN 的一部分或者多个部分。

现在局域网交换机上所使用的生成树协议是基于虚拟局域网的所有以太网和快速以太网上的生成树协议。STP 协议检测环路,并以备用模式放置一些连接来断开环路,这些连接在连接失败时是活动的。运行在每个配置过 VLAN 内的单独的生成树协议,确保整个网络的拓扑结构符合工业标准。

下面介绍生成树的工作过程。

用 STP 算法创建一个转发帧的接口生成树。它创建一条通往各个以太网分段的唯一路径,就像一棵活生生的树,从它的根到它的每一片叶都存在一条路径。STP 实际上将这些端口设置成转发或阻塞状态。STP 的缺省设置是阻塞状态。

STP 开始时,所有交换机通过发送 STP 消息来声明自己是根交换机。这种消息称为BPDU 交换机协议数据单元。BPDU 消息包括的内容如下:

根交换机的交换机 ID——交换机 ID 由交换机优先级与该交换机上的 MAC 地址连接而成。在根交换机的选择过程的开始阶段,每个交换机都声称自己是根交换机,所以每个交换机都使用自己的交换机 ID 把自己作为根通告。优先级越低,成为根交换机的可能性就越大。IEEE802.1dSTP 规范规定了 0~65 535 之间的优先级。

从这个交换机到达根的开销——在这个过程的开始,每个交换机都声称自己为根,所以这个值被设置为 0,也就是从该交换机到达自身的开销。开销越低,路径越好,代价的范围是 0~65 535。

该 BPDU 发送者的交换机 ID——这个值总是等于 BPDU 发送者的交换机 ID,不管发送这个 BPDU 的交换机是否为根。

交换机是根据 BPDU 中的交换机 ID 来选择根交换机的,根交换机的 ID 号最小。因为交换机 ID 的两个部分是以优先级的值作为开始的,实质上具有最低优先级的交换机就成为根。例如,一个交换机的优先级为 5,而另一个交换机的优先级为 9,具有优先级为 5 的交换机会胜出,不论它们的 MAC 是什么。如果出现了优先级相同的情况,则交换机 ID 中 MAC 地址最小的根交换机是交换机。用来构成交换机 ID 的 MAC 地址应该是唯一的。所以当优先级相同时,假设一个交换机使用 MAC 地址 0038.fddf.bbcc 作为交换机 ID 的一部分,而另一个交换机使用 0fff.ffff.ffff,那么,显然第一个交换机将成为根。

5.4.2 STP 端口状态

生成树协议的接口状态有以下几个:
- 阻塞(block)——没有数据帧转发,监听 BPDU;
- 监听(listen)——没有转发数据帧,监听数据帧;
- 学习(learn)——没有转发数据帧,学习 MAC 地址;
- 转发(forward)——转发数据帧,学习 MAC 地址;
- 无效(disabled)——没有转发数据帧,也没有监听 BPDU。

图 5-13 是生成树接口的状态转换流程。初始为阻塞状态,交换机将察看 STP 协议是否激活,如果激活,则先监听数据帧并学习 MAC 地址,当有 BPDU 信息时,将转发数据信息;如果 STP 协议没有激活,则端口不转发任何 STP 相关的信息。

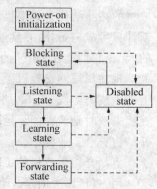

图 5-13 生成树接口的状态转换流程

STP 一般使用下面 3 条规则来选择是否将一个端口设置成转发状态:
- STP 选出一个根交换机并将其所有端口设置成转发状态;
- 每一个不是根的交换机从其端口中选出一个到根交换机管理开销最小的接口作为根端口(rootport),STP 将这些端口设置成转发状态;
- 很多交换机都与同一个网段相连。到根交换机具有最低管理开销的交换机将被设置成转发状态,并称为指定交换机,其接口被称为指定端口。

STP 的任务就是查找网络中的所有连接,并关闭一些会造成循环的冗余连接。STP 首先选择一个根交换机,用来对网络中的拓扑结构做决定。当所有的交换机认同了选择出来的根后,所有的桥开始查找根端口。假如在 switches 之间有许多连接,只能有一个端口作为指定端口。

bridge ID 用来在 STP 域里选出根和决定根端口,这个 ID 是 8 字节长,包含优先级和设备的 MAC 地址,IEEE 版本的 STP 的默认优先级是 32 768。在决定谁是根时,如果优先级一样,那就比较 MAC 地址,MAC 地址小的作为根。

汇聚,也叫收敛,当所有端口移动到非转发或堵塞状态时,开始收敛,在收敛完成前,没有数据被传送。收敛保证了所有的设备拥有相同的数据库达到一致。一般来说,从堵塞状态进入到转发状态需要 50 s。

生成树协议思路是,允许有一个连接错误,因为在一对网桥之间存在两条物理连接。生成树协议在一个端口需要使用之前将封锁那个端口。因此,应该可以拔掉冗余的连接,并且在不中断通讯的情况下把它连接到其他的网桥。很可惜,它不是这样工作的。

当一个物理连接的网桥在新网桥连线时,它将发送重新设置 BPDU,其他连接的设备将遵照施行。当生成树协议开始计算的时候,所有的通讯都要停止大约 50 s。这些时间可以说是物有所值,因为仅仅被限制在一个很短的停机时间内。如果交换机被挤暴,或者缺少多余的路径,将会出现永久的停机。相比之下,停机 50 s 只是非常轻的损失。

另外,很多现代厂商已经实现了快速生成树协议,这是老的生成树协议的一个改进版本,更加注意了在重新计算拓扑时的开销,并且与老版本协议兼容。在大多数情况下,它可以把以前多达 50 s 的计算时间缩短到不足 3 s,从这点看,任何人都应该使用新的快速生成树协议。

5.5 交换机基本配置

本书所使用的设备都是基于思科公司的交换机或路由器。本章所使用的交换机是 Cisco-catalyst 2950 或者 3550 系列交换机。在对交换机设备进行配置之前,要先了解如何进行硬件的连接和操作。

5.5.1 交换机配置软件 IOS 介绍

首先介绍一下 Cisco 交换机的配置软件 IOS(Internetwork Operation System),因为交换机交互的最普通的方式是通过 Cisco IOS 软件提供的命令行界面。

IOS 常见的功能是:
- 运载网络协议和功能;
- 对产生高速流量的设备进行连接;
- 增加网络安全性;
- 提供网络的可扩展性来简化网络的增长和冗余问题;
- 可靠的连接网络资源。

可以通过以下方式进入 IOS:
- 通过路由器的 console 口,用于本地计算机通过网卡和交叉网线连接进行配置;
- 通过 modem 连接 auxiliary(Aux)口,通过本地计算机进行串口配置;
- 通过 VTY 线路来 telnet 登录进行远程配置。

启动 Cisco2950 系列交换机,界面开始有点像路由器的配置,先进入 setup 模式。但是默认可以不对其进行配置,启动如下:

——System Configuration Dialog——
Would you like to enter the initial configuration dialog? [yes/no]:no
Press RETURN to get started!
00:04:53:%LINK-5-CHANGED:Interface Vlan1,changed state to administratively down
00:04:54:%LINEPROTO-5-UPDOWN:Line protocol on Interface Vlan1,changed state to down
Switch>
Setting the Passwords

如果进入已经等待了一些时间的交换机控制台,将看见屏幕上显式以下内容:
    East con0 is now available
    Press RETURN to get started.
为了从控制台开始使用交换机,需要登录。如果按 Enter,将提示输入密码。
    User Access Verification
    Password:
    Switch>

一旦正确输入控制台密码,将看见提示"Switch>",交换机正等待控制台键盘输入命令。"Switch"是所有 Cisco 交换机的默认主机名;主机名后面的大于号说明正处于用户模式。这是访问交换机的最低级的格式,允许检查大部分交换机可配置组件的状态,了解路由选择表的内容和进行基本的无破坏性的网络故障排除;但不能在用户模式中改变交换机的配置,也不能查看交换机配置文件的内容。

对交换机的最高级的访问是特权模式,有时候称为启用模式,用于进入这个模式的命令是 ENABLE。当进入特权模式时,将在交换机控制台上看见这样的内容:
    Switch>enable
    Passord:
    Switch♯

注意提示符的变化。通过交换机名称后面的符号"♯",可以确认正处于特权模式。在这个级别上,可以完全访问交换机。

要离开特权模式并回到用户模式,使用命令 DISABLE:
    Switch♯disable
    Switch>

还有一种模式叫做配置模式,它超过了特权模式,包括在用户模式中使用的基本故障排除和状态检查,可以修改交换机配置的命令,执行可能破坏网络的测试,重新启动交换机和查看配置文件。

配置交换机需要进入到配置模式,在特权模式下输入"configure terminal"进入全局配置模式(global configuration mode),在这之下输入的命令叫做全局命令,一旦输入,将对整个 router 产生影响。注意提示符的变化:
    Switch♯configure terminal
    Configuration from terminal,memory or network
    (pressEnter)
    Switch(config)♯

5.5.2 基本配置命令

1. 接口配置

在全局配置模式下切换交换机的接口,输入 interface 命令,"?"用于提示可选参数,如下:

Switch(config)# interface?

配置接口的命令如表5-3所列。

表5-3 接口配置命令

步 骤	命 令	目 的
Step1	configure terminal	进入配置状态
Step2	interface range{*port-range*}	进入端口组配置状态
Step3	……	可以使用平时的端口配置命令进行配置
Step4	end	退回
Step5	show interfaces [*interface-id*]	验证配置
Step6	copy running-config startup-config	保存

注意:提示符变回到角括号。为彻底在交换机上注销,并结束控制台会话,使用命令EXIT或LOGOUT。一旦从交换机上注销,控制台屏幕将再一次显式等待控制台信息,指示"Press ENTER to get started"按Enter以开始。

所有的交换机在出厂时都有一个缺省的配置和一个缺省的系统名称。在网络中使用时需要重新定义这个名称,避免在通过Telnet远程访问的过程中出现问题。

设置交换机的名称首先需要进入IOS的配置模式,然后从终端输入IOS命令hostname:

Switch(config)# hostname *hostname*

另外,由于交换机处于网络之中,它的配置可以被其他一些恶意的破坏者进行修改,因此,需要设置密码和访问权限(级别)。设置交换机的密码也必须进入配置模式,输入IOS命令"enable password",例如下面两个例子:

Switch(config)# enable password level 1 password
Switch(config)# enable password level 15 password

2. 在监控及维护端口,监控控制器的状态

端口状态命令如表5-4所列。

表5-4 端口状态命令

命令及格式	目的和作用
show interfaces[*interface-id*]	显示所有端口或某一端口的状态和配置
show interfaces *interface-id* status[err-disabled]	显示一系列端口的状态或错误-关闭的状态
show interfaces[*interface-id*]switchport	显示二层端口的状态,可以用来决定此口是否为二层或三层口
show interfaces[*interface-id*]description	显示端口描述
show running-config interface[*interface-id*]	显示当前配置中的端口配置情况
show version	显示软硬件等情况

举例：

Switch#show interfaces status

端口显示结果如表5-5所列。

表5-5 端口显示结果

port	name	state	VLAN	duplex	speed	type
Gi0/1		connected	routed	a-full	a-100	10/100/1 000 Base TX
Gi0/2	wce server20.20.2	disabled	routed	autos	auto	10/100/1 000 BaseTX
Gi0/3	ip wccp web-cache	notconnect	routed	auto	auto	10/100/1 000 BaseTX
Gi0/4		notconnect	routed	auto	auto	10/100/1 000 BaseTX
Gi0/5		notconnect	routed	auto	auto	10/100/1 000 BaseTX
Gi0/6		disabled	routed	auto	auto	10/100/1 000 BaseTX
Gi0/7		disabled	routed	auto	auto	10/100/1 000 BaseTX
Gi0/8		disabled	routed	auto	100	10/100/1 000 BaseTX
Gi0/9		notconnect	routed	auto	auto	10/100/1 000 BaseTX
Gi0/10		notconnect	routed	auto	auto	10/100/1 000 BaseTX
Gi0/11		disabled	routed	auto	auto	unknown
Gi0/12		notconnect	routed	auto	auto	unknown

如果使用show interface *interface* switchport命令：

Switch#show interfaces fastethernet0/1 switchport

终端显示的信息如下：

Name:Fa0/1

Switchport:Enabled

Administrative Mode:static access

Operational Mode:down

Administrative Trunking Encapsulation:dot1q

Negotiation of Trunking:Off

Access Mode VLAN:1(default)

Trunking Native Mode VLAN:1(default)

Trunking VLANs Enabled:ALL

Pruning VLANs Enabled:2-1001

Protected:false

Unknown unicast blocked:disabled
Unknown multicast blocked:disabled
Voice VLAN:dot1p(Inactive)
Appliance trust:5

如果使用 show running-config interface 命令:

Switch#show running-config interface fastethernet0/2

显示的结果如下:

Building configuration…
Current configuration:131 bytes
!
interface FastEthernet0/2
 switchport mode access
 switchport protected
 no ip address
 mls qos cos 7
 mls qos cos override
end

3. 端口描述

端口描述命令如表 5-6 所列。

表 5-6 端口描述命令

步 骤	命 令	目 的
Step1	configure terminal	进入配置模式
Step2	interface *interface-id*	进入要加入描述的端口
Step3	description *string*	加入描述(最多 240 个字符)
Step4	end	退回
Step5	show interfaces *interface id* description or show running-config	验证
Step6	copy running-config startup-config	保存

下面的例子显示了如何增加一个端口描述到一个快速以太网端口及证实:

Switch# config terminal
Switch(config)# interface fastethernet0/4
Switch(config-if)# description Connectsto Marketing
Switch(config-if)# end
Switch# show interfaces fastethernet 0/4 description

显示结果:

Interface	Status	Protocol	Description
Fa0/4	up	down	Connects to Marketing

4. 配置二层端口

Cisco2950 系列交换机的所有缺省的端口都是二层端口,如果此端口已经配置成三层端口,则需要用 switchport 命令来使其成为二层端口。同时可以配置端口速率及双工模式。例如,可以配置快速以太网口的速率为 10/100 Mbps,及千兆以太网口的速率为 10/100/1 000 Mbps;但对于千兆以太网端口则不能配置速率及双工模式,有时可以配置非自协商,需要联接不支持自适应的其他千兆端口。配置二层端口命令如表 5-7 所列。

表 5-7 配置二层端口命令

步 骤	命 令	目 的
Step 1	configure terminal	进入配置状态
Step 2	interface *interface-id*	进入端口配置状态
Step 3	speed{10|100|1 000|auto|nonegotiate}	设置端口速率 注:1 000 只工作在千兆口,千兆模块只工作在 1 000 Mbps 下,nonegotiate 只能在这些千兆口上
Step 4	duplex{auto|full|half}	设置全双工或半双工
Step 5	end	退出
Step 6	show interfaces *interface-id*	显示有关配置情况
Step 7	copy running-config startup-config	保存

例如:

Switch# configure terminal
Switch(config)# interface fastethernet0/3
Switch(config-if)# speed 10
Switch(config-if)# duplex half

5. 刷新、重置端口及计数器命令

端口刷新、重置命令如表 5-8 所列。

表 5-8 端口刷新、重置

清除命令	目 的
clear counters[*interface-id*]	清除端口计数器
clear line[*number*|console0|vty*number*]	重置异步串口的硬件逻辑

举例如下：

  Switch# clear counters fastethernet0/5
  Clear "show interface" counters on this interface [confirm] y
  Switch#
  *Sep 30 08:42:55:%CLEAR-5-COUNTERS:Clear counter on interface FastEthernet0/5 by vty1 (171.69.115.10)

可使用 clear line 命令来清除或重置某一端口或串口，但在大部分情况下并不需要这样做。例如：

  Switch# clear interface fastethernet0/5

6. 关闭和打开端口

端口关闭和打开命令如表 5-9 所列。

表 5-9 端口关闭和打开

步 骤	命 令	目 的
Step 1	configure terminal	进入配置状态
Step 2	interface{vlanvlan-id}|{{fastethernet|gigabitethernet} interface-id}|{port-channel port-channel-number}	选择要关闭的端口
Step 3	shutdown/no shutdown	关闭/开启
Step 4	end	退出
Step 5	show running-config	验证

举例如下：

  Switch# configure terminal
  Switch(config)# interface fastethernet0/5
  Switch(config-if)# shutdown
  Switch(config-if)#

显示的结果是：

  *Sep 30 08:33:47:%LINK-5-CHANGED:Interface FastEthernet0/5,changed state to a administratively down

然后再在命令行中使用 no shutdown 命令重新打开端口：

  Switch# configure terminal
  Switch(config)# interfacefas tethernet0/5
  Switch(config-if)# no shutdown
  Switch(config-if)#

显示的结果是：

  *Sep30 08:36:00:%LINK-3-UPDOWN:Interface FastEthernet0/5,changed state to up

7. 设置交换机口令

对于配置 enable 口令以及主机名字,交换机中可以配置两种口令:一是使能口令(enable password),口令以明文显示;二是使能密码(enbale secret),口令以密文显示。两者一般只需要配置其中一个,如果两者同时配置,只有使能密码生效。

```
Switch.＞                                        //用户串行模式提示符
Switch.＞enable                                  //进入特权模式
Switch.#                                         //特权模式提示符
Switch.# config terminal                         //进入配置模式
Switch.(config)#                                 //配置模式提示符
Switch.(config)# hostname cisco3560              //设置主机名 Pconline
Pconline(config)# enable password cisco3560      //设置使能口令为 pconline
Pconline(config)# enable secret cisco3560        //设置使能密码为 network
Pconline(config)# line vty 0 15                  //设置虚拟终端线
Pconline(config-line)# login                     //设置登陆验证
Pconline(config-line)# password cisco3560        //设置虚拟终端登陆密码
```

具体设置交换机口令:

```
switch＞enable                                   //进入特权模式
switch# config terminal                          //进入全局配置模式
switch(config)# line console 0                   //进入控制台口
switch(config-line)# linev ty 04                 //进入虚拟终端
switch(config-line)# login                       //允许登录
switch(config-line)# password cisco3560          //设置登录口令 cisco3560
switch# exit                                     //返回命令
```

8. 交换机设置 IP 地址

```
switch(config)# vlan 10                          //建 vlan 10
switch(config)# interface vlan 10                //进入 vlan 10
switch(config-if)# ip address 132.37.48.3        //设置 IP 地址
switch(config)# ip default-gateway 132.37.48.1   //设置默认网关
sw1924_b# ip domain-name metarnet.com            //设置交换机所连接的域名
sw1924_b# ip name-server 203.86.86.137           //设置交换机所连域的域名服务器 IP
```

5.6 VLAN 概念和划分

5.6.1 VLAN 概念

VLAN(Virtual Local Area Network)又称虚拟局域网,是指在交换局域网的基础上,采用网络管理软件构建的可跨越不同网段、不同网络的端到端的逻辑网络。一个 VLAN 组成一个逻辑子网,即一个逻辑广播域,它可以覆盖多个网络设备,允许处于不同地理位置的网络用户加入到一个逻辑子网中。

VLAN 是建立在物理网络基础上的一种逻辑子网,因此建立 VLAN 需要相应的支持 VLAN 技术的网络设备。当网络中的不同 VLAN 间进行相互通讯时,需要路由的支持,这时就需要增加路由设备——要实现路由功能,既可采用路由器,也可采用三层交换机来完成。

从技术角度讲,VLAN 的划分可依据不同原则,一般有以下三种划分方法:

① 基于端口的 VLAN 划分。这种划分是把一个或多个交换机上的几个端口划分成一个逻辑组,这是最简单、最有效的划分方法。该方法只需网络管理员对网络设备的交换端口进行重新分配即可,不用考虑该端口所连接的设备。

② 基于 MAC 地址的 VLAN 划分。MAC 地址其实就是网卡的标识符,每一块网卡的 MAC 地址都是惟一且固化在网卡上的。MAC 地址由 12 位十六进制数表示,前 8 位为厂商标识,后 4 位为网卡标识。网络管理员可按 MAC 地址把一些站点划分为一个逻辑子网。

③ 基于路由的 VLAN 划分。路由协议工作在网络层,相应的工作设备有路由器和路由交换机(即三层交换机)。该方式允许一个 VLAN 跨越多个交换机,或一个端口位于多个 VLAN 中。

就目前来说,对于 VLAN 的划分主要采取上述第 1、3 种方式,第 2 种方式为辅助性的方案。使用 VLAN 具有以下优点:

① 控制广播风暴。一个 VLAN 就是一个逻辑广播域,通过对 VLAN 的创建,隔离了广播,缩小了广播范围,可以控制广播风暴的产生。

② 提高网络整体安全性。通过路由访问列表和 MAC 地址分配等 VLAN 划分原则,可以控制用户访问权限和逻辑网段大小,将不同用户群划分在不同 VLAN,从而提高交换式网络的整体性和安全性。

③ 网络管理简单、直观。对于交换式以太网,如果对某些用户重新进行网段分配,需要网络管理员对网络系统的物理结构重新进行调整,甚至需要追加网络设备,增大网络管理的工作量。而对于采用 VLAN 技术的网络来说,一个 VLAN 可以根据部门职能、对象组或者应用将不同地理位置的网络用户划分为一个逻辑网段。在不改动网络物理连接的情况下可以任意地将工作站在工作组或子网之间移动。利用虚拟网络技术,大大减轻了网络管理和维护工作的负担,降低了网络维护费用。在一个交换网络中,VLAN 提供了网段和机构的弹性组合机制。

一个 VLAN 就是一个交换网,其逻辑上按功能、项目、应用来分而不必考虑用户的物理位置,如图 5-14 所示。由于 VLAN 被看成是一个逻辑网络,其具有自己的交换机管理信息库(MIB)并可支持自己的生成树。

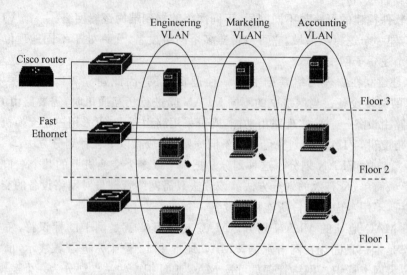

图 5-14　作为逻辑定义的 VLAN 示意图

5.6.2　生成、修改以太网 VLAN

生成和修改 VLAN 步骤如表 5-10 所列。

表 5-10　生成和修改 VLAN 步骤

步　骤	命　令	目　的
Step 1	configure terminal	进入配置状态
Step 2	vlan *vlan-id*	输入一个 VLAN 号,然后进入 VLAN 配置状态,可以输入一个新的 VLAN 号或旧的来进行修改
Step 3	name *vlan-name*	(可选)输入一个 VLAN 名,如果没有配置 VLAN 名,缺省的名字是 VLAN 号前面用 0 填满的 4 位数,如 VLAN0004 是 VLAN4 的缺省名字
Step 4	mtu*mtu-size*	(可选)改变 MTU 大小
Step 5	end	退出
Step 6	show vlan ｛name *vlan-name*｜id *vlan-id*｝	验证
Step 7	copy running-config startup config	(可选)保存配置

用 no vlan name 或 no vlan mtu 退回到缺省的 VLAN 配置状态。

举例如下：

　　Switch＃ configure terminal

　　Switch(config)＃ vlan 20

Switch(config-vlan)# name test 20
Switch(config-vlan)# end

另外还有一种方法来生成 VLAN,如表 5-11 所列。

表 5-11 VLAN 的生成

步 骤	命 令	目 的
Step 1	vlan database	进入 VLAN 配置状态
Step 2	vlan *vlan-id* name *vlan-name*	加入 VLAN 号及 VLAN 名
Step 3	vlan *vlan-id* mtu *mtu-size*	(可选)修改 MTU 大小
Step 4	exit	更新 VLAN 数据库并退出
Step 5	show vlan{name *vlan-name* | id *vlan-id*}	验证配置
Step 6	copy running-config startup config	保存配置(可选)

举例如下:

Switch# vlandatabase
Switch(vlan)# vlan 20 name test 20
Switch(vlan)# exit

显示结果如下:

APPLY completed.
Exiting….
Switch#

5.6.3 删除 VLAN

当删除一个处于 VTP 服务器的交换机上的 VLAN 时,则此 VLAN 将在所有相同 VTP 的交换机上被删除。当在透明模式下删除时,只在当前交换机上被删除。

当删除一个 VLAN 时,原来属于此 VLAN 的端口将处于非激活的状态,直到将其分配给某一个 VLAN,具体的删除步骤如表 5-12 所示。

表 5-12 删除 VLAN 步骤

步 骤	命 令	目 的
Step 1	configure terminal	进入配置状态
Step 2	no vlan vlan-id	删除某一 VLAN
Step 3	end	退出
Step 4	show vlan brief	验证
Step 5	copy running-config startup config	保存

也可用 vlandatabase 进入 VLAN 配置状态,用 no vlan vlan-id 来删除。

5.6.4 将端口分配给 VLAN

具体的分配步骤如表 5-13 所列。

表 5-13 将端口分配给 VLAN

步 骤	命 令	目 的
Step 1	configure terminal	进入配置状态
Step 2	interface interface-id	进入要分配的端口
Step 3	switchport mode access	定义二层口
Step 4	switchport access vlan vlan-id	把端口分配给某一 VLAN
Step 5	end	退出
Step 6	show running-config interface interface-id	验证端口的 VLAN 号
Step 7	show interfaces interface-id switchport	验证端口的管理模式和 VLAN 情况
Step 8	copy running-config startup-config	保存配置

使用 default interface interface-id 还原到缺省配置状态。

举例如下：

Switch# configure terminal
Enter configuration commands, one per line. End with CNTL/Z.
Switch(config)# interface fastethernet 0/1
Switch(config-if)# switchport mode access
Switch(config-if)# switchport access vlan 2
Switch(config-if)# end
Switch#

5.7 Trunk 实现及 VTP 配置

5.7.1 Trunk 介绍

Trunk 是一种封装技术，它是一条点到点的链路，主要功能就是仅通过一条链路就可以连接多个交换机从而扩展已配置的多个 VLAN。还可以采用 Trunk 技术和上级交换机级联的方式来扩展端口的数量，可以达到近似堆叠的功能，节省了网络硬件的成本，从而扩展整个网络。

Trunk 是用来在不同的交换机之间进行连接，以保证在跨越多个交换机上建立的同一个

VLAN 的成员能够相互通讯。其中交换机之间互联用的端口就称为 Trunk 端口。与一般的交换机的级联不同，Trunk 是基于 OSI 第二层的。假设没有 Trunk 技术，如果在交换机 A 和交换机 B 上分别划分了多个 VLAN，那么分别位于两个交换机上 VLAN10 和 VLAN20 的各自成员如果要互通，就需要在 A 交换机上设为 VLAN10 的端口中取一个和交换机 B 上设为 VLAN10 的某个端口作级联连接。VLAN20 也是这样。那么如果交换机上划了 10 个 VLAN 就需要分别连 10 条线作级联，端口效率就太低了。当交换机支持 Trunk 的时候，只需要 2 个交换机之间有一条级联线，并将对应的端口设置为 Trunk，这条线路就可以承载交换机上所有 VLAN 的信息。这样就算交换机上设了上百个 VLAN 也只用 1 个端口就解决了。

如果是不同台的交换机上相同 ID 的 VLAN 要相互通讯，那么可以通过共享的 Trunk 端口就可以实现，如果是同一台上不同 ID 的 VLAN 或者不同台不同 ID 的 VLAN 之间要相互通讯，则需要通过第三方的路由来实现。

VLAN 的划分需要注意的是划分了几个不同的 VLAN 组，都有不同的 VLANID 号；分配到 VLAN 组里面的交换机端口也有 portID。比如端口 1、2、3、4 划分到 VLAN10，5、6、7、8 划分到 VLAN20，则可以把 1、3、4 端口的 port ID 设置为 10，而把 2 端口的 port ID 设置为 20；把 5、6、7 端口的 portID 设置为 20，而把 8 端口的 port ID 设置为 10。这样的话，VLAN10 中的 1、3、4 端口能够和 vlan20 中 8 端口相互通讯；而 VLAN10 中的 2 端口能够和 VLAN20 中的 5、6、7 端口相互通讯，虽然 VLANID 不同，但是 port ID 相同，就能通讯，同样 VLANID 相同，port ID 不同的端口之间不能相互访问，比如 VLAN10 中的 2 端口就不能和 1、3、4 端口通讯。

Trunk 的设置具有如下优点：
- 可以在不同的交换机之间连接多个 VLAN，可以将 VLAN 扩展到整个网络中。
- Trunk 可以捆绑任何相关的端口，也可以随时取消设置，这样提供了很高的灵活性。
- Trunk 可以提供负载均衡能力以及系统容错。由于 Trunk 实时平衡各个交换机端口和服务器接口的流量，一旦某个端口出现故障，它会自动把故障端口从 Trunk 组中撤消，进而重新分配各个 Trunk 端口的流量，从而实现系统容错。

要传输多个 VLAN 的通讯，需要用专门的协议封装或者加上标记(tag)，以便接收设备能区分数据所属的 VLAN。VLAN 标识从逻辑上定义了哪个数据包有多种协议，而最常用到的是 IEEE802.1Q 和 Cisco 专用的协议 ISL。下面简要的介绍一下这两种协议。

① 交换机间链路(ISL)是一种 Cisco 专用的协议，用于连接多个交换机。当数据在交换机之间传递时负责保持 VLAN 信息的协议。在一个 ISL 干道端口中，所有接收到的数据包使用 ISL 头部封装，并且所有被传输和发送的包都带有一个 ISL 头。从一个 ISL 端口收到的本地帧(non-tagged)被丢弃。它只用在 Cisco 产品中。

② IEEE802.1Q 正式名称是虚拟桥接局域网标准，用在不同的厂家生产的交换机之间。一个 IEEE802.1Q 干道端口同时支持加标签和未加标签的流量。一个 802.1Q 干道端口被指

派了一个缺省的端口 VLAN ID(PVID)，并且所有的未加标签的流量在该端口的缺省 PVID 上传输。一个带有和外出端口的缺省 PVID 相等的 VLAN ID 的包发送时不被加标签。所有其他的流量发送是被加上 VLAN 标签的。

在设置 Trunk 后，Trunk 链路不属于任何一个 VLAN。Trunk 链路在交换机之间起着 VLAN 管道的作用，交换机会将该 Trunk 以外并且和 Trunk 中的端口处于一个 VLAN 中的其他端口的负载自动分配到该 Trunk 中的各个端口。因为同一个 VLAN 中的端口之间会相互转发数据包，而位于 Trunk 中的 Trunk 端口被当作一个端口来看待，如果 VLAN 中的其他非 Trunk 端口的负载不分配到各个 Trunk 端口，则有些数据包可能随机的发往 Trunk 而导致帧的顺序混乱。由于 Trunk 口作为 1 个逻辑端口看待，因此在设置了 Trunk 后，该 Trunk 将自动加入到这些 VLAN 中它的成员端口所属的 VLAN 中，而其成员端口则自动从 VLAN 中删除。

在 Trunk 线路上传输不同 VLAN 的数据时，可使用两种方法识别不同 VLAN 的数据：帧的过滤和帧标记。帧的过滤法根据交换机的过滤表检查帧的详细信息。每一个交换机要维护复杂的过滤表，同时对通过主干的每一个帧进行详细检查，这会增加网络延迟时间。目前在 VLAN 中已经不使用这种方法，现在使用的是帧标记法。数据帧在中继线上传输时，交换机在帧头的信息中加标记来指定相应的 VLANID。当帧通过中继以后，去掉标记同时把帧交换到相应的 VLAN 端口。帧标记法被 IEEE 选定为标准化的中继机制。可以有如下三种处理方法：

① 静态干线配置。静态干线配置最容易理解。干线上每一个交换机都可由程序设定发送及接收使用特定干线连接协议的帧。在这种设置下，端口通常专用于干线连接，而不能用于连接端节点，至少不能连接那些不使用干线连接协议（trunking protocol）的端节点。当自动协商机制不能正常工作或不可用时，静态配置是非常有用的，其缺点是必须手工维护。

② 干线功能通告。交换机可以周期性地发送通告帧，表明它们能够实现某种干线连接功能。例如，交换机可以通告自己能够支持某种类型的帧标记 VLAN，因此按这个交换机通告的帧格式向其发送帧是不会有错的。交换机的功能不止这些，它还可以通告它现在想为哪个 VLAN 提供干线连接服务。这类干线设置对于一个由端节点和干线混合组成的网段很有用。

③ 干线自动协商。干线也能通过协商过程自动设置。在这种情况下，交换机周期性地发送指示帧，表明它们希望转到干线连接模式。如果另一端的交换机收到并识别这些帧，并自动进行配置，那么这两部交换机就会将这些端口设成干线连接模式。这种自动协商通常依赖于两部交换机（在同一网段上）之间已有的链路，并且与这条链路相连的端口要专用于干线连接，这与静态干线设置非常相似。

Trunk 承载的 VLAN 范围。缺省条件下是 1～1 005，可以修改，但必须有 1 个 Trunk 协议。使用 Trunk 时，相邻端口上的协议要一致，若要使 VTP 正常运行，必须先为每个交换机分配一个 VTP 域名。

5.7.2 VTP 介绍

VTP(VLAN Trunking Protocol)通过在交换机间激活 Trunk 配置使 VLAN 间可以通讯,保持 VLAN 配置统一性。VTP 在系统级管理增加、删除、调整 VLAN,自动地将信息向网络中其他的交换机广播。此外,VTP 减少了那些可能导致安全问题的配置。

> 当使用多重名字 VLAN 能变成交叉连接。
> 当它们是错误地映射在其他局域网,VLAN 能变成内部断开。

VTP 支持三种工作模式,即 Server、Client、Transparent(或透明)模式。

当交换机配置为 VTP Server 或透明模式时,能在交换机配置 VLAN,此时使用 CLI、控制台菜单、MIB 修改 VLAN 配置。

一个配置为 VTP Server 模式的交换机向邻近的交换机广播 VLAN 配置时,通过它的 Trunk 从邻近的交换机学习新的 VLAN 配置。在 Server 模式下可以通过 MIB、CLI 或者控制台模式添加、删除和修改 VLAN。如:增加了一个 VLAN,VTP 将广播这个新的 VLAN,Server 和 Client 机的 Trunk 网络端口准备接收信息。

在交换机自动转到 VTP 的 Client 模式后,它会传送广播信息并从广播中学习新的信息。但是不能通过 MIB、CLI 或者控制台来增加、删除、修改 VLAN。VTP Client 端不能保持 VLAN 信息在非易失存储器中。当启动时,它会通过 Trunk 网络端口接受广播信息,学习配置信息。

在 VTP 透明模式下,交换机不做广播或从网络学习 VLAN 配置。当一个交换机在 VTP 透明模式下,能通过控制台、CLI、MIB 来修改、增加、删除 VLAN。

为使每一个 VLAN 能够使用,必须使 VTP 知道。并且包含在 Trunk port 的准许列表中,一个快速以太网 ISLTrunk 自动为 VLAN 传输数据,并且从一个交换机到另一个交换机。

需要注意的是,如果交换在 VTP Server 模式接收广播包含 128 个 VLAN,交换自动地转换向 VTP Client 模式。

更改交换机从 VTP Client 模式向 VTP 透明的模式,交换机保持初始、唯一。128 个 VLAN 并删除剩余的 VLAN。VTP 的三种模式特性可以通过表 5-14 进行概括。

表 5-14 VTP 的三种模式

特 性	VTP server	VTP client	VTP transparent
是否发送 VTP 消息	是	是	否
是否监听 VTP 消息	是	是	否
是否创建 VLAN	是	否	是(仅对本地交换机而言)
是否存储 VLAN 信息	是	否	是(仅对本地交换机而言)

传送 VTP 信息,对每个交换机用 VTP 广播 Trunk 端口的管理域,定义特定的 VLAN 边界,它的配置修订号,已知 VLAN 和特定参数。在一个 VTP 管理域登记后交换机才能工作。

通过 Trunk,VTP Server 向其他交换机传输信息和接收更新。VTP Server 也在 NVRAM 中保存本 VTP 管理域信息中 VLAN 的列表。VTP 能通过统一的名字和内部的列表动态显示出管理域中的 VLAN。

VTP 信息在全部 Trunk 连接上传输,包括 ISL、IEEE802.10、LANE。VTP MIB 为 VTP 提供 SNMP 工具,并允许浏览 VTP 参数配置。

5.7.3 配置 Trunk 和 VTP

配置 Trunk 的步骤和命令如表 5-15 所列。

表 5-15 配置 Trunk 的步骤和命令

步　骤	命　令	目　的
Step 1	configure terminal	进入配置状态
Step 2	interface *interface-id*	进入端口配置状态
Step 3	switchport mode {dynamic{auto|desirable}|trunk}	配置二层 Trunk 模式 dynamic auto:自动协商是否成为 Trunk dynamic desirable:把端口设置为 Trunk,如果对方端口是 Trunk,desirable 或自动模式 Trunk:设置端口为强制的 Trunk 方式,而不理会对方端口是否为 Trunk
Step 4	switchport access vlan *vlan-id*	(可选)指定一个缺省 VLAN,如果此端口不再是 Trunk
Step 5	switchport trunk native vlan *vlan-id*	指定 802.1Q native VLAN 号
Step 6	end	退出
Step 7	show interfaces *interface-id* switchport	显示有关 switchport 的配置
Step 8	show interfaces *interface-id* Trunk	显示有关 Trunk 的配置
Step 9	copy running-config startup-config	保存配置

举例:
  Switch# configure terminal
  Switch(config)# interface fastethernet 0/4
  Switch(config-if)# switchport mode trunk
  Switch(config-if)# end

配置 VTP 的步骤和命令如表 5-16 所列。缺省情况下 Trunk 允许所有的 VLAN 通过。可以使用 switchport trunk allowed vlan remove *vlan-list* 来去掉某一个 VLAN。

表 5－16 VTP 配置

步骤	命令	目的
Step 1	configure terminal	进入配置状态
Step 2	interface *interface-id*	进入端口配置
Step 3	switchport mode trunk	配置二层口为 Ttrunk
Step 4	switchport trunk allowed vlan {add|all|except|remove}*vlan-list*	（可选）配置 Trunk 允许的 VLAN，使用 add,all,except, remove 关健字
Step 5	end	退出
Step 6	show interfaces *interface－id* switchport	验证 VLAN 配置情况
Step 7	Copy running-config startup-config	保存配置

举例如下：

Switch(config)# interface fastethernet0/1

Switch(config-if)# switchport trunk allowed vlan remove2

Switch(config-if)# end

5.7.4 VTP 配置实例

为理解 VTP 的配置情况，下面举例说明，举例的 VTP 配置拓扑图如图 5－15 所示。说明：SW-1 为 vtp server，SW-2 和 SW-3 作为 vtp client，SW-1 0/1 连接 SW-2 0/12，SW-1 0/2 连接 SW-3 0/12。

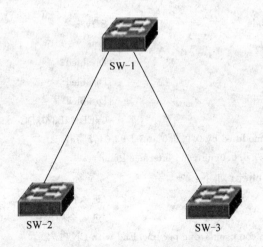

图 5－15 VTP 配置拓扑图

将 SW-1 配置成 VTP server 步骤如下：

```
Switch>enable                                    //进入特权模式
Switch#config t                                  //进入全局配置模式
Enter configuration commands,one per line. End with CNTL/Z.
Switch(config)#host SW-1                         //更改交换机名为 SW-1
SW-1(config)#vtp mode server                     //设置此交换机的 VTP 模式为 server
SW-1(config)#vtp domain kml                      //设置 VTP 域名为 kml
Changing VTP domain from NULL to kml
SW-1(config)#interface fastethernet 0/1          //进入端口 0/1
SW-1(config-if)#switchport mode trunk            //设置此端口的模式为 Trunk
SW-1(config-if)#no shutdown                      //激活此端口
SW-1(config-if)#exit                             //返回
SW-1(config)#interface fastethernet 0/2          //进入端口 0/2
SW-1(config-if)#switchport mode trunk            //设置此端口的模式为 Trunk
SW-1(config-if)#no shutdown                      //激活此端口
SW-1(config-if)#exit                             //返回
SW-1(config)#end                                 //退出
SW-1#show vtp status                             //查看 VTP 状况
VTP Version                                      :2
Configuration Revision                           :2
Maximum VLANs supported locally                  :64
Number of existing VLANs                         :5

VTP Operating Mode                               :Server
VTP Domain Name                                  :kml
VTP Pruning Mode                                 :Disabled
VTP V2 Mode                                      :Disabled
VTP Traps Generation                             :Disabled
MD5 digest                                       :0xEE 0xB3 0xDC 0x9F 0xE2 0xE0 0x25 0xDF
Configuration last modified by 0.0.0.0 at 3-1-93 04:55:57
Local updater ID is0.0.0.0(no valid interface found)
```

SW-2 配置成 VTP client 如下：

```
Switch>enable                                    //进入特权配置模式
Switch#configt                                   //进入全局模式
Enter configuration commands,one per line. End with CNTL/Z.
Switch(config)#host SW-2                         //更改交换机名为 SW-2
SW-2(config)#vtp mode client                     //设置此交换机的 VTP 模式为 client
```

```
SW-2(config)# vtp domain kml              //设置此交换机的域为 kml
Changing VTP domain from NULL to kml
SW-2(config)# interface fastethernet 0/12 //进入端口 0/12
SW-2(config-if)# switchport mode trunk    //设置此端口的模式为 Trunk
SW-2(config-if)# no shutdown              //激活此端口
SW-2(config-if)# exit                     //返回
SW-2(config)# end                         //退出
SW-2# show vtp status                     //查看 VTP 状况
```

VTP Version	:2
Configuration Revision	:2
Maximum VLANs supported locally	:64
Number of existing VLANs	:5
VTP Operating Mode	:Client
VTP Domain Name	:kml
VTP Pruning Mode	:Disabled
VTP V2 Mode	:Disabled
VTP Traps Generation	:Disabled
MD5 digest	:0xEE 0xB3 0xDC 0x9F 0xE2 0xE0 0x25 0xDF

Configuration last modified by 0.0.0.0 at 3-1-93 04:55:57
Local updater ID is 0.0.0.0(no valid interface found)

```
SW-2# show vlan                           //查看 VLAN 信息
```

VLAN	Name	Status	Ports
1	default	active	Fa0/1,Fa0/2,Fa0/3,Fa0/4
			Fa0/5,Fa0/6,Fa0/7,Fa0/8
			Fa0/9,Fa0/10,Fa0/11
1002	fddi-default	active	
1003	token-ring-default	active	
1004	fddinet-default	active	
1005	trnet-default	active	

VLAN	Type	SAID	MTU	Parent	RingNo	BridgeNo	Stp	BrdgMode	Trans1	Trans2
1	enet	100001	1500	—	—	—	—		0	0
1002	fddi	101002	1500	—	—	—	—		0	0
1003	tr	101003	1500	—	—	—	—		0	0
1004	fdnet	101004	1500	—	—	—	ieee		0	0

| 1005 | trnet | 101005 | 1500 | — | — | — | ibm | — | 0 | 0 |

SW-3 配置成 VTP client 如下：

```
Switch>en                                    //进入特权模式
Switch# config terminal                      //进入全局模式
Enter configuration commands,one per line. End with CNTL/Z.
Switch(config)# host SW-3                    //更改交换机名为 SW-3
SW-3(config)# vtp mode client                //设置此交换机的 VTP 模式为 client
SW-3(config)# vtp domaink ml                 //设置 VTP 域为 kml
Changing VTP domain from NULL to kml
SW-3(config)# end                            //退出
SW-3# show vtp status                        //查看 VTP 状况
VTP Version                                  :2
Configuration Revision                       :2
Maximum VLANs supported locally              :64
Number of existing VLANs                     :5

VTP Operating Mode                           :Client
VTP Domain Name                              :kml
VTP Pruning Mode                             :Disabled
VTP V2 Mode                                  :Disabled
VTP Traps Generation                         :Disabled
MD5 digest                                   :0xEE 0xB3 0xDC 0x9F 0xE2 0xE0 0x25 0xDF
Configuration last modified by 0.0.0.0 at 3-1-93 04:55:57
Local updater ID is 0.0.0.0(no valid interface found)
SW-3# show vlan                              //查看 VLAN 信息
```

VLAN	Name	Status	Ports
1	default	active	Fa0/1,Fa0/2,Fa0/3,Fa0/4
			Fa0/5,Fa0/6,Fa0/7,Fa0/8
			Fa0/9,Fa0/10,Fa0/11
1002	fddi-default	active	
1003	token-ring-default	active	
1004	fddinet-default	active	
1005	trnet-default	active	

VLAN	Type	SAID	MTU	Parent	RingNo	BridgeNo	Stp	BrdgMode	Trans1	Trans2
1	enet	100001	1500	—	—	—	—	—	0	0

1002	fddi	101002	1500	—	—	—	—	0	0
1003	tr	101003	1500	—	—	—	—	0	0
1004	fdnet	101004	1500	—	—	ieee	—	0	0
1005	trnet	101005	1500	—	—	ibm	—	0	0

在 SW-1 上划分 VLAN：

```
SW-1#vlan database                              //进入 VLAN 模式
SW-1(vlan)#vlan 2 name 192.168.2-net            //新建名为 192.168.2-net 的 vlan2
VLAN 2 added：
   Name：192.168.2-net
SW-1(vlan)#vlan 3 name 192.168.3-net            //新建名为 192.168.3-net 的 vlan 3
VLAN 3 added：
   Name：192.168.3-net
SW-1(vlan)#exit                                 //返回
APPLY completed.
Exiting….
SW-1#show vlan                                  //查看 VLAN 信息
```

在 SW-2、SW-3 上查看 VALN 信息：

```
SW-2#showvlan                                   //查看 VLAN 信息
⋮
SW-3#showvlan                                   //查看 VLAN 信息
⋮
```

5.8 三层交换机配置

5.8.1 三层交换机概念

　　三层交换技术就是：二层交换技术＋三层转发技术。它解决了局域网中划分网段之后，网段间的通讯必须依赖传统路由器进行网段间数据转发的问题，以及传统路由器基于软件算法的转发操作由于固有的低速而造成网络瓶颈的问题。三层交换的优势是通过 IP 路由提高网络的整体性能。传统的交换机工作在网络七层模型的第二层(数据链路层)，只能识别该层以下的信息，三层交换是指网络设备可以判别第三层的 IP，并以此为依据实现数据的跨网段转发。三层交换可以实现原来路由器才能完成的路由功能，而数据处理的延迟却又远远低于路由器，因为交换机的路由功能是基于硬件实现，这完全不同于传统路由器的软件实现，它达到第二层交换机才有的高效率。另外随着网络中数据、语音和视频等多业务传输需要的逐渐增加，传统的二层交换的局限性就日益暴露出来，在整个完全部署二层交换机的局域网环境里，数据交换所产生的广播到处蔓延，影响了用户数据的正常通讯。三层交换具备的路由功能可抑制网络广播的扩散，同一网段内的广播被限制在自己的广播域里，这样能大大提高数据的安全性。

一般在网络管理中，都会把相同部门的主机划归同一个广播域（基于 VLAN 的实现），这样同个部门间主机通讯时产生的广播将被限制在本部门的广播域里，有效地保证了网络的保密性和安全性。当数据要跨越网段通讯时，就要用到路由来进行转发。路由功能就像是网络的一道闸门，它使网段内的通讯广播被限制在里面，要出去则由它来代劳。因此广播被限制，广播风暴不会产生，网间路由是它的特点，这样就能实现网络通讯的保密性和安全性，提高网络整体性能。

当今企业网络需要在网络边缘满足新的业务需求，比如需要占用大量带宽的应用程序，这些新的需求将与现有的关键业务争夺带宽资源，所以需要交换机具有三层交换的功能，阻断网络广播跨网段传播。三层交换机适合于上述应用前景的需求，它利用基于硬件的 IP 路由可以在所有端口上提供线速路由，增强型多层软件镜像，则是一种基于 Web 的程序，可以极大的方便网络管理员管理、配置和修复网络，当然要所有交换机都是思科交换机才行。第三层交换功能配合 VLAN 功能，可以限制广播和大幅降低网络风暴产生的机会，整体提高网络的安全和网络性能。除了动态 IP 单播路由以外，Catalyst 3550 交换机系列非常适用于需要支持多播环境的网络（视讯会议）。硬件中专门配备的多播路由协议（PIM）和互联网群组管理协议（IGMP）使得 Catalyst 3550 交换机非常适用于需要进行大量多播服务的环境，使企业能在现在或将来有能力部署局域网内广播视讯会议。

总体来说三层交换机有下列特点：

- 三层交换机不但具有所有二层交换机的功能，比如基于 MAC 地址的数据帧转发，生成树协议，VLAN 等，还具有三层功能，即能完成 VLAN 之间的三层互通；
- 一般三层交换机上都实现了三层精确查找，即根据数据帧的目的网络层地址直接检索内部的高速缓冲区，而传统的路由器进行的则是最长匹配查找，即根据数据帧的目的网络地址查找路由表，选择有最长匹配的作为转发依据；
- 专门针对局域网，特别是以太网进行优化，大部分三层交换机只提供以太网接口和 ATM 局域网仿真接口，有的三层交换机还提供了上行的高速接口，比如 POS 等，但路由器却接口种类丰富；
- 由于三层交换机可以在二层和三层对数据帧进行转发，于是一些特殊的应用又出现了，比如 VLAN 聚合，ARP 代理等，这些应用在实际中应用很广泛；
- 伴随着一些特殊需求的出现，三层交换机并不仅仅局限于转发二层的以太网数据帧和三层的网络数据帧，而且集成了其他一些功能，比如 DHCPRelay 服务质量，用户接入认证等。

5.8.2　三层交换机上 VLAN 配置

先简单介绍一下 Cisco Catalyst 3350 三层交换机。

Cisco Catalyst 3550 交换机包括 SMI(标准版)和 EMI(增强版)两个版本。Cisco Catalyst 3550-24 是可堆叠的、多层企业级交换机,可以提供高水平的可用性、可扩展性、安全性和控制能力。因为具有多种快速以太网和千兆以太网配置,因此 Catalyst 3550 既可以作为功能强大的接入层交换机,用于中型企业的布线室;也可以作为一个骨干网交换机,用于中型网络。可以在网络中部署智能化的服务,如服务质量(QoS)、速度限制、访问控制列表、多播管理、IP 路由功能使传统的 VLAN 交换变得很简便。

在三层交换机上,VLAN 之间的互通是通过实现一个虚拟 VLAN 接口来实现的,即针对每个 VLAN,交换机内部维护了一个与该 VLAN 对应的接口,该接口对外是不可见的,是一个虚拟的接口,但该接口具有所有物理接口所具有的特性,比如有 MAC 地址,可配置最大传输单元和传输的以太网帧类型等。在上述的说明中,提到了当交换机接收到一个数据帧时,判断是不是发给自己的依据便是查看该 MAC 地址是不是针对接收数据帧所在 VLAN 的接口 MAC 地址,如果是,则进行三层处理;若不是,则进行二层处理,按照上述流程进行转发。

既然要实现三层转发,交换机必须维护一个三层转发表,该表可以是基于最长匹配查询的 FIB 表,也可以是基于目的网络地址精确匹配的三层转发表,这与厂家设备有关。这样当交换机接收到一个数据帧,该数据帧的目的 MAC 地址跟该数据帧所在 VLAN 对应的 VLAN 接口的 MAC 地址相同,则进行三层转发。转发的过程是查询三层转发表,查找的结果是一个或多个出口和相应的二层封装数据,交换机于是把该数据帧所携带的三层数据帧,比如 IP 或 IPX 数据包进行修改,修改校验和在 IP 协议,同时还进行 TTL 字段递减,然后重新计算校验,完成这些后,就把该三层数据包进行二层封装,根据三层转发表查找的结果从相应的接口发送出去。

三层交换机的 VLAN 配置和二层交换机的 VLAN 配置是一样的。可以参考本章中 6.5.2 节的命令来配置。下面介绍一个在三层交换机上实现的 DHCP 配置,这个配置在二层交换机上是不能实现的。

5.8.3　三层交换机上 DHCP 配置实例

DHCP 是一个在网络中自动为终端主机分配 IP 地址的协议,提供了一种动态指定 IP 地址和配置参数的机制。DHCP 服务器自动为客户机指定 IP 地址,指定的配置参数有些和 IP 协议并不相关,但这并没有关系,它的配置参数使得网络上的计算机通讯变得方便而容易实现。DHCP 使 IP 地址可以租用,对于许多拥有多台计算机的大型网络来说,每台计算机拥有一个 IP 地址有时候可能是不必要的。租期从 1 分钟到 100 年不定,当租期到了的时候,服务器可以把这个 IP 地址分配给别的机器使用。客户也可以请求使用自己喜欢的网络地址及相应的配置参数。

1. DHCP 工作原理

DHCP 使用客户端/服务器模型。网络管理员建立一个或多个维护 TCP/IP 配置信息并将其提供给客户端的 DHCP 服务器。服务器数据库包含以下信息：

➤ 网络上所有客户端的有效配置参数；

➤ 在指派到客户端的地址池中维护的有效 IP 地址，以及用于手动指派的保留地址；

➤ 服务器提供的租约持续时间。租约定义了指派的 IP 地址可以使用的时间长度。

通过在网络上安装和配置 DHCP 服务器，启用 DHCP 的客户端可在每次启动并加入网络时动态地获得其 IP 地址和相关配置参数。DHCP 服务器以地址租约的形式将该配置提供给发出请求的客户端。

由于在三层交换机 3550 上配置 DHCP 比较复杂，下面举例来详细介绍配置过程，如图 5－16 所示，图中的 IP、VLAN 等见图中设置。

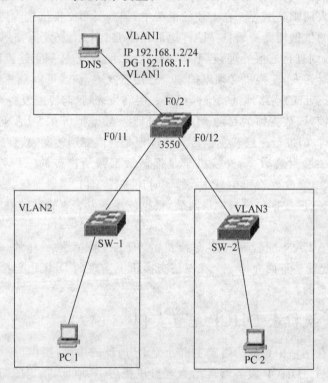

图 5－16　IP、VLAN 设置

2. 对交换机 3550 的配置

```
Switch# enable                  //进入特权配置模式
Switch# config terminal         //进入全局配置模式
```

```
Enter configuration commands,one per line. End with CNTL/Z.
Switch(config)# enable password 123        //设置交换机的明文密码为 123
Switch(config)# host 3550                  //更改交换机的主机名为 3550
3550(config)# ip routing                   //启用交换机的路由功能(默读情况已启用)
3550(config)# vlan 2                       //新建 vlan2
3550(config-vlan)# name 192.168.2-net      //设置 vlan2 的名字
3550(config-vlan)# vlan 3                  //新建 vlan3
3550(config-vlan)# name 192.168.3-net      //设置 vlan3 的名字
3550(config-vlan)# exit                    //返回
3550(config)# interface vlan 1             //进入 vlan1
3550(config-if)# ip address 192.168.1.1 255.255.255.0   //设置 vlan1 的虚拟 IP 地址
3550(config-if)# no shutdown               //激活 vlan1
3550(config-if)# exit                      //返回
3550(config)# interface vlan 2             //进入 vlan2
3550(config-if)# ip address 192.168.2.1 255.255.255.0   //设置 vlan2 的虚拟 IP 地址
3550(config-if)# no shutdown               //激活 vlan2
3550(config-if)# exit                      //返回
3550(config)# interface vlan 3             //进入 vlan3
3550(config-if)# ip address 192.168.3.1 255.255.255.0   //设置 vlan3 的虚拟 IP 地址
3550(config-if)# no shutdown               //激活 vlna3
3550(config-if)# exit                      //返回
3550(config)# interface fastEthernet 0/11  //进入端口 0/11
3550(config-if)# switchport mode access    //将此端口设为访问模式
3550(config-if)# switchport access vlan2   //将此端口加入 vlan2
3550(config-if)# no shutdown               //激活此端口
3550(config-if)# exit                      //返回
3550(config)# interface fastEthernet 0/12  //进入端口 0/12
3550(config-if)# switchport mode access    //将此端口设为访问模式
3550(config-if)# switchport access vlan 3  //将此端口加入 vlan3
3550(config-if)# no shutdown               //激活此端口
3550(config-if)# end                       //退出
3550# show vlan                            //查看 vlan 信息

3550# config t                             //进入全局配置模式
Enter configuration commands,one per line. End with CNTL/Z.
3550(config)# ip dhcp pool 192.168.2-net   //新建一个名为 192.168.2-net 的 IP 地址池
3550(dhcp-config)# network 192.168.2.0     //设置此地址池的网络号为 192.168.2.0
```

```
3550(dhcp-config)# default-router192.168.2.1
                                              //设置为客户机分配的默认路由(网关)为192.168.2.1
3550(dhcp-config)# dns-server 192.168.1.2     //设置为客户机分配的DNS为192.168.1.2
3550(dhcp-config)# exit                       //返回
3550(config)# ip dhcp pool 192.168.3-net      //新建一个名为192.168.3-net的IP地址池
3550(dhcp-config)# network192.168.3.0         //设置此地址池的网络号为192.168.3.0
3550(dhcp-config)# default-router 192.168.3.1
                                              //设置为客户机分配默认路由(网关)为192.168.3.1
3550(dhcp-config)# dns-server 192.168.1.2     //设置为客户机分配的DNS为192.168.1.2
3550(dhcp-config)# exit                       //返回
3550(config)# end                             //退出
3550# show running-config                     //查看当前运行的配置
……
!
ip dhcp pool 192.168.2-net
    network 192.168.2.0 255.255.255.0
    default-router192.168.2.1
    dns-server192.168.1.2
!
ip dhcp pool 192.168.3-net
    network 192.168.3.0 255.255.255.0
    default-router192.168.3.1
    dns-server192.168.1.2
……
interface Vlan1
    ip address 192.168.1.1 255.255.255.0
!
interface Vlan2
    ip address 192.168.2.1 255.255.255.0
!
interface Vlan3
    ip address 192.168.3.1 255.255.255.0
!
3550# show ip dhcp binding                    //查看DHCP地址分配
IP address          Hardware address          Lease expiration         Type
192.168.2.2         0100.0e7b.10c4.19         Mar 02 1993 12:20AM      Automatic
192.168.3.2         0100.0e7b.52e1.1b         Mar 02 1993 12:20AM      Automatic
```

```
3550#write                    //保存配置
Building configuration…
[OK]
3550#
```

说明:SW-1、SW-2 无需配置即可。

本章习题

一、选择题

1. OSI 代表(　　)。

   A. Organization for Standards Institute

   B. Organization for Internet Standards

   C. Open Standards Institute

   D. Open Systems Interconnection

2. TCP,UDP,SPX 属于 OSI 的(　　)。

   A. 网络层　　　　B. 传输层　　　　C. 会话层　　　　D. 表示层

3. PC 机通过网卡连接到路由器的以太网口,两个接口之间应该使用的电缆是(　　)。

   A. 交叉网线　　　B. 直连网线　　　C. 配置电缆　　　D. 备份电缆

4. 如果要证实 VTP 配置信息,需要使用哪个命令?(　　)

   A. show vtp domain   B. show domain

   C. set vtp domain output   D. show vtp information

5. 如果要配置 3/1-12 端口作为 VLAN3,下面哪个命令是有效的?(　　)

   A. console>(enable)set vlan 3 2/1,2/2,2/3,etc.

   B. console>(config)vlan 3 set port 3/1-12

   C. console>(enable)set vlan 3 3/1-12

   D. console>set vlan 3 3/1-12

   E. console>vlan membership 3 3/1-12

6. 使用什么命令在交换机上注销和结束会话?(选择 2 个)(　　)

   A. TERMINATE   B. logout   C. exit   D. session end

7. 在哪种提示符下可以确认是处于特权模式?(　　)

   A. Router>   B. Router(config)#

   C. Router#   D. Router(config-if)#

8. IOS 映像通常保存在哪里?(　　)

   A. RAM   B. NVRAM   C. Shared   D. Flash

9. 为确认接口的操作状态,要使用哪个命令？（　　）
   A. DISPLAN INTERFACE STATUS　　B. show interface
   C. show status interface　　　　　　D. display interface

二、简答题

1. 在局域网中使用交换机的两大优点是什么？
2. OSI 参考模型的 7 层是什么？
3. 交换机可以被分成哪几种类型？交换机的端口有哪几种类型？它们有什么不同？
4. 简单描述局域网中交换机如何进行 MAC 帧过滤。
5. 什么是 STP 协议？STP 算法是什么？
6. STP 协议的端口有几种状态？它们的转换过程是什么？
7. STP 的端口进入转发状态需要什么条件？
8. 配置 Cisco 可以通过哪几种方法,它们有什么各自的优点和缺点？
9. 如何配置 VLAN？
10. 如何配置 Trunk？
11. 为什么要配置 VTP？在配置 VTP 的过程中需要注意什么问题？

第6章 路由器配置与管理

本章教学目标:
- 路由器概述
- 了解路由器的分类
- 了解路由器的接口与连接
- 掌握路由器的基本配置
- 掌握路由协议的分类
- 了解路由协议的特点
- 掌握静态路由协议的配置

本章的目的是通过对路由器基本知识的介绍,了解路由器的基本原理,理解路由协议并进行熟练的配置。通过对路由器的基本原理和路由协议的研究,使读者能够对各种协议进行熟练的配置,为以后继续学习路由器打下基础。

6.1 路由器概述

"路由"是指把数据从一个地方传送到另一个地方的行为和动作;而路由器就是执行这种行为动作的机器,它的英文名称为"Router",是一种连接多个网络或网段的网络设备,它能将不同网络或网段之间的数据信息进行"翻译",以使它们能够相互"读懂"对方的数据,从而构成一个更大的网络。路由器工作在 TCP/IP 模型的第三层(网络层),主要作用是为收到的报文寻找正确的路径,并把它们转发出去。

6.1.1 路由器原理

路由器(Router)用于连接多个逻辑上分开的网络,所谓逻辑网络是代表一个单独的网络或者一个子网。当数据从一个子网传输到另一个子网时,可通过路由器来完成。因此,路由器具有判断网络地址和选择路径的功能,它能在多网络互联环境中建立灵活的连接,可用完全不同的数据分组和介质访问方法连接各种子网。路由器只接受源站或其他路由器的信息,属于网络层的一种互联设备;它不关心各子网使用的硬件设备,但要求运行与网络层协议相一致的软件。

路由器的主要工作就是为经过路由器的每个数据帧寻找一条最佳传输路径,并将该数据有效地传送到目的站点。路由动作包括两项基本内容:寻径和转发。寻径即判定到达目的地的最佳路径,由路由选择算法来实现。转发即沿寻径好的最佳路径传送信息分组。路由器首先在路由表中查找,判明是否知道如何将分组发送到下一个站点(路由器或主机),如果路由器不知道如何发送分组,通常将该分组丢弃;否则就根据路由表的相应表项将分组发送到下一个站点。

关于路由器的工作原理,通过一个例子来说明。

举例:工作站 A 需要向工作站 B 传送信息(并假定工作站 B 的 IP 地址为 120.0.5.1),它们之间需要通过多个路由器的接力传递,路由器的分布如图 6-1 所示。

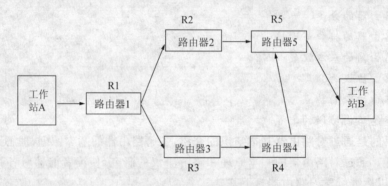

图 6-1 路由器的分布

其工作原理如下:

① 工作站 A 将工作站 B 的地址 120.0.5.1 连同数据信息以数据帧的形式发送给路由器 1。

② 路由器 1 收到工作站 A 的数据帧后,先从报头中取出地址 120.0.5.1,并根据路径表计算出发往工作站 B 的最佳路径:R1→R2→R5→B;并将数据帧发往路由器 2。

③ 路由器 2 重复路由器 1 的工作,并将数据帧转发给路由器 5。

④ 路由器 5 同样取出目的地址,发现 120.0.5.1 就在该路由器所连接的网段上,于是将该数据帧直接交给工作站 B。

⑤ 工作站 B 收到工作站 A 的数据帧,一次通讯过程宣告结束。

事实上,路由器除具有路由选择功能外,还具有网络流量控制功能。有的路由器仅支持单一协议,但大部分路由器可以支持多种协议的传输,即多协议路由器。由于每一种协议都有自己的规则,要在一个路由器中完成多种协议的算法,势必会降低路由器的性能。因此,支持多协议的路由器性能相对较低。用户购买路由器时,需要根据自己的实际情况,选择自己需要的网络协议的路由器。

6.1.2 路由器基本功能

路由器的主要功能就是"路由"作用,通俗地讲就是"向导"作用,主要用来为数据包转发指明方向。具体包括以下基本功能：
- 在网际间接收节点发来的数据包，然后根据数据包中的源地址和目的地址，对照自己缓存中的路由表，把数据包直接转发到目的节点；
- 子网隔离，抑制广播风暴；
- 维护路由表，并与其他路由器交换路由信息，这是 IP 报文转发的基础；
- IP 数据包的差错处理及简单的拥塞控制；
- 实现对 IP 数据包的过滤和记账；
- 实现基本的互联网协议，包括 IP、ICMP 以及其他相关的协议；
- 实现数据包的拆分和封装；
- 实现不同协议网络之间的连接。目前高档的路由器往往具有多通讯协议支持的功能，可以起到连接两个不同通讯协议网络的作用。
- 屏蔽内部网络的 IP 地址，自由设定 IP 地址、通讯端口过滤，使网络更加安全。

6.1.3 路由器基本构成

路由器由硬件和软件组成。硬件主要由中央处理器、内存、接口、控制端口等物理硬件和电路组成。

(1) 中央处理器

与计算机一样，路由器也包含了一个中央处理器(CPU)。不同系列和型号的路由器，其中的 CPU 也不尽相同。Cisco 路由器一般采用 Motorola 68030 和 Orion/R4600 两种处理器。路由器的 CPU 负责路由器的配置管理和数据包的转发工作，如维护路由器所需的各种表格以及路由运算等。路由器对数据包的处理速度很大程度上取决于 CPU 的类型和性能。

(2) 内存

路由器采用了以下几种不同类型的内存，每种内存以不同方式协助路由器工作。

① 只读内存(ROM)。只读内存(ROM)在 Cisco 路由器中的功能与计算机中的 ROM 相似，主要用于系统初始化等功能。ROM 中主要包含：
- 系统加电自检代码(POST)，用于检测路由器中各硬件部分是否完好；
- 系统引导区代码(BootStrap)，用于启动路由器并载入 IOS 操作系统；
- 备份的 IOS 操作系统，以便在原有 IOS 操作系统被删除或破坏时使用。通常，这个 IOS 比现运行 IOS 的版本低一些，但却足以使路由器启动和工作。

顾名思义，ROM 是只读存储器，不能修改其中存放的代码。如要进行升级，则要替换 ROM 芯片。

② 闪存(Flash)。闪存(Flash)是可读可写的存储器，在系统重新启动或关机之后仍能保存数据。Flash 中存放着当前使用中的 IOS。事实上，如果 Flash 容量足够大，甚至可以存放多个操作系统，这在进行 IOS 升级时十分有用。当不知道新版 IOS 是否稳定时，可在升级后

仍保留旧版 IOS,当出现问题时可迅速退回到旧版操作系统,从而避免长时间的网路故障。

③ 非易失性 RAM(NVRAM)。非易失性 RAM(Nonvolatile RAM)是可读可写的存储器,在系统重新启动或关机之后仍能保存数据。由于 NVRAM 仅用于保存启动配置文件(Startup-Config),故其容量较小,通常在路由器上只配置 32 ～128 KB 大小的 NVRAM。同时,NVRAM 的速度较快,成本也比较高。

④ 随机存储器(RAM)。RAM 也是可读可写的存储器,但它存储的内容在系统重启或关机后将被清除。和计算机中的 RAM 一样,Cisco 路由器中的 RAM 也是运行期间暂时存放操作系统和数据的存储器,让路由器能迅速访问这些信息。RAM 的存取速度优于前面所提到的 3 种内存的存取速度。

运行期间,RAM 中包含路由表项目、ARP 缓冲项目、日志项目和队列中排队等待发送的分组。除此之外,还包括运行配置文件(Running-config)、正在执行的代码、IOS 操作系统程序和一些临时数据信息。

软件主要由路由器的 IOS 操作系统组成。

路由器的类型不同,IOS 代码的读取方式也不同。如 Cisco 2500 系列路由器只在需要时才从 Flash 中读入部分 IOS,而 Cisco 4000 系列路由器的整个 IOS 必须先全部装入 RAM 才能运行。因此,前者称为 Flash 运行设备(Run from Flash),后者称为 RAM 运行设备(Run from RAM)。

路由器具有四个要素:输入端口、输出端口、交换开关和路由处理器。

① 输入端口是物理链路和输入包的进口处。端口通常由线卡提供,一块线卡一般支持 4、8 或 16 个端口,一个输入端口具有许多功能。第一个功能是进行数据链路层的封装和解封装。第二个功能是在转发表中查找输入包目的地址从而决定目的端口(称为路由查找),路由查找可以使用一般的硬件来实现,或者通过在每块线卡上嵌入一个微处理器来完成。第三,为了提供 QoS(服务质量),端口要对收到的包分成几个预定义的服务级别。第四,端口可能需要运行诸如 SLIP(串行线网际协议)和 PPP(点对点协议)这样的数据链路级协议或者诸如 PPTP(点对点隧道协议)这样的网络级协议。一旦路由查找完成,必须用交换开关将包送到其输出端口。如果路由器是输入端加队列的,则有几个输入端共享同一个交换开关。这样输入端口的最后一项功能是参加对公共资源(如交换开关)的仲裁协议。

② 交换开关可以使用多种不同的技术来实现。迄今为止使用最多的交换开关技术是总线、交叉开关和共享存储器。最简单的开关使用一条总线来连接所有输入和输出端口,总线开关的缺点是其交换容量受限于总线的容量以及为共享总线仲裁所带来的额外开销。交叉开关通过开关提供多条数据通路,具有 $N\times N$ 个交叉点的交叉开关可以被认为具有 $2N$ 条总线。如果一个交叉是闭合,输入总线上的数据在输出总线上可用,否则不可用。交叉点的闭合与打开由调度器来控制,因此,调度器限制了交换开关的速度。在共享存储器路由器中,进来的数据包被存储在共享存储器中,所交换的仅是数据包的指针,这提高了交换容量,但是,开关的速

度受限于存储器的存取速度。尽管存储器容量每 18 个月能够翻一番,但存储器的存取时间每年仅降低 5％,这是共享存储器交换开关的一个固有限制。

③ 输出端口在包被发送到输出链路之前对包存储,可以实现复杂的调度算法以支持优先级等要求。与输入端口一样,输出端口同样要能支持数据链路层的封装和解封装,以及许多较高级协议。

④ 路由处理器计算转发表实现路由协议,并运行对路由器进行配置和管理的软件。同时,它还处理那些目的地址不在线卡转发表中的包。

常见的路由器如图 6-2 所示。

图 6-2 常见路由器

6.2 路由器分类

6.2.1 路由器分类

路由器产品按照不同的划分标准有多种类型。常见的分类有以下几类:

(1) 按性能档次分为高、中、低档路由器

通常将路由器吞吐量大于 40 Gbps 的路由器称为高档路由器,背吞吐量在 25～40 Gbps 之间的路由器称为中档路由器,而将低于 25 Gbps 的路由器看作低档路由器。实际上路由器档次的划分不仅是以吞吐量为依据的,而是有一个综合指标的。以市场占有率最大的 Cisco 公司为例,12000 系列为高端路由器,7500 以下系列路由器为中低端路由器。

(2) 从结构上分为"模块化路由器"和"非模块化路由器"

模块化结构可以灵活地配置路由器,以适应企业不断增加的业务需求,非模块化的就只能提供固定的端口。通常中高端路由器为模块化结构,低端路由器为非模块化结构。

(3) 从功能上划分,路由器分为"骨干级路由器"、"企业级路由器"和"接入级路由器"

骨干级路由器是实现企业级网络互连的关键设备,它数据吞吐量较大,非常重要。对骨干级路由器的基本性能要求是高速度和高可靠性。

企业级路由器是连接许多终端系统，连接对象较多，但系统相对简单，而且数据流量较小，对这类路由器的要求是以尽量便宜的方法实现尽可能多的端点互连，同时还要求能够支持不同的服务质量。

接入级路由器主要应用于连接家庭或ISP内的小型企业客户群体。

(4) 从性能上可分为"线速路由器"和"非线速路由器"

所谓"线速路由器"就是完全可以按传输介质带宽进行通畅传输，基本上没有间断和延时。通常线速路由器是高端路由器，具有非常高的端口带宽和数据转发能力，能以媒体速率转发数据包；中低端路由器是非线速路由器。但是一些新的宽带接入路由器也有线速转发能力。

(5) 从网络所处位置划分为"边界路由器"和"中间节点路由器"

"边界路由器"是处于网络边缘，用于不同网络路由器的连接；而"中间节点路由器"则处于网络的中间，通常用于连接不同网络，起到一个数据转发的桥梁作用。由于各自所处的网络位置有所不同，其主要性能也就有相应的侧重。边界路由器由于可能要同时接受来自许多不同网络路由器发来的数据，所以就要求这种边界路由器的背板带宽要足够宽，当然这也要与边界路由器所处的网络环境相匹配。中间节点路由器因为要面对各种各样的网络，识别这些网络中的节点靠的就是中间节点路由器的MAC地址记忆功能。选择中间节点路由器时需要对MAC地址记忆功能更加关注，也就是要求选择缓存更大、MAC地址记忆能力较强的路由器。

6.2.2 路由器作用

对于不同规模的网络，路由器作用的侧重点有所不同：

① 在主干网上，路由器的主要作用是路由选择。主干网上的路由器，必须知道到达所有下层网络的路径。这需要维护庞大的路由表，并对连接状态的变化作出尽可能迅速的反应。路由器的故障将会导致严重的信息传输问题。

② 在地区网中，路由器的主要作用是网络连接和路由选择，即连接下层各个基层网络单位——园区网，同时负责下层网络之间的数据转发。

③ 在园区网内部，路由器的主要作用是分隔子网。早期的互连网接入单位是局域网，其中所有主机处于同一逻辑网络中。随着网络规模的不断扩大，局域网演变成以高速主干和路由器连接的多个子网所组成的园区网。在其中，多个子网在逻辑上独立，而路由器就是唯一能够分隔它们的设备，它负责子网间的报文转发和广播隔离，在边界上的路由器则负责与上层网络的连接。

6.3 路由器接口与连接

路由器具有非常强大的网络连接和路由功能，它可以与各种各样的不同网络进行物理连接，这就决定了路由器的接口技术非常复杂，越是高档的路由器其接口种类也就越多，它所能连接的网络类型越多。路由器的接口主要分局域网接口、广域网接口和配置接口三类,路由器的连接就是基于不同接口进行的。

6.3.1 路由器接口

1. 局域网接口

常见的以太网接口主要有 AUI、BNC 和 RJ-45 接口,还有 FDDI、ATM、千兆以太网等都有相应的网络接口,下面介绍主要的几种局域网接口。

① AUI 端口。AUI 端口是用来与粗同轴电缆连接的接口,它是一种"D"型 15 针接口,这在令牌环网或总线型网络中是比较常见的端口之一。路由器可通过粗同轴电缆收发器实现与 10Base-5 网络的连接。但更多的则是借助于外接的收发转发器(AUI-to-RJ-45),实现与 10Base-T 以太网络的连接。当然,也可借助于其他类型的收发转发器实现与细同轴电缆(10Base-2)或光缆(10Base-F)的连接。

② SC 端口。SC 端口也就是光纤端口,用于与光纤连接。光纤端口通常不直接用光纤连接至工作站,而是通过光纤连接到快速以太网或千兆以太网等具有光纤端口的交换机。这种端口一般高档路由器才具有,都以"100b FX"标注。

2. 广域网接口

路由器不仅能实现局域网之间连接,更重要的应用在于局域网与广域网、广域网与广域网之间的连接。因为广域网规模大,网络环境复杂,所以对路由器用于连接广域网的端口的速率要求非常高,在以太网中一般都要求在 100 Mbps 以上。下面介绍几种常见的广域网接口。

① RJ-45 端口。RJ-45 端口是最常见的端口,它是双绞线以太网端口。因为在快速以太网中主要采用双绞线作为传输介质,所以根据端口的通讯速率不同 RJ-45 端口又可分为 10Base-T 网 RJ-45 端口和 100Base-TX 网 RJ-45 端口两类。其中,10Base-T 网的 RJ-45 端口在路由器中通常标识为"ETH",而 100Base-TX 网的 RJ-45 端口则通常标识为"10/100bTX",这主要是因为现在快速以太网路由器产品多数采用 10 Mbps/100 Mbps 带宽自适应。

利用 RJ-45 端口也可以建立广域网与局域网之间、VLAN 之间以及与远程网络或 Internet 的连接。如果使用路由器为不同 VLAN 提供路由,则可以直接利用双绞线连接至不同的 VLAN 端口。但这里的 RJ-45 端口所连接的网络一般不太可能是 10 Base-T,而是 100Mbps 快速以太网。如果必须通过光纤连接至远程网络,或连接的是其他类型的端口时,则需要借助于收发转发器才能实现彼此之间的连接。

② AUI 端口。AUI 端口在局域网中存在,是用于与粗同轴电缆连接的网络接口。其实 AUI 端口也用于与广域网的连接,但是这种接口类型在广域网应用得比较少。在 Cisco 2600 系列路由器上,提供了 AUI 与 RJ-45 两个广域网连接端口,用户可以根据自己的需要选择适当的类型。

③ 高速同步串口。在路由器的广域网连接中,应用最多的端口是高速同步串口(SERI-

AL)。这种端口主要用于目前应用非常广泛的 DDN、帧中继(Frame Relay)、X.25、PSTN(模拟电话线路)等网络连接模式。在企业网之间有时也通过 DDN 或 X.25 等广域网连接技术进行专线连接。这种同步端口一般要求速率非常高,因为一般来说通过这种端口所连接的网络的两端都要求实时同步。

④ 异步串口。异步串口(ASYNC)主要是应用于 Modem 或 Modem 池的连接,它主要用于实现远程计算机通过公用电话网拨入网络。这种异步端口相对于上面介绍的同步端口来说在速率上要求就低许多,因为它并不要求网络的两端保持实时同步,只要求能连续即可,主要是因为使用这种接口连接的通讯方式速率较低。

⑤ ISDN BRI 端口。因 ISDN 这种互联网接入方式在连接速度上有它独特的一面,所以 ISDN 刚兴起时在互联网的连接上还得到了充分的应用。ISDN BRI 端口用于 ISDN 线路通过路由器实现与 Internet 或其他远程网络的连接,可实现 128 Kbps 的通讯速率。ISDN 有两种速率连接端口,一种是 ISDN BRI(基本速率接口),另一种是 ISDN PRI(基群速率接口)。ISDN BRI 端口采用 RJ-45 标准,与 ISDN NT1 的连接使用 RJ-45-to-RJ-45 直通线。

3. 路由器配置端口

路由器的配置端口有两个,分别是"Console"和"AUX"。

① Console 端口。Console 端口使用配置专用连线直接连接至计算机的串口,利用终端仿真程序(如 Windows 下的"超级终端")进行路由器本地配置。路由器的 Console 端口多为 RJ-45 端口。

② AUX 端口。AUX 端口为异步端口,主要用于远程配置,也可用于拨号连接,还可通过收发器与 Modem 进行连接。AUX 端口与 Console 端口通常同时提供,因为它们各自的用途不一样。

6.3.2 路由器连接

路由器的硬件连接主要包括与局域网设备之间的连接、与广域网设备之间的连接以及与配置设备之间的连接。

1. 路由器与局域网接入设备之间的连接

局域网设备主要是指集线器与交换机,交换机通常使用的端口只有 RJ-45 和 SC,而集线器使用的端口则通常为 AUI、BNC 和 RJ-45。下面,简单介绍一下路由器和集线设备各种端口之间的连接。

① RJ-45 与 RJ-45。这种连接方式就是路由器所连接的两端都是 RJ-45 接口,如果路由器和集线设备均提供 RJ-45 端口,那么,可以使用双绞线将集线设备和路由器的两个端口连接在一起。需要注意的是,与集线设备之间的连接不同,路由器和集线设备之间的连接不使用交叉线,而是使用直通线。还要注意的是集线器设备之间的级联通常是通过级联端口进行的,而路由器与集线器或交换机之间的互联是通过普通端口进行的。另外,路由器和集线设备端口

通讯速率应当尽量匹配;否则,宁可使集线设备的端口速率高于路由器的速率,并且最好将路由器直接连接至交换机。

② AUI 与 RJ-45。这种情况主要出现在路由器与集线器相连时,如果路由器仅拥有 AUI 端口,而集线设备提供的是 RJ-45 端口,那么,必须借助于 AUI-to-RJ-45 收发器才可实现两者之间的连接。当然,收发器与集线设备之间的双绞线跳线也必须使用直通线,连接示意图如图 6-3 所示。

③ SC-to-RJ-45 或 SC-to-AUI。这种情况一般是路由器与交换机之间的连接,如交换机只拥有光纤端口,而路由设备提供的是 RJ-45 端口或

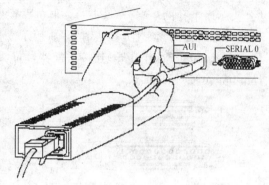

图 6-3 AUI-to-RJ-45

AUI 端口,那么必须借助于 SC-to-RJ-45 或 SC-to-AUI 收发器才可实现两者之间的连接。收发器与交换机设备之间的双绞线跳线同样必须使用直通线。但是实际上出现交换机为纯光纤接口的情况非常少见。

2. 路由器与 Internet 接入设备的连接

路由器与互联网接入设备的连接情况主要有以下几种:

① 通过异步串行口连接。异步串口主要是用来与 Modem 连接,用于实现远程计算机通过公用电话网拨入局域网络。除此之外,也可用于连接其他终端。当路由器通过电缆与 Modem 连接时,必须使用 AYSNC-to-DB25 或 AYSNC-to-DB9 适配器来连接。路由器与 Modem 或终端的连接如图 6-4 所示。

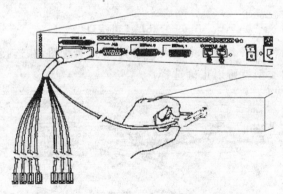

图 6-4 路由器与 Modem 或终端的连接

② 同步串行口。在路由器中所能支持的同步串行端口类型比较多,如 Cisco 系统就可以支持 5 种不同类型的接口,分别是:EIA/TIA-232 接口、EIA/TIA-449 接口、V.35 接口、X.21

串行电缆总成和 EIA-530 接口,所对应的适配器分别如图 6-5、图 6-6、图 6-7、图 6-8、图 6-9所示。要注意的是,一般来说适配器连线的两端采用不同的外形(一般称带插针的一端为"公头",而带孔的一端为"母头")。但也有例外,EIA-530 接口两端都是一样的接口类型,这主要是考虑连接的紧密性,参见图 6-9 所示。其余各类接口的"公头"为 DTE(数据终端设备,Data Terminal Equipment)连接适配器,"母头"为 DCE(数据通讯设备,Data Communications Equipment)连接适配器。

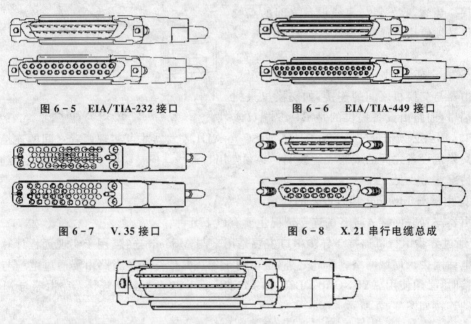

图 6-5　EIA/TIA-232 接口　　　　图 6-6　EIA/TIA-449 接口

图 6-7　V.35 接口　　　　图 6-8　X.21 串行电缆总成

图 6-9　EIA-530 接口

图 6-10 为同步串行口与 Internet 接入设备连接的示意图,在连接时只需要对应看一下连接用线与设备端接口类型就可以正确选择。

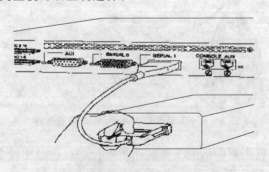

图 6-10　同步串行口与 Internet 接入设备连接

③ ISDN BRI 端口。在路由器的开发设计中特定为了与 ISDN 设备之间的连接准备了相应的模块,并预留了特殊的端口。Cisco 路由器的 ISDN BRI 模块一般可分为两类,一是 ISDN BRI S/T 模块,二是 ISDN BRI U 模块。前者必须与 ISDN 的 NT1 终端设备一起才能实现与 Internet 的连接,因为 S/T 端口只能接数字电话设备,不适用通过 NT1 连接现有的模拟电话设备,连接图如图 6-11 所示。而后者由于内置有 NT1 模块,称之为"NT1+"终端设备,它的"U"端口可以直接连接模拟电话外线,因此,无需再外接 ISDN NT1,可以直接连接至电话线墙板插座,如图 6-12 所示。

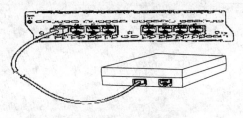

图 6-11　ISDN BRI S/T

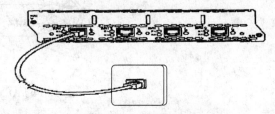

图 6-12　ISDN BRI U

3. 配置端口

路由器的配置端口依据配置方式的不同,主要分两种:一种是本地配置所采用的"Console"端口;另一种是远程配置时采用的"AUX"端口。

① Console 端口的连接方式。当使用计算机配置路由器时,必须使用翻转线将路由器的 Console 口与计算机的串口/并口连接在一起,这种连接线一般来说需要特制,根据计算机端所使用的是串口还是并口,选择制作 RJ-45-to-DB-9 或 RJ-45-to-DB-25 转换用适配器,如图 6-13 所示。

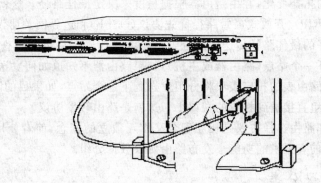

图 6-13　Console 端口的连接

② AUX 端口的连接方式。当需要通过远程访问的方式实现对路由器的配置时,就需要采用 AUX 端口进行了。AUX 接口在外观上其实与上面所介绍的 RJ-45 一样,只是里面所对应的电路不同,实现的功能也不同而已。根据 Modem 所使用的端口情况不同,来确定通过

AUX 端口与 Modem 进行连接所也必须借助于 RJ-45 to DB9 或 RJ-45 to DB25 的收发器的选择。路由器的 AUX 端口与 Modem 的连接方式如图 6-14 所示。

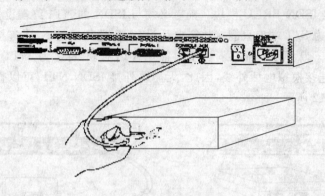

图 6-14 AUX 端口的连接

6.4 路由协议介绍

路由动作包括两项基本内容：寻径和转发。寻径即判定到达目的地的最佳路径，由路由选择算法来实现。由于涉及不同的路由选择协议和路由选择算法，要相对复杂一些。为了判定最佳路径，路由选择算法必须启动并维护包含路由信息的路由表，其中路由信息依赖于所用的路由选择算法而不尽相同。路由选择算法将收集到的不同信息填入路由表中，根据路由表可将目的网络与下一站的关系告诉路由器。路由器间互通讯息进行路由更新，更新维护路由表使之正确反映网络的拓扑变化，并由路由器根据量度来决定最佳路径。这就是路由选择协议，例如路由信息协议(RIP)、开放式最短路径优先协议(OSPF)和边界网关协议(BGP)等。

转发即沿寻径好的最佳路径传送信息分组。路由器首先在路由表中查找，判明是否知道如何将分组发送到下一个站点(路由器或主机)，如果路由器不知道如何发送分组，通常将该分组丢弃；否则就根据路由表的相应表项将分组发送到下一个站点，如果目的网络直接与路由器相连，路由器就把分组直接送到相应的端口上。这就是路由转发协议。

路由转发协议和路由选择协议是相互配合又相互独立的概念，前者使用后者维护的路由表，同时后者要利用前者提供的功能来发布路由协议数据分组。

6.4.1 路由协议分类

典型的路由协议，或称作路由选择方式有两种：静态路由和动态路由。

静态路由是在路由器中设置的固定的路由表。除非网络管理员干预，否则静态路由不会发生变化。由于静态路由不能对网络的改变作出反映，所以一般用于网络规模不大、拓扑结构固定的网络中。静态路由的优点是简单、高效、可靠。在所有的路由中，静态路由优先级最高。

当动态路由与静态路由发生冲突时,以静态路由为准。

动态路由是网络中的路由器之间相互通讯,传递路由信息,利用收到的路由信息更新路由器表的过程。它能实时地适应网络结构的变化。如果路由更新信息表明发生了网络变化,路由选择算法就会重新计算路由,并发出新的路由更新信息。这些信息通过各个网络,引起各路由器重新启动其路由算法,并更新各自的路由表以动态地反映网络拓扑变化。动态路由适用于网络规模大、网络拓扑复杂的网络。当然,各种动态路由协议会不同程度地占用网络带宽和CPU 资源。

静态路由和动态路由有各自的特点和适用范围,因此在网络中动态路由通常作为静态路由的补充。当一个分组在路由器中进行寻径时,路由器首先查找静态路由,如果查到则根据相应的静态路由转发分组;否则再查找动态路由。

根据是否在一个自治域内部使用,动态路由协议分为内部网关协议(IGP)和外部网关协议(EGP)。这里的自治域指一个具有统一管理机构、统一路由策略的网络。

自治域内部采用的路由选择协议称为内部网关协议,常用的有 RIP、OSPF 等协议;与此相对的是,自治域外部采用的路由选择协议称为外部网关协议,它主要用于多个自治域之间的路由选择,常用的是 BGP 和 BGP-4 等协议。

6.4.2 局域网路由协议

下面分别介绍几种常见的局域网路由协议及其特点。

1. RIP 路由协议

RIP(Routing information Protocol)是应用较早、使用较普遍的内部网关协议(Interior Gateway Protocol,简称 IGP),适用于小型同类网络,是典型的距离向量(distance-vector)协议。RIP 通过广播 UDP 报文来交换路由信息,每 30 s 发送一次路由信息更新。RIP 提供跳跃计数(hop count)作为尺度来衡量路由距离,跳跃计数是一个包到达目标所必须经过的路由器的数目。如果到相同目标有两个不等速或不同带宽的路由器,但跳跃计数相同,则 RIP 认为两个路由是等距离的。RIP 最多支持的跳数为 15,即在源和目的网间所要经过的最多路由器的数目为 15,跳数 16 表示不可达。

路由信息协议的主要特点如下:
- 开放式协议,广泛应用,稳定;
- 适用于小型网络,很容易配置;
- 有适用于 Novell 和 AppleTalk 软件的类似于路由信息协议的距离向量路由协议;
- 一种内部网关协议(IGP);
- IP 路由信息协议更新每 30s 通过广播发送一次;
- UDP(用户数据包协议)端口 520;
- 可管理距离为 120;

- 单一衡量标准是计算跳数(极限是15,计数到无穷大)。

RIP 的缺陷在于:首先,协议中规定一条有效的路由信息的度量(metric)不能超过15,这就使得该协议不能应用于很大型的网络,对于 metric 为16的目标网络来说,即认为其不可到达;其次,RIP 路由协议应用到实际中时,很容易出现"计数到无穷大"的现象,这使得路由收敛很慢,在网络拓扑结构变化以后需要很长时间路由信息才能稳定下来;最后,该协议以跳数,即报文经过的路由器个数为衡量标准,并以此来选择路由,这一措施欠合理性,因为没有考虑网络延时、可靠性、线路负荷等因素对传输质量和速度的影响。

2. OSPF 路由协议

与 RIP 一样,OSPF(Open Shortest Path First)也是一个内部网关协议(IGP)。它是一个链路状态路由选择协议,用于在单一自治系统(autonomous system,AS)内决策路由。

链路状态路由协议(link-state routing protocol)对网络发生的变化能够快速响应,当网络发生变化的时候发送触发式更新(triggered update),其发送周期性更新(链路状态刷新)的间隔时间为30 min。

链路状态路由协议只在网络拓扑发生变化以后产生路由更新。当链路状态发生变化以后,检测到变化的设备创建 LSA(link state advertisement),通过使用组播地址传送给所有的邻居设备,然后每个设备拷贝一份 LSA,更新它自己的链路状态数据库(link state database,LSDB),接着再转发 LSA 给其他的邻居设备。这种 LSA 的洪泛(flooding)保证了所有的路由设备在更新自己的路由表之前更新它自己的 LSDB。

OSPF 通过路由器之间通告网络接口的状态来建立链路状态数据库,生成最短路径树,每个 OSPF 路由器使用这些最短路径构造路由表。

OSPF 的主要特点如下:
- 开放式协议;
- 适用于小型至大型网络;
- 仅支持 IP 第三层路由协议栈;
- 链路状态路由协议(不像距离矢量仅发送给邻居);
- 内部网关协议;
- 多播链路状态通告;
- IP 协议号89;
- 管理距离是110;
- (使用 Dijkstra 算法选择无路由自环路径,并且提供迅速的融合,这将使用 LSA 和 SPF 算法;
- 支持变长子网掩码(VLSM)和汇总(没有级别);
- (仅支持手动汇总;这并不像增强型内部网关路由选择协议(EIGRP)那样是自动化的。只能在 ABR(区域范围)或者 ASBR(汇总地址)上执行。

为了能够做出更好的路由决策,OSPF 路由器必须维持的有以下内容:

① neighbor table。也叫 adjacency database,存储了邻居路由器的信息。如果一个 OSPF 路由器和它的邻居路由器失去联系,在几秒钟的时间内,它会标记所有到达那条路由均为无效,并且重新计算到达目标网络的路径。

② topology table。一般叫做 LSDB,OSPF 路由器通过 LSA 学习到其他的路由器和网络状况,LSA 存储在 LSDB 中。

③ routing table。也就是我们所说的路由表,也叫 forwarding database,包含了到达目标网络的最佳路径的信息。

3. IGRP 路由协议

IGRP 的全名是 Interio Gateway Routing Protocol,即内部网关路由协议。IGRP 是 Cisco 开发的私有协议,是为了弥补 RIP 的不足而开发的。它的管理距离 AD 为 100,它有着和 RIP 类似的特性,比如都是距离矢量(distance vector)路由协议,都通过广播的方式周期性的广播完整的路由表,并且它也会在网络的边界上进行路由汇总。与 RIP 使用 UDP 520 端口不同的是,IGRP 是直接通过 IP 层进行 IGRP 信息交换的,协议号为 9。IGRP 还使用 AS 的概念。

IGRP 通告三种类型路由:内部、系统和外部。

其中,内部路由是连接到路由器接口的网络中的子网之间的路由。如果连接到路由器的网络没有子网,则 IGRP 不通告内部路由。系统路由是自治系统内的路由。从直接连接、网络接口和其他采用 IGRP 的路由器或访问服务器所提供的系统路由信息中,Cisco IOS 软件获取系统路由。系统路由不包括子网信息。外部路由是确认最近常访问网关(gateway of last resort)时,到自治系统外部网络的路由。Cisco IOS 从 IGRP 提供的外部路由表中选择最近常访问网关。如果数据包没有更优路由且目的地不在所连接的网络上,软件使用最近常访问的网关(路由器)。如果自治系统连接了不止一个外部网络,不同路由器可以选择不同的外部路由器作为最近常访问网关。

IGRP 使用一组 metric 的组合(向量),网络延迟、带宽、可靠性和负载都被用于路由选择,网管可以为每种 metric 设置权值,IGRP 可以用管理员设置的或缺省的权值来自动计算最佳路由。IGRP 为其 metric 提供了较宽的值域。例如,可靠性和负载可在 1~255 之间取值;带宽值域为 1 200 bps~10 Gbps;延迟可取值 1~24。宽的值域可以提供满意的 metric 设置,更重要的是,metric 各组件以用户定义的算法结合,因此,网管可以以直观的方式影响路由选择。

为了提供更多的灵活性,IGRP 允许多路径路由。两条等带宽线路可以以循环(round-robin)方式支持一条通讯流,当一条线路断掉时自动切换到第二条线路。此外,即使各条路的 metric 不同也可以使用多路径路由。例如,如果一条路径比另一条好 3 倍,它将以 3 倍使用率运行。只有具有一定范围内的最佳路径 metric 值的路由才用作多路径路由。

IGRP 的特性包括:

① 稳定性。IGRP 提供许多特性以增强其稳定性,包括 hold-down、split horizon 和 poison-reverse。

其中,Hold-down 用于阻止定期更新信息不适当地发布一条可能失效的路由信息。Split horizon 来源于下列承诺:把路由信息发回到其来源是无意义的,split-horizon 规则可以帮助避免路由环。Split-horizon 应该防止相邻路由器间的路由环,而 poison-reverse 对于防止较大的路由环是必要的。

② 计时器。IGRP 维护一组计时器和含有时间间隔的变量。包括更新计时器、失效计时器、保持计时器和清空计时器。更新计时器规定路由更新消息应该以什么频度发送,IGRP 中此值缺省为 90 s。失效计时器规定在没有特定路由的路由更新消息时,在声明该路由失效前路由器应等待多久,IGRP 中此值缺省为更新周期的 3 倍。保持时间变量规定 hold-down 周期,IGRP 中此值缺省为更新周期加 10 s。最后,清空计时器规定路由器清空路由表之前等待的时间,IGRP 的缺省值为路由更新周期的 7 倍。

IGRP 使用了 3 倍于 RIP 的 timer,优点是节约了链路的带宽,缺点是收敛(convergence)慢于 RIP。比如当一台路由器出问题 down 掉了 IGRP ,要用 3 倍于 RIP 的时间才能检测到该路由器状态的变化。

4. EIGRP 路由协议

EIGRP 的全名是 Enhance Interio Gateway Routing Protocol,即加强型的 IGRP,也就是再度改良 IGRP 而成 EIGRP。

EIGRP 结合了距离向量(distance Vector)和连结状态(Link-State)协议的优点,可以加快收敛,所使用的方法是散射更新算法 DUAL(Diffusing Update Aigorithm),实现了很高的路由性能。当路径更改时 DUAL 会传送变动的部分而不是整个路径表,而 Router 储存了邻近的路径表,当路径变动时,Router 可以快速地反应。EIGRP 也不会周期性地传送变动讯息,从而节省频宽的使用。另外值得特别指出的是 EIGRP 具有支持多个网络层的协议,例如 IP 层对 IP 层、IPX 层对 IPX 层、AppleTalk 的 RTMP 对 RTMP,如图 6-15 所示。

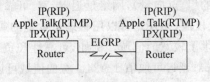

图 6-15 EIGRP 协议

EIGRP 协议的特点如下:

① 快速收敛。EIGRP 使用 Diffusing Update 算法 (DUAL)来实现快速收敛。路由器使用 EIGRP 来存储所有到达目的地的备份路由,以便进行快速切换。如果没有合适的或备份路由在本地路由表中的话,路由器向它的邻居进行查询来选择一条备份路由。

② 减少带宽占用。EIGRP 不做周期性的更新,它只在路由的路径和度发生变化以后做

部分更新。当路径信息改变以后，DUAL 只发送那条路由信息改变了的更新，而不是发送整个路由表。和更新传输到一个区域内的所有路由器上的链路状态路由协议相比，DUAL 只发送更新给需要该更新信息的路由器。

③ 支持多种网络层协议。EIGRP 通过使用 protocol-dependent modules（PDMs），可以支持 ApplleTalk、IP and Novell Netware 等协议。

④ 无缝连接数据链路层协议和拓扑结构。EIGRP 不要求对 OSI 参考模型的二层协议做特别配置。不像 OSPF，OSPF 对不同的二层协议要做不同配置，比如以太网和帧中继。

此外，增强型内部网关路由选择协议从可靠传输协议（RTP）中得到了可靠性。它不仅保留路由表，而且还有邻居表和拓扑表。增强型内部网关路由选择协议还保留替代的路由作为后续者（路由表）和可行性的后续者（拓扑表）以便快速聚合。下面是用于邻居通讯的数据包类型：hellos（多播）和 acks（单向广播），更新（多播或者单向广播），查询（多播），应答（单向广播）和请求（多播或者单向广播）。数据包在传送中排列等候而且每一个协议都有一个单独的邻居表和完全分开的过程。

EIGRP 能够有效的工作在 LAN 和 WAN 中，而且 EIGRP 保证网络不会产生环路（loop-free）；配置起来很简单；支持 VLSM；它使用多播和单播，不使用广播，这样做节约了带宽；它使用和 IGRP 一样的度的算法，但是 32 位长的；它可以做非等价的路径的负载平衡。

5. IS-IS 路由协议

IS-IS 协议，即中间系统—中间系统协议，该协议由 ISO 提出，起初用于 OSI 网络环境。由于历史原因，OSI 曾经比 TCP/IP 协议栈普及，当现在流行 TCP/IP 的时候，以前的采用 OSI 模型中 CLNS（由 ISO 制定的规范）的应用要和现在的 TCP/IP 进行兼容，可以使网络层为 CLNP 和为 IP 的路由信息实现互通，所以需要有个路由协议来作为这两种情况的兼容点。

IS-IS 有如下特点：

- 开放式协议；
- 适用于中型至特大型网络；
- ISO 链路状态路由协议与 OSPF 相同；
- 内部网关协议（IGP）；
- IS-IS 第二层分组数据单元（PDU），而不是 IP 数据包；
- 使用第二层多播；
- 可管理距离是 115；
- 非常有限的衡量动态范围（0～63）；
- 等价均分负载；
- 二级异构拓扑技术；
- 使用 Dijkstra/SPF 算法；
- 支持变长子网掩码和汇总；

- 手工汇总；
- 基于政策的路由。

IS-IS 同样是基于链路状态的路由协议，该协议与 OSPF 协议类似。例如，两种协议都维护一个链路状态数据库，并使用 SPF 算法得出最佳路径；都用 Hello 报文查找和维护邻居关系；都使用区域维护一个阶级的概念；在区域之间都可以使用路由汇总来减少路由器的负担；都是无类的路由协议；在广播网络里，都通过选举一个 DR 来减少报文数量；都有认证功能等。

6. BGP 路由协议

BGP 是自治系统间的路由协议。BGP 交换的网络可达性信息提供了足够的信息来检测路由回路并根据性能优先和策略约束对路由进行决策。特别地，BGP 交换包含全部 AS path 的网络可达性信息，按照配置信息执行路由策略。

与外部网关协议（EGP）相对，BGP 在自治系统（AS）之间提供路由，是互联网上标准的路由协议。同时，当 BGP 用于在自治系统之内提供路由时，就是指内部 BGP。BGP 的特点如下：

- 开放式协议；
- 适用于特大型互联网络；
- 设计和设置没有其他协议那样容易，一切都要手工设置，包括邻居；
- 高级距离向量或者路径向量路由协议；
- EGP；
- TCP 端口 179；
- 内部管理距离为 200，外部为 20；
- 衡量标准包括很多因素，如 MED、原点、自治系统路经、下一跳和社区；
- 不要要求一个独特的路由；
- 层级结构；由用户自主开发；
- 自动和手工总结功能；
- 基于策略的路由。

常用的 BGP 配置命令有：

- router bgp autonomous-system 激活 BGP 协议；
- neighbor {ip-address|peer-group-name} remote-as autonomous-system 标识本地路由器将与之建立的对等路由器；
- neighbor {ip-address|peer-group-name} next-hop-self 改变下一跳属性；
- no synchronization 关闭 BGP 同步；
- aggregate-address ip-address mask [summary-only][as-set]在 BGP 表中创建一个归纳地址；
- clear ip bgp{ * |address}[soft[in/out]]复位 BGP；

- show ip bgp 显示 BGP 路由表中的条目；
- show ip bgp summary 显示所有 BGP 连接状态；
- show ip bgp neighbors 显示有关邻居的 TCP 和 BGP 连接信息；
- Dampening BGP 衰减；
- Events BGP 事件；
- Keepalives BGP keepalive；
- Updates BGP 更新。

6.4.3 广域网路由协议

常见的广域网协议有：

① X.25。X.25 协议包括了 OSI 模型的 1~3 层的功能。X.25 的最高层描述了分组的格式及分组交换的过程；它的中间层由 LAPB(Link Access Procedure, Balanced)实现，它定义了用于 DTE/DCE 连接的帧格式；X.25 的最底层定义了电气和物理端口特性。

② 帧中继技术。帧中继是一种高性能的 WAN 协议，它运行在 OSI 参考模型的物理层和数据链路层。它是一种数据包交换技术，它舍去了 X.25 提供的窗口技术和数据重发技术，转而依靠高层协议来提供纠错功能。这是由于帧中继工作在比 X.25 更好的广域网设备上，这些设备较 X.25 的广域网设备具有更可靠的连接服务和更高的可靠性，而且帧中继技术严格地对应于 OSI 参考模型的最低二层，但 X.25 还提供第三层的服务，所以帧中继比 X.25 具有更高的性能和更有效的传输效率。

③ 平衡链路访问过程(Link Access Procedure, Balanced, LAPB)。它工作在 OSI 参考模型的数据链路层，是一种面向连接的协议，一般和 X.25 技术一起进行数据传输。

④ 高级数据链路控制(High-Level Data-Link Control, HDLC)。它工作在 OSI 参考模型的数据链路层。由 IBM 创建的同步数据链路控制(Synchronous Data Link Control, SDLC)经过 ANSI, ISO 改造衍生而来的。然后在 CCITT 的进一步开发下作为 LAP(Link Access Procedure, 链路访问规程)成为 X.25 网络接口标准的一部分。但是后来又将它修改为了 LAPB，使之与 HDLC 的后来版本更兼容。

⑤ 点对点协议(Point-to-Point Protocol, PPP)。这是一种工业标准协议。因为各个厂商私有 HDLC，所以 PPP 在 HDLC 基础上提供用在不同厂商的设备之间的连接。PPP 使用网络控制协议(Network Control Protocol, NCP)来验证上层的 OSI 参考模型的网络层协议。

对照 OSI 参考模型，广域网的公用通讯网主要工作在底层的 3 个层次，即物理层、数据链路层和网络层。它们之间的对应关系如图 6-16 所示。

OSI 层		WAN规范
Network Layer(网络层)		X.25 PLP
DateLink Layer (数据链路层)	LLC	LAPB
		Frame Relay
		HDLC
	MAC	PPP
		SDLD
Physical Layer (物理层)	SMDS	X.21 Bis
		EIA/TIA-232
		EIA/TIA-449
		V.24 V.35
		HSSI G.73
		EIA-530

图 6-16 OSI 参考模型与 WAN 协议

6.5 路由器基本配置

6.5.1 路由器配置概述

路由器要正常工作,必须对其进行正确的配置,主要是对路由协议的配置。

1. 路由器的三种基本工作模式

① 用户模式(User EXEC)。用户模式是路由器启动时的缺省模式,提供有限的路由器访问权限,允许执行一些非破坏性的操作,如查看路由器的配置参数,测试路由器的连通性等,但不能对路由器配置做任何改动。该模式下的提示符为">"。

② 特权模式(Privileged EXEC)。特权模式,也叫使能(enable)模式,可对路由器进行更多的操作,使用的命令集比用户模式多,可对路由器进行更高级的测试,如使用 debug 命令。在用户模式下通过使能口令进入特权模式。提示符为"#"。

③ 配置模式(Global Configuration)。配置模式是路由器的最高操作模式,可以设置路由器上运行的硬件和软件的相关参数;配置各接口、路由协议和广域网协议;设置用户和访问密码等。在特权模式"#"提示符下输入 config 命令,进入配置模式。

路由器在启动过程中,装入 IOS 以后,寻找配置文件,配置文件通常在 NVRAM 中,也可从 TFTP 服务器装入;然后,装入配置文件,其中的信息将激活有关接口、协议和网络参数;当找不到配置文件时,路由器便进入配置模式。只有进入路由器的配置模式,才能对路由器进行配置。

2. 对路由器进行配置的几种方式

① 控制台。将 PC 机的串口直接通过 Rollover 线与路由器控制台端口 Console 相连，在 PC 计算机上运行终端防真软件，与路由器进行通讯，完成路由器的配置。也可将 PC 与路由器辅助端口 AUX 直接相连，进行路由器的配置。

② 虚拟终端(Telnet)。如果路由器已有一些基本配置，至少有一个端口有效(如 Ethernet 口)，就可用运行 Telnet 程序的计算机作为路由器的虚拟终端与路由器建立通讯，完成路由器的配置。

③ 网络管理工作站。路由器可通过运行网络管理软件的工作站进行配置，如 Cisco 的 CiscoWorks、HP 的 OpenView 等。

④ Cisco ConfigMaker。ConfigMaker 是一个由 Cisco 开发的免费的路由器配置工具。ConfigMaker 采用图形化的方式对路由器进行配置，然后将所做的配置通过网络下载到路由器上。ConfigMaker 要求路由器运行在 IOS 11.2 以上版本，可用 Show Version 命令查看路由器的版本信息。

⑤ TFTP(Trivial File Transfer Protocol)服务器。TFTP 是一个 TCP/IP 简单文件传输协议，可将配置文件从路由器传送到 TFTP 服务器上，也可将配置文件从 TFTP 服务器传送到路由器上。TFTP 不需要用户名和口令，使用非常简单。

6.5.2 路由配置命令

Cisco 的配置命令很多，下面列出主要部分，供大家查询。

命令	说明
?	给出一个帮助屏幕
255.255.255.255	通配符命令；作用与 any 命令相同
access-class	将标准的 IP 访问列表应用到 VTY 线路
access-list	创建一个过滤网络的测试列表
any	指定任何主机或任何网络；作用与 0.0.0.0 255.255.255.255 命令相同
Backspace	删除一个字符
Bandwidth	设置一个串行接口的带宽
Banner	为登录到本路由器上的用户创建一个标志区
cdp enable	打开一个特定接口的 CDP
cdp holdtime	修改 CDP 分组的保持时间
cdp run	打开路由器上的 CDP
cdp timer	修改 CDP 更新定时器
clear counters	清除某一接口上的统计信息
clear line	清除通过 Telnet 连接到路由器的连接
clear mac-address-table	清除该交换机动态创建的过滤表

命令	说明
clock rate	提供在串行 DCE 接口上的时钟
config memory	复制 startup-config 到 running-configconfig network 复制保存在 TFTP 主机上的配置到 running-config
config terminal	进入全局配置模式并修改 running-config
config-register	告诉路由器如何启动以及如何修改配置寄存器的设置
copy flash tftp	将文件从闪存复制到 TFTP 主机
copy run start copy running-config	startup-config 的快捷方式,将配置复制到 NVRAM 中
copy run tftp	将 running-config 文件复制到 TFTP 主机
Copy tftp flash	将文件从 TFTP 主机复制到闪存
Copy tftp run	将配置从 TFTP 主机复制为 running-config 文件
Ctrl A	移动光标到本行的开始位置
Ctrl D	删除一个字符
Ctrl E	移动光标到本行的末尾
Ctrl F	光标向前移动一个字符
Ctrl R	重新显示一行
Ctrl Shitf 6, then X	当 telnet 到多个路由器时返回到原路由器
Ctrl U	删除一行
Ctrl W	删除一个字
CTRL Z	结束配置模式并返回 EXEC(执行状态)
debug dialer	显示呼叫建立和结束的过程
debug frame-relay lmi	显示在路由器和帧中继交换机之间的 lmi 交换信息
debug ip igrp events	提供在网络中运行的 IGRP 路由选择信息的概要
debug ip igrp transactions	显示来自相邻路由器要求更新的请求消息和由路由器发到相邻路由器的广播消息
debug ip rip	发送控制台消息显示有关在路由器接口上收发 RIP 数据包的信息
debug ipx	显示通过路由器的 RIP 和 SAP 信息
debug isdn q921	显示第二层进程
debug isdn q931	显示第三层进程
delete nvram	删除 1900 交换机 NVRAM 的内容
delete vtp	删除交换机的 VTP 配置
description	在接口上设置一个描述
dialer idle-timeout number	告诉 BRI 线路如果没有发现触发 DDR 的流量什么时候断开
dialer list number protocol	为 DDR 链路指定触发 DDR 的流量
protocol permit/deny dialer load-threshold number	设置描述什么时候在 ISDN 链路上启闭第二个 BRI 的参数
inbound/outbound/either Dialer map protocol address	

	代替拨号串为 ISDN 网络提供更好的安全性
name hostname number	
dialer string	设置用于拨叫 BRI 接口的电话号码
disable	从特权模式返回用户模式
disconnect	从原路由器断开同远程路由器的连接 dupler 设置一个接口的双工
enable	进入特权模式
enable password	设置不加密的启用口令
enable password level 1	设置用户模式口令
enable password level 15	设置启用模式口令
enable secret	设置加密的启用秘密口令。如果设置则取代启用口令。
encapsulation	在接口上设置帧类型
encapsulation frame-relay	修改帧中继串行链路上的封装类型
encapsulation frame-relay	将封装类型设置为因特网工程任务组（IETF, Internet Enginering Task Force)类型。连接 Cisco 路由器和非 Cisco 路由器。
encapuslation hdlc	恢复串行路由器的默认封装 HDLC
encapuslation isl 2	为 VLAN 2 设置 ISL 路由
encapuslation ppp	将串行链路上的封装修改为 PPP
erase starup	删除 startup-config
erase starup-config	删除路由器上的 NVRAM 的内容
Esc? B	向后移动一个字
Esc? F	向前移动一个字

路由配置就是使用上述命令，执行配置路由器接口，激活路由协议等操作。

6.6 静态路由配置

6.6.1 静态路由配置概述

由人工指定的路由称为静态路由。通过配置静态路由，用户可以人为地指定对某一网络访问时所要经过的路径，在网络结构比较简单，且一般到达某一网络所经过的路径唯一的情况下采用静态路由。

静态路由的操作可分为以下三个部分：网络管理员配置静态路由；路由器添加配置的静态路由到路由表中；路由器使用这条静态路由转发数据包。

建立静态路由的命令为：

ip route prefix mask {address | interface} [distance][tag tag][permanent]

其中 Prefix 代表所要到达的目的网络；mask 为子网掩码；address 是下一跳的 IP 地址，即相邻路由器的端口地址；interface 是本地网络接口；distance 代表管理距离（可选）；tag tag

代表 tag 值(可选);permanent 指定此路由即使该端口关掉也不被移掉。

6.6.2 静态路由配置实例

本小节以 Cisco 2600 系列路由器为例,说明标准静态路由的配置。

配置要求:PC 1 和 PC 2 通过路由器 Router 1 和 Router 2 用静态路由实现互连互通。网络结构如图 6-17 所示。

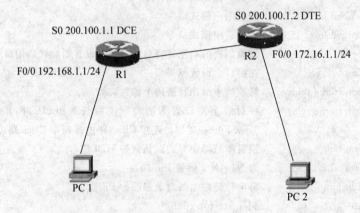

图 6-17 静态路由的配置

1. R1 配置

Router＞

Router＞enablep   //进入特权模式

Router＃config terminal   //进入全局模式

Enter configuration commands, one per line. End with CNTL/Z.

Router(config)＃host R1   //设置主机名为 R1

R1(config)＃enable password 123   //设置路由器的明文密码为 123

R1(config)＃line vty 0 4   //允许同时 5 个虚拟终端连接会话

R1(config-line)＃password 123   //设置虚拟终端登录密码

R1(config-line)＃login   //允许登录

R1(config-line)＃exit   //返回

R1(config)＃interface fastethernet 0/0   //进入端口 0/0

R1(config-if)＃ip address 192.168.1.1 255.255.255.0   //设置此端口的 IP 地址

R1(config-if)＃no shutdown   //激活此端口

%LINK-3-UPDOWN:Interface FastEthernet0/0, changed state to up

R1(config-if)＃exit   //返回

第6章 路由器配置与管理

R1(config)#interface serial 0   //进入串口 0
R1(config-if)#ip address 200.100.1.1 255.255.255.0   //设置此串口的 IP 地址
R1(config-if)#clock rate 64000   //设置时钟频率
R1(config-if)#no shutdown   //激活此端口
%LINK-3-UPDOWN：Interface Serial0，changed state to up
%LINK-3-UPDOWN：Interface Serial0，changed state to down
%LINEPROTO-5-UPDOWN：Line protocol on Interface Serial0，changed state to down
R1(config-if)#exit   //返回
R1(config)#ip route 172.16.1.0 255.255.255.0 200.100.1.2
                    //配置静态路由(到 172.16.1.0 网络的下一跳地址为 200.100.1.2)
R1(config)#end   //退出
R1#write   //保存配置
Building configuration…
[ok]

2. R2 配置

Router>
Router>enable   //进入特权模式
Router#config terminal   //进入全局模式
Enter configuration commands，one per line. End with CNTL/Z.
Router(config)#host R2   //设置主机名为 R2
R2(config)#enable password 123   //设置路由器的明文密码为 123
R2(config)#line vty 0 4   //允许同时 5 个虚拟终端连接会话
R2(config-line)#password 123   //设置虚拟终端登录密码
R2(config-line)#login   //允许登录
R2(config-line)#exit   //返回
R2(config)#interface fastethernet 0/0   //进入端口 0/0
R2(config-if)#ip address 172.16.1.1 255.255.255.0   //设置此端口的 IP 地址
R2(config-if)#no shutdown   //激活此端口
%LINK-3-UPDOWN：Interface FastEthernet0/0，changed state to up
R2(config-if)#exit   //返回
R2(config)#interface serial 0   //进入串口 0
R2(config-if)#ip address 200.100.1.2 255.255.255.0   //设置此端口的 IP 地址
R2(config-if)#no shutdown   //激活此端口
%LINK-3-UPDOWN：Interface Serial0，changed state to up
R2(config-if)#exit   //返回
R2(config)#ip route 192.168.1.0 255.255.255.0 200.100.1.1
                    //配置静态路由(到 192.168.1.0 网络的下一跳地址为 200.100.1.1)

R2(config)♯end   //退出
R2♯copy run start   //保存配置
Destination filename [startup-config]?
Building configuration…
[ok]

3. PC1 配置

设置 PC1 的 IP 地址是:192.168.1.2

子网掩码是:255.255.255.0

设置 PC1 的默认网关:192.168.1.1

4. PC2 配置

C:>ipconfig /ip 172.16.1.2 255.255.255.0   //设置 PC2 的 IP 地址

C:>ipconfig /dg 172.16.1.1   //设置 PC2 的默认网关

5. 测　试

(1) 对 PC1 测试

C:>ping 172.16.1.2   //测试 PC1 到 PC2 的连通性

Pinging 172.16.1.2 with 32 bytes of data:

Reply from 172.16.1.2:bytes=32 time=60ms TTL=241

Reply from 172.16.1.2:bytes=32 time=60ms TTL=241

Reply from 172.16.1.2:bytes=32 time=60ms TTL=241

Reply from 172.16.1.2:bytes=32 time=60ms TTL=241

Reply from 172.16.1.2:bytes=32 time=60ms TTL=241

Ping statistics for 172.16.1.2: Packets:Sent = 5, Received = 5, Lost = 0 (0% loss),

Approximate round trip times in milli-seconds:

　　Minimum = 50ms, Maximum = 60ms, Average = 55ms

C:>tracert 172.16.1.2   //追踪到 172.16.1.2 的路由

"Type escape sequence to abort."

Tracing the route to 172.16.1.2

1 192.168.1.1 0 msec 16 msec 0 msec

2 200.100.1.2 20 msec 16 msec 16 msec

3 172.16.1.2 20 msec 16 msec *

(2) 对 PC2 测试

C:>ping 192.168.1.1   //测试 PC2 到 PC1 的连通性

Pinging 192.168.1.1 with 32 bytes of data:

Reply from 192.168.1.1:bytes=32 time=60ms TTL=241

Reply from 192.168.1.1:bytes=32 time=60ms TTL=241

Reply from 192.168.1.1:bytes=32 time=60ms TTL=241

Reply from 192.168.1.1：bytes＝32 time＝60ms TTL＝241
Reply from 192.168.1.1：bytes＝32 time＝60ms TTL＝241
Ping statistics for 192.168.1.1： Packets：Sent ＝ 5，Received ＝ 5，Lost ＝ 0 (0％ loss)，
Approximate round trip times in milli-seconds：
Minimum ＝ 50ms，Maximum ＝ 60ms，Average ＝ 55ms

本 章 习 题

一、选择题

1. 以下哪些属于路由器的基本构成(   )。
   A. 两个或两个以上的接口   B. 一组路由协议
   C. 协议至少实现到网络层   D. 以上都是

2. 以下说法错误的是(   )。
   A. 路由器的输入端口是物理链路和输入包的进口处
   B. 路由器的输出端口要能支持数据链路层的封装和解封装
   C. 路由处理器计算转发表实现路由协议
   D. 以上说法都不正确

3. 如果路由器不知道如何发送分组,通常的做法是(   )。
   A. 丢弃分组   B. 转发分组
   C. 查询路由   D. 不做任何处理

4. 以下哪一项不是路由器与交换机的主要区别(   )。
   A. 工作层次不同   B. 数据转发所依据的对象不同
   C. 路由器提供了防火墙的服务   D. 交换机能分隔广播域

5. 以下哪些不是路由器的优点(   )。
   A. 适用于大规模的网络   B. 隔离不需要的通讯量
   C. 减少主机负担   D. 支持非路由协议

6. 关于路由器的分类,说法正确的是(   )。
   A. 路由器按性能档次分为高、中、低档路由器
   B. 路由器从模块上分为"模块化路由器"和"非模块化路由器"
   C. 路由器从性能上可分为"线速路由器"以及"非线速路由器"
   D. 以上说法都正确

7. 关于RJ-45接口,说法错误的是(   )。
   A. 它是双绞线以太网端口
   B. 利用RJ-45端口可以建立广域网与局域网之间连接

C. 既可以用作局域网,又可以用作广域网
D. 只能用作局域网,不能用作广域网
8. 以下命令当中哪个是在应用层验证两个主机的联通性的命令(　　)。
A. arp　　　　　　B. ping　　　　　　C. telnet　　　　　　D. traceroute
9. 以下哪一项不属于路由器的工作模式(　　)。
A. 用户模式　　　　B. 配置模式　　　　C. 特权模式　　　　D. 内核模式

二、填空题

1. 路由器具有四个要素:输入端口、输出端口、交换开关和_____。
2. 路由动作包括两项基本内容:寻径和_____。
3. 路由器的作用可以概括为:连通不同的网络和_____。
4. 第三层交换工作在 OSI 七层网络模型中的_____层。
5. 从功能上划分,可将路由器分为骨干级路由器、企业级路由器、接入级路由器和_____。
6. RJ-45 端口可分为 10Base-T 网 RJ-45 端口和_____RJ-45 端口两类。
7. 路由方式包括静态路由和_____。
8. 路由器启动时的默认工作模式是_____模式。
9. 路由协议可以分为路由选择协议和_____。

第 7 章 路由器协议配置

本章教学目标:
- 动态路由 RIP 的配置
- 动态路由 OSPF 及 PPP-chap 验证配置
- 动态路由 IGRP 的配置
- 动态路由 EIGRP 的配置
- NAT 的配置
- 访问控制列表的配置

本章的目的是通过对路由器广域网协议配置,掌握动态路由 RIP 的配置、动态路由 OSPF 及 PPP-CHAP 验证配置、动态路由 IGRP 的配置、动态路由 EIGRP 的配置、NAT 的配置、访问控制列表的配置。通过对路由的基本原理和路由协议进行研究,并以实例配置进行训练,使读者能够对各种协议进行熟练的配置。

7.1 动态路由——RIP 配置

7.1.1 RIP 配置概述

RIP 配置的有关命令如下:
- 全局设置,指定使用 RIP 协议——router rip;
- 路由设置,指定与该路由器相连的网络——network network;指定与该路由器相邻的节点地址:neighbor ip-address。

此外,还有一些监视和维护 RIP 的命令如下:
- 显示 RIP 路由数据库 show ip rip database;
- 显示 RIP debug 状态 show debugging rip;
- 显示 RIP 协议概要信息 show ip protocols rip;
- DEBUG 输出 RIP 通讯文信息 debug ip rip packet{send|receive}[detail];
- DEBUG 输出 RIP 数据事件信息 debug ip rip packet event;
- DEBUG 输出 RIP 的 RM 信息 debug ip rip packet rm。

7.1.2 RIP 配置实例

以 Cisco 2600 系列路由器为例,说明如何配置 RIP 协议。具体配置的网络拓扑图如图 7-1 所示。

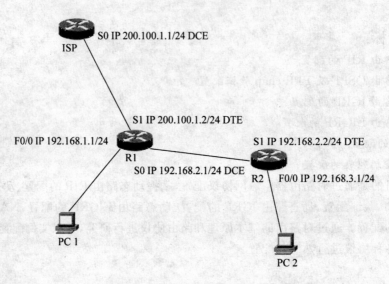

图 7-1 配置 RIP 协议拓扑图

1. ISP 配置

具体的配置首先是对 ISP 进行配置。

```
Router>en                                              //进入特权模式
Router#config t                                        //进入全局模式
Enter configuration commands, one per line. End with CNTL/Z.
Router(config)#host                                    //ISP 设置路由器的名为 ISP
ISP(config)#interface serial 0                         //进入串口 0
ISP(config-if)#ip address 200.100.1.1 255.255.255.0   //设置此串口的 IP 地址
ISP(config-if)#clock rate 64000                        //设置时钟频率
ISP(config-if)#no shutdown                             //激活此端口
%LINK-3-UPDOWN:Interface Serial0, changed state to up
ISP(config-if)#exit                                    //返回
%LINK-3-UPDOWN:Interface Serial0, changed state to down
%LINEPROTO-5-UPDOWN:Line protocol on Interface Serial0, changed state to down
ISP(config)#router rip                                 //启用 RIP 路由协议
ISP(config-router)#network 200.100.1.0                 //与该路由器直连的网段
ISP(config-router)#end                                 //退出
```

第7章 路由器协议配置

ISP#write   //保存
Building configuration…
[OK]

2. R1 配置

Router>en   //进入特权配置模式
Router#config t   //进入全局配置模式
Enter configuration commands, one per line. End with CNTL/Z.
Router(config)#host R1   //设置路由器名为 R1
R1(config)#interface serial 1   //进入串口 1
R1(config-if)#ip address 200.100.1.2 255.255.255.0   //设置串口 1 的 IP 地址
R1(config-if)#no shutdown   //激活此端口
%LINK-3-UPDOWN: Interface Serial1, changed state to up
R1(config-if)#exit   //返回
R1(config)#interface fastethernet 0/0   //进入快速以太网 0/0 端口
R1(config-if)#ip address 192.167.1.1 255.255.255.0   //设置此端口的 IP 地址
R1(config-if)#no shutdown   //激活此端口
%LINK-3-UPDOWN: Interface FastEthernet0/0, changed state to up
R1(config-if)#exit   //返回
R1(config)#interface serial 0   //进入串口 0
R1(config-if)#ip address 192.167.2.1 255.255.255.0   //设置此串口 0 的 IP 地址
R1(config-if)#clock rate 64000   //设置时钟频率
R1(config-if)#no shutdown   //激活此端口
%LINK-3-UPDOWN: Interface Serial0, changed state to up
R1(config-if)#exit   //返回
R1(config)#router rip   //启用 RIP 路由协议
%LINK-3-UPDOWN: Interface Serial0, changed state to down
%LINEPROTO-5-UPDOWN: Line protocol on Interface Serial0, changed state to down
R1(config-router)#network 200.100.1.0   //与此路由器直连的网络
R1(config-router)#network 192.167.1.0   //与此路由器直连的网络
R1(config-router)#network 192.167.2.0   //与此路由器直连的网络
R1(config-router)#exit   //返回
R1(config)#ip route 0.0.0.0 0.0.0.0 200.100.1.1   //设置默认路由
R1(config)#end   //退出
R1#write   //保存
Building configuration…
[OK]

3. R2 配置

Router>en   //进入特权配置模式

```
Router#config t                                      //进入全局配置模式
Enter configuration commands, one per line. End with CNTL/Z.
Router(config)#host R2                               //设置路由器名为 R2
R2(config)#interface serial 1                        //进入串口 1
R2(config-if)#ip address 192.167.2.2 255.255.255.0   //设置此串口的 IP 地址
R2(config-if)#no shutdown                            //激活此端口
%LINK-3-UPDOWN：Interface Serial1, changed state to up
R2(config-if)#exit                                   //返回
R2(config)#interface fastethernet 0/0                //进入快速以太网 0/0 端口
R2(config-if)#ip address 192.167.3.1 255.255.255.0   //设置此端口的 IP 地址
R2(config-if)#no shutdown                            //激活此端口
%LINK-3-UPDOWN：Interface FastEthernet0/0, changed state to up
R2(config-if)#exit                                   //返回
R2(config)#router rip                                //启动 RIP 路由协议
R2(config-router)#network 192.167.2.0                //与此路由器直连的网络
R2(config-router)#network 192.167.3.0                //与此路由器直连的网络
R2(config-router)#exit                               //返回
R2(config)#ip route 0.0.0.0 0.0.0.0 192.167.2.1      //设置默认路由
R2(config)#end                                       //退出
R2#write                                             //保存
Building configuration…
[OK]
```

4. 对 PC 的设置

(1) PC1 的设置

设置 PC1 的 IP 地址是：ipconfig /ip 192.167.1.2 255.255.255.0。

设置 PC1 的默认网关是：ipconfig /dg 192.167.1.1。

(2) PC2 的设置

设置 PC2 的 IP 地址是：ipconfig /ip 192.167.3.2 255.255.255.0。

设置 PC2 的默认网关是：ipconfig /dg 192.167.3.1。

5. 在各路由器上查看路由信息

(1) 查看 ISP 路由信息

```
ISP#show ip route                                    //查看路由信息
Codes:C - connected, S - static, I - IGRP, R - RIP, M - mobile, B - BGP
      D - EIGRP, EX - EIGRP external, O - OSPF, IA - OSPF inter area
      E1 - OSPF external type 1, E2 - OSPF external type 2, E - EGP
      i - IS-IS, L1 - IS-IS level-1, L2 - IS-IS level-2, * - candidate default
```

U - per-user static route

Gateway of last resort is not set

C　　200.100.1.0 is directly connected, Serial0

R　　192.167.2.0 [120/1] via 200.100.1.2, 00:07:40, Serial0

R　　192.167.3.0 [120/2] via 200.100.1.2, 00:03:25, Serial0

R　　192.167.1.0 [120/1] via 200.100.1.2, 00:02:31, Serial0

(2) 查看 R1 路由信息

R1#show ip route　　　　　　　　　　　　　　　//查看路由信息

Codes:C - connected, S - static, I - IGRP, R - RIP, M - mobile, B - BGP

　　　D - EIGRP, EX - EIGRP external, O - OSPF, IA - OSPF inter area

　　　E1 - OSPF external type 1, E2 - OSPF external type 2, E - EGP

　　　i - IS-IS, L1 - IS-IS level-1, L2 - IS-IS level-2, * - candidate default

　　　U - per-user static route

Gateway of last resort is to network 0.0.0.0

C　　200.100.1.0 is directly connected, Serial1

S*　 0.0.0.0 [1/0] via 200.100.1.1

C　　192.167.2.0 is directly connected, Serial0

R　　192.167.3.0 [120/1] via 192.167.2.2, 00:04:44, Serial0

C　　192.167.1.0 is directly connected, FastEthernet0/0

(3) 查看 R2 路由信息

R2#show ip route　　　　　　　　　　　　　　　//查看路由信息

Codes:C - connected, S - static, I - IGRP, R - RIP, M - mobile, B - BGP

　　　D - EIGRP, EX - EIGRP external, O - OSPF, IA - OSPF inter area

　　　E1 - OSPF external type 1, E2 - OSPF external type 2, E - EGP

　　　i - IS-IS, L1 - IS-IS level-1, L2 - IS-IS level-2, * - candidate default

　　　U - per-user static route

Gateway of last resort is to network 0.0.0.0

C　　192.167.2.0 is directly connected, Serial1

C　　192.167.3.0 is directly connected, FastEthernet0/0

R　　200.100.1.0 [120/1] via 192.167.2.1, 00:05:35, Serial1

S*　 0.0.0.0 [1/0] via 192.167.2.1

R　　192.167.1.0 [120/1] via 192.167.2.1, 00:03:26, Serial1

6. 对 PC 进行测试

(1) 测试 PC1 结果

C:>Ping 192.167.3.2

Pinging 192.167.3.2 with 32 bytes of data:

Reply from 192.167.3.2：bytes＝32 time＝60ms TTL＝241
Reply from 192.167.3.2：bytes＝32 time＝60ms TTL＝241
Reply from 192.167.3.2：bytes＝32 time＝60ms TTL＝241
Reply from 192.167.3.2：bytes＝32 time＝60ms TTL＝241
Reply from 192.167.3.2：bytes＝32 time＝60ms TTL＝241
Ping statistics for 192.167.3.2：　　Packets：Sent ＝ 5，Received ＝ 5，Lost ＝ 0（0％ loss），
Approximate round trip times in milli-seconds：
Minimum ＝ 50ms，Maximum ＝ 60ms，Average ＝ 55ms
C:＞ping 200.100.1.1
  Pinging 200.100.1.1 with 32 bytes of data：
  Reply from 200.100.1.1：bytes＝32 time＝60ms TTL＝241
  ⋮
  Reply from 200.100.1.1：bytes＝32 time＝60ms TTL＝241
  Ping statistics for 200.100.1.1：　Packets：Sent ＝ 5，Received ＝ 5，Lost ＝ 0（0％ loss），
  Approximate round trip times in milli-seconds：
    Minimum ＝ 50ms，Maximum ＝ 60ms，Average ＝ 55ms
C:＞tracert 200.100.1.1　　　　　　　　　　//跟踪路由
  "Type escape sequence to abort."
  Tracing the route to 200.100.1.1
  1 192.167.1.1 0 msec 16 msec 0 msec
  2 200.100.1.1 20 msec 16 msec ＊
C:＞tracert 192.167.3.2　　　　　　　　　　//跟踪路由
  "Type escape sequence to abort."
  Tracing the route to 192.167.3.2
  1 192.167.1.1 0 msec 16 msec 0 msec
  2 192.167.2.2 20 msec 16 msec 16 msec
  3 192.167.3.2 20 msec 16 msec ＊

（2）测试 PC2 结果

  C:＞ping 192.167.1.2
Pinging 192.167.1.2 with 32 bytes of data：
Reply from 192.167.1.2：bytes＝32 time＝60ms TTL＝241
⋮
Reply from 192.167.1.2：bytes＝32 time＝60ms TTL＝241
Ping statistics for 192.167.1.2：　　Packets：Sent ＝ 5，Received ＝ 5，Lost ＝ 0（0％ loss），
Approximate round trip times in milli-seconds：
  Minimum ＝ 50ms，Maximum ＝ 60ms，Average ＝ 55ms
C:＞ping 200.100.1.1

Pinging 200.100.1.1 with 32 bytes of data:
Reply from 200.100.1.1: bytes=32 time=60ms TTL=241
⋮
Reply from 200.100.1.1: bytes=32 time=60ms TTL=241
Ping statistics for 200.100.1.1: Packets: Sent = 5, Received = 5, Lost = 0 (0% loss),
Approximate round trip times in milli-seconds:
　　Minimum = 50ms, Maximum = 60ms, Average = 55ms
C:>tracert 192.167.1.2　　　　　　　　//跟踪路由
"Type escape sequence to abort."
Tracing the route to 192.167.1.2
1 192.167.3.1 0 msec 16 msec 0 msec
2 192.167.2.1 20 msec 16 msec 16 msec
3 192.167.1.2 20 msec 16 msec *
C:>tracert 200.100.1.1　　　　　　　　//跟踪路由
"Type escape sequence to abort."
Tracing the route to 200.100.1.1
1 192.167.3.1 0 msec 16 msec 0 msec
2 192.167.2.1 20 msec 16 msec 16 msec
3 200.100.1.1 20 msec 16 msec *

7.2 动态路由 IGRP 配置

7.2.1 IGRP 配置概述

　　IGRP(Interior Gateway Routing Protocol)是 20 世纪 80 年代中期由 Cisco 公司开发的路由协议,Cisco 创建 IGRP 的主要目的是为 AS 内的路由提供一种健壮的协议。最流行的 AS 内的路由协议是 RIP。虽然 RIP 对于在小到中型的同类网络中非常有用,但随着网络的发展,其限制越来越显著,特别是 RIP 很小的跳数限制(16)制约了网络的规模,且其单一的 metric(跳数)在复杂的环境中很不灵活。Cisco 路由器的普及和 IGRP 的健壮性使许多拥有大型网络的组织用 IGRP 代替 RIP。Cisco 最初的 IGRP 实现工作在 IP 网络上,但是 IGRP 是设计用于任何网络环境中的,Cisco 很快就把它移植运行于 OSI 的 CLNP 网络。

　　缺省情况下,IGRP 每 90 s 发送一次路由更新广播,在 3 个更新周期内(即 270 s),没有从路由中的第一个路由器接收到更新,则宣布路由不可访问。在 7 个更新周期即 630 s 后,Cisco IOS 软件从路由表中清除路由。

　　配置 IGRP 有关命令包括:

(1) 启动 IGRP 路由协议,在全局设置模式下

router igrp 自治域号

(同一自治域内的路由器才能交换路由信息)

(2) 本路由器参加动态路由的子网

network 子网号

(IGRP 只是将由 network 指定的子网在各端口中进行传送以交换路由信息,如果不指定子网,则路由器不会将该子网广播给其他路由器)

(3) 指定某路由器所知的 IGRP 路由信息广播给那些与其相邻接的路由器

neighbor 邻接路由器的相邻端口 IP 地址

(IGRP 是一个广播型协议,为了使 IGRP 路由信息能在非广播型网络中传输,必须使用该设置,以允许路由器间在非广播型网络中交换路由信息,广播型网络如以太网无须设置此项)

以上为 IGRP 的基本设置,通过该设置,路由器已能完全通过 IGRP 进行路由信息交换。除此之外,还有一些其他命令用以对 IGRP 进行其他控制:

(4) 不允许某个端口发送 IGRP 路由信息

passive-interface 端口号

(一般地,在以太网上只有一台路由器时,IGRP 广播没有任何意义,且浪费带宽,完全可以将其过滤掉)

(5) 负载平衡设置

IGRP 可以在两个进行 IP 通讯的设备间同时启用四条线路,且任何一条路径断掉都不会影响其他路径的传输,当两条路径或多条路径的 metric 相同或在一定的范围内,就可以启动平衡功能。包含两个基本命令:

➤ 设置是否使用负载平衡功能

traffic-share balanced 或 min

(balanced 表示启用负载平衡,min 表示不启用负载平衡,只走最优路径。)

➤ 设置路径间的 metric 相差多大时,可以在路径间启用负载平衡

variance metric 差值

(缺省值为 1,表示只有两条路径 metric 相同时才能在两条路径上启用负载平衡。)

7.2.2 IGRP 配置实例

对于 IGRP 配置,其拓扑图如图 7-1 所示,具体路由器和 PC 设置见图。具体的配置首先是对 ISP 进行配置。

1. ISP 配置

Router(config)# host ISP   //设置路由器的名为 ISP

```
ISP(config)#interface serial 0                              //进入串口 0
ISP(config-if)#ip address 200.100.1.1 255.255.255.0         //设置此串口的 IP 地址
ISP(config-if)#clock rate 64000                             //设置时钟频率
ISP(config-if)#no shutdown                                  //激活此端口
%LINK-3-UPDOWN：Interface Serial0，changed state to up
ISP(config-if)#exit                                         //返回
%LINK-3-UPDOWN：Interface Serial0，changed state to down
%LINEPROTO-5-UPDOWN：Line protocol on Interface Serial0，changed state to down
ISP(config)#router igrp 10                                  //启用 igrp 路由协议（10 为自治系统编号）
ISP(config-router)#network 200.100.1.0
[OK]ISP(config-router)#end                                  //退出
ISP#write                                                   //保存
Building configuration…
[OK]
```

2. R1 配置

```
Router(config)#host R1                                      //设置路由器名为 R1
R1(config)#interface serial 1                               //进入串口 1
R1(config-if)#ip address 200.100.1.2 255.255.255.0          //设置串口 1 的 IP 地址
R1(config-if)#no shutdown                                   //激活此端口
%LINK-3-UPDOWN：Interface Serial1，changed state to up
R1(config-if)#exit                                          //返回
R1(config)#interface fastethernet 0/0                       //进入快速以太网 0/0 端口
R1(config-if)#ip address 192.167.1.1 255.255.255.0          //设置此端口的 IP 地址
R1(config-if)#no shutdown                                   //激活此端口
%LINK-3-UPDOWN：Interface FastEthernet0/0，changed state to up
R1(config-if)#exit                                          //返回
R1(config)#interface serial 0                               //进入串口 0
R1(config-if)#ip address 192.167.2.1 255.255.255.0          //设置此串口 0 的 IP 地址
R1(config-if)#clock rate 64000                              //设置时钟频率
R1(config-if)#no shutdown                                   //激活此端口
R1(config-if)#exit                                          //返回
R1(config)#router igrp 10                                   //启用 igrp 路由协议（10 为自治系统编号）
R1(config-router)#network 200.100.1.0
R1(config-router)#network 192.167.1.0
R1(config-router)#network 192.167.2.0
R1(config-router)#exit
R1(config)#ip route 0.0.0.0 0.0.0.0 200.100.1.1             //设置默认路由
```

R1(config)#end   //退出
R1#write   //保存
Building configuration
[OK]

3. R2 配置

Router(config)#host R2   //设置路由器名为 R2
R2(config)#interface serial 1   //进入串口 1
R2(config-if)#ip address 192.167.2.2 255.255.255.0   //设置此串口的 IP 地址
R2(config-if)#no shutdown   //激活此端口
%LINK-3-UPDOWN：Interface Serial1，changed state to up
R2(config-if)#exit   //返回
R2(config)#interface fastethernet 0/0   //进入快速以太网 0/0 端口
R2(config-if)#ip address 192.167.3.1 255.255.255.0   //设置此端口的 IP 地址
R2(config-if)#no shutdown 激活此端口
%LINK-3-UPDOWN：Interface FastEthernet0/0，changed state to up
R2(config-if)#exit   //返回
R2(config)#router igrp 10   //启用 igrp 路由协议（10 为自治系统编号）
R2(config-router)#network 192.167.2.0
R2(config-router)#network 192.167.3.0
R2(config-router)#exit
R2(config)#ip route 0.0.0.0 0.0.0.0 192.167.2.1   //设置默认路由
R2(config)#end   //退出
R2#write   //保存
Building configuration…
[OK]

4. PC 设置

(1) PC1 设置

设置 PC1 的 IP 地址是：192.167.1.2 255.255.255.0
设置 PC1 的默认网关是：ipconfig /dg 192.167.1.1

(2) PC2 设置

设置 PC2 的 IP 地址是：ipconfig /ip 192.167.3.2 255.255.255.0
设置 PC2 的默认网关是：ipconfig /dg 192.167.3.1

5. 在各路由器上查看路由信息

(1) 查看 ISP 的路由信息

ISP#show ip route   //查看路由信息
Codes：C - connected，S - static，I - IGRP，R - RIP，M - mobile，B - BGP

D - EIGRP, EX - EIGRP external, O - OSPF, IA - OSPF inter area
E1 - OSPF external type 1, E2 - OSPF external type 2, E - EGP
i - IS-IS, L1 - IS-IS level-1, L2 - IS-IS level-2, * - candidate default
U - per-user static route

Gateway of last resort is not set

C   200.100.1.0 is directly connected, Serial0
I   192.167.1.0 [100/651] via 200.100.1.2, 00:09:18, Serial0
I   192.167.2.0 [100/651] via 200.100.1.2, 00:07:35, Serial0
I   192.167.3.0 [100/1040] via 200.100.1.2, 00:07:17, Serial0
ISP#

(2) 查看 R1 路由信息

R1# show ip route   //查看路由信息
Codes: C - connected, S - static, I - IGRP, R - RIP, M - mobile, B - BGP
       D - EIGRP, EX - EIGRP external, O - OSPF, IA - OSPF inter area
       E1 - OSPF external type 1, E2 - OSPF external type 2, E - EGP
       i - IS-IS, L1 - IS-IS level-1, L2 - IS-IS level-2, * - candidate default
       U - per-user static route

Gateway of last resort is to network 0.0.0.0

C   200.100.1.0 is directly connected, Serial1
C   192.167.1.0 is directly connected, FastEthernet0/0
S   0.0.0.0 [1/0] via 200.100.1.1
C   192.167.2.0 is directly connected, Serial0
I   192.167.3.0 [100/651] via 192.167.2.2, 00:07:25, Serial0

(3) 查看 R2 路由信息

R2# show ip route   //查看路由信息
Codes: C - connected, S - static, I - IGRP, R - RIP, M - mobile, B - BGP
       D - EIGRP, EX - EIGRP external, O - OSPF, IA - OSPF inter area
       E1 - OSPF external type 1, E2 - OSPF external type 2, E - EGP
       i - IS-IS, L1 - IS-IS level-1, L2 - IS-IS level-2, * - candidate default
       U - per-user static route

Gateway of last resort is to network 0.0.0.0

C   192.167.2.0 is directly connected, Serial1
C   192.167.3.0 is directly connected, FastEthernet0/0
S*   0.0.0.0 [1/0] via 192.167.2.1
I   200.100.1.0 [100/651] via 192.167.2.1, 00:05:41, Serial1
I   192.167.1.0 [100/651] via 192.167.2.1, 00:03:36, Serial1

7.2.3 配置测试

(1) 测试 PC1

C:＞Ping 192.167.3.2

Pinging 192.167.3.2 with 32 bytes of data:

Reply from 192.167.3.2: bytes=32 time=60ms TTL=241

⋮

Reply from 192.167.3.2: bytes=32 time=60ms TTL=241

Ping statistics for 192.167.3.2: Packets: Sent = 5, Received = 5, Lost = 0 (0% loss),

Approximate round trip times in milli-seconds:

　　Minimum = 50ms, Maximum = 60ms, Average = 55ms

C:＞ping 200.100.1.1

Pinging 200.100.1.1 with 32 bytes of data:

Reply from 200.100.1.1: bytes=32 time=60ms TTL=241

⋮

Reply from 200.100.1.1: bytes=32 time=60ms TTL=241

Ping statistics for 200.100.1.1: Packets: Sent = 5, Received = 5, Lost = 0 (0% loss),

Approximate round trip times in milli-seconds:

　　Minimum = 50ms, Maximum = 60ms, Average = 55ms

C:＞tracert 200.100.1.1　　　　　　　　//跟踪路由

"Type escape sequence to abort."

Tracing the route to 200.100.1.1

1 192.167.1.1 0 msec 16 msec 0 msec

2 200.100.1.1 20 msec 16 msec *

C:＞tracert 192.167.3.2　　　　　　　　//跟踪路由

"Type escape sequence to abort."

Tracing the route to 192.167.3.2

1 192.167.1.1 0 msec 16 msec 0 msec

2 192.167.2.2 20 msec 16 msec 16 msec

3 192.167.3.2 20 msec 16 msec *

(2) 测试 PC2

C:＞ping 192.167.1.2

Pinging 192.167.1.2 with 32 bytes of data:

Reply from 192.167.1.2: bytes=32 time=60ms TTL=241

⋮

Reply from 192.167.1.2: bytes=32 time=60ms TTL=241

Ping statistics for 192.167.1.2: Packets: Sent = 5, Received = 5, Lost = 0 (0% loss),

Approximate round trip times in milli-seconds:

Minimum = 50ms, Maximum = 60ms, Average = 55ms

C:>ping 200.100.1.1

Pinging 200.100.1.1 with 32 bytes of data:

Reply from 200.100.1.1: bytes=32 time=60ms TTL=241

Reply from 200.100.1.1: bytes=32 time=60ms TTL=241

Reply from 200.100.1.1: bytes=32 time=60ms TTL=241

Reply from 200.100.1.1: bytes=32 time=60ms TTL=241

Reply from 200.100.1.1: bytes=32 time=60ms TTL=241

Ping statistics for 200.100.1.1: Packets: Sent = 5, Received = 5, Lost = 0 (0% loss),

Approximate round trip times in milli-seconds:

Minimum = 50ms, Maximum = 60ms, Average = 55ms

C:>tracert 192.167.1.2   //跟踪路由

"Type escape sequence to abort."

Tracing the route to 192.167.1.2

1 192.167.3.1 0 msec 16 msec 0 msec

2 192.167.2.1 20 msec 16 msec 16 msec

3 192.167.1.2 20 msec 16 msec *

C:>tracert 200.100.1.1   //跟踪路由

"Type escape sequence to abort."

Tracing the route to 200.100.1.1

1 192.167.3.1 0 msec 16 msec 0 msec

2 192.167.2.1 20 msec 16 msec 16 msec

3 200.100.1.1 20 msec 16 msec *

7.3 动态路由 EIGRP 配置

7.3.1 EIGRP 概述

EIGRP 和早期的 IGRP 协议都是由 Cisco 发明，是基于距离向量算法的动态路由协议，EIGRP（Enhanced Interior Gateway Routing Protocol）是增强版的 IGRP 协议，它属于动态内部网关路由协议，仍然使用矢量—距离算法。但它的实现比 IGRP 已经有很大改进，其收敛特性和操作效率比 IGRP 有显著的提高。

EIGRP 的收敛特性基于 DUAL（Distributed Update Algorithm）算法，DUAL 算法使得路径在路由计算中根本不可能形成环路，它的收敛时间可以与已存在的其他任何路由协议相匹敌。

EIGRP 协议主要具有如下特点：

① 精确的路由计算和多路由的支持。EIGRP 协议继承了 IGRP 协议的最大优点：矢量路由权。EIGRP 协议在路由计算中要对网络带宽、网络延时、信道占用率、信道可信度等因素作综合考虑，所以 EIGRP 的路由计算更为准确，更能反映网络的实际情况。同时 EIGRP 协议支持多路由，使路由器可以按照不同的路径进行负载分担。

② 较少的带宽占用。使用 EIGRP 协议的对等路由器之间周期性的发送很小的 hello 报文，以此来保证从前发送报文的有效性。路由的发送使用增量发送方法，即每次只发送发生变化的路由。发送的路由更新报文采用可靠传输，如果没有收到确认信息则重新发送，直至确认。EIGRP 还可以对发送的 EIGRP 报文进行控制，减少 EIGRP 报文对接口带宽的占用率，从而避免连续大量发送路由报文而影响正常数据业务的情况发生。

③ 无环路由和较快的收敛速度。路由计算的无环路和路由的收敛速度是路由计算的重要指标。EIGRP 协议由于使用了 DUAL 算法，使得 EIGRP 协议在路由计算中不可能有环路路由产生，同时路由计算的收敛时间也有很好的保证。因为，DUAL 算法使得 EIGRP 在路由计算时，只会对发生变化的路由进行重新计算；对一条路由，也只有此路由影响的路由器才会介入路由的重新计算。

④ MD5 认证。为确保路由获得的正确性，运行 EIGRP 协议进程的路由器之间可以配置 MD5 认证，对不符合认证的报文丢弃不理，从而确保路由获得的安全。

⑤ 任意掩码长度的路由聚合。EIGRP 协议可以通过配置，对所有的 EIGRP 路由进行任意掩码长度的路由聚合，从而减少路由信息传输，节省带宽。

⑥ 同一目的但优先级的路由可实现负载分担。去往同一目的的路由表项，可根据接口的速率、连接质量、可靠性等属性，自动生成路由优先级，报文发送时可根据这些信息自动匹配接口的流量，达到几个接口负载分担的目的。

⑦ 协议配置简单。使用 EIGRP 协议组建网络，路由器配置非常简单，它没有复杂的区域设置，也无须针对不同网络接口类型实施不同的配置方法。使用 EIGRP 协议只需使用 router eigrp 命令在路由器上启动 EIGRP 路由进程，然后再使用 network 命令使能网络范围内的接口即可。

IGRP 是一种距离向量型的内部网关协议（IGP）。距离向量路由协议要求每个路由器以规则的时间间隔向其相邻的路由器发送其路由表的全部或部分。随着路由信息在网络上扩散，路由器就可以计算到所有节点的距离。

IGRP 使用一组 metric 的组合（向量），网络延迟、带宽、可靠性和负载都被用于路由选择，网管可以为每种 metric 设置权值,IGRP 可以用管理员设置的或缺省的权值来自动计算最佳路由。IGRP 为其 metric 提供了较宽的值域。例如,可靠性和负载可在 1~255 之间取值;带宽值域为 1 200 bps 到 10 Gbps;延迟可取值 1 到 24。宽的值域可以提供满意的 metric 设置,更重要的是,metric 各组件以用户定义的算法结合,因此,网管可以以直观的方式影响路由选择。

为了提供更多的灵活性,IGRP 允许多路径路由。两条等带宽线路可以以循环(round-robin)方式支持一条通讯流,当一条线路断掉时自动切换到第二条线路。此外,即使各条路的 metric 不同也可以使用多路径路由。例如,如果一条路径比另一条好三倍,它将以三倍使用率运行。只有具有一定范围内的最佳路径 metric 值的路由才用作多路径路由。

以 Cisco 2600 系列路由器为例,说明动态路由协议 EIGRP 的配置。在示例中,两台 PC 所在的网段,通过两台使用 RIP V1 协议的路由器实现互连互通。如图 7-2 所示。

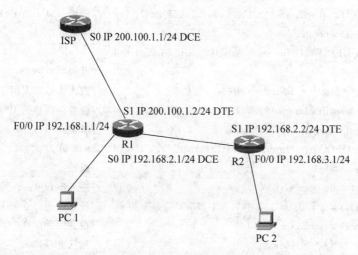

图 7-2 IGRP 配置图

7.3.2 配置环境

1. 具体步骤

(1) ISP 配置

```
Router(config)# host ISP                                //设置路由器的名为 ISP
ISP(config)# interface serial 0                         //进入串口 0
ISP(config-if)# ip address 200.100.1.1 255.255.255.0    //设置此串口的 IP 地址
ISP(config-if)# clock rate 64000                        //设置时钟频率
ISP(config-if)# no shutdown                             //激活此端口
%LINK-3-UPDOWN: Interface Serial0, changed state to up
```

ISP(config-if)# exit   //返回
%LINK-3-UPDOWN：Interface Serial0，changed state to down
%LINEPROTO-5-UPDOWN：Line protocol on Interface Serial0，changed state to down
ISP(config)# router eigrp 10   //启用 eigrp 路由协议（10 为自治系统编号）
ISP(config-router)# network 200.100.1.0
[OK]ISP(config-router)# end   //退出
ISP# write   //保存
Building configuration…
[OK]

(2) R1 配置

Router(config)# host R1   //设置路由器名为 R1
R1(config)# interface serial 1   //进入串口 1
R1(config-if)# ip address 200.100.1.2 255.255.255.0   //设置串口 1 的 IP 地址
R1(config-if)# no shutdown   //激活此端口
%LINK-3-UPDOWN：Interface Serial1，changed state to up
R1(config-if)# exit   //返回
R1(config)# interface fastethernet 0/0   //进入快速以太网 0/0 端口
R1(config-if)# ip address 192.167.1.1 255.255.255.0   //设置此端口的 IP 地址
R1(config-if)# no shutdown   //激活此端口
%LINK-3-UPDOWN：Interface FastEthernet0/0，changed state to up
R1(config-if)# exit   //返回
R1(config)# interface serial 0   //进入串口 0
R1(config-if)# ip address 192.167.2.1 255.255.255.0   //设置此串口 0 的 IP 地址
R1(config-if)# clock rate 64000   //设置时钟频率
R1(config-if)# no shutdown   //激活此端口
%LINK-3-UPDOWN：Interface Serial0，changed state to up
%LINK-3-UPDOWN：Interface Serial0，changed state to down
%LINEPROTO-5-UPDOWN：Line protocol on Interface Serial0，changed state to down
R1(config-if)# exit   //返回
R1(config)# router eigrp 10   //启用 eigrp 路由协议（10 为自治系统编号）
R1(config-router)# network 200.100.1.0
R1(config-router)# network 192.167.1.0
R1(config-router)# network 192.167.2.0
R1(config-router)# exit
R1(config)# ip route 0.0.0.0 0.0.0.0 200.100.1.1   //设置默认路由
R1(config)# end   //退出
R1# write   //保存

Building configuration…
[OK]

(3) R2 配置

```
Router＞en                                          //进入特权配置模式
Router#config t                                     //进入全局配置模式
Enter configuration commands, one per line. End with CNTL/Z.
Router(config)#host R2                              //设置路由器名为 R2
R2(config)#interface serial 1                       //进入串口 1
R2(config-if)#ip address 192.167.2.2 255.255.255.0  //设置此串口的 IP 地址
R2(config-if)#no shutdown                           //激活此端口
%LINK-3-UPDOWN：Interface Serial1, changed state to up
R2(config-if)#exit                                  //返回
R2(config)#interface fastethernet 0/0               //进入快速以太网 0/0 端口
R2(config-if)#ip address 192.167.3.1 255.255.255.0  //设置此端口的 IP 地址
R2(config-if)#no shutdown                           //激活此端口
%LINK-3-UPDOWN：Interface FastEthernet0/0, changed state to up
R2(config-if)#exit                                  //返回
R2(config)#router eigrp 10                          //启用 eigrp 路由协议（10 为自治系统编号）
R2(config-router)#network 192.167.2.0
R2(config-router)#network 192.167.3.0
R2(config-router)#exit
R2(config)#ip route 0.0.0.0 0.0.0.0 192.167.2.1     //设置默认路由
R2(config)#end                                      //退出
R2#write                                            //保存
Building configuration…
[OK]
```

(4) PC1 配置

设置 PC1 的 IP 地址是：192.167.1.2 255.255.255.0
设置 PC1 的默认网关是：ipconfig /dg 192.167.1.1

(5) PC2 配置

设置 PC2 的 IP 地址是：192.167.3.2 255.255.255.0
设置 PC2 的默认网关是：192.167.3.1

2. 在各路由器上查看路由信息

(1) 查看 ISP 路由信息

```
ISP#show ip route                                   //查看路由信息
Codes：C - connected, S - static, I - IGRP, R - RIP, M - mobile, B - BGP
```

```
         D - EIGRP, EX - EIGRP external, O - OSPF, IA - OSPF inter area
         E1 - OSPF external type 1, E2 - OSPF external type 2, E - EGP
         i - IS-IS, L1 - IS-IS level-1, L2 - IS-IS level-2, * - candidate default
         U - per-user static route

Gateway of last resort is not set

    C    200.100.1.0 is directly connected, Serial0
    D    192.167.1.0 [90/1628160] via 200.100.1.2, 00:14:20, Serial0
    D    192.167.2.0 [90/1628160] via 200.100.1.2, 00:13:45, Serial0
    D    192.167.3.0 [90/2455040] via 200.100.1.2, 00:11:20, Serial0
```

(2) 查看R1路由信息

```
R1#show ip route                                    //查看路由信息
Codes: C - connected, S - static, I - IGRP, R - RIP, M - mobile, B - BGP
       D - EIGRP, EX - EIGRP external, O - OSPF, IA - OSPF inter area
       E1 - OSPF external type 1, E2 - OSPF external type 2, E - EGP
       i - IS-IS, L1 - IS-IS level-1, L2 - IS-IS level-2, * - candidate default
       U - per-user static route

Gateway of last resort is to network 0.0.0.0

    C    200.100.1.0 is directly connected, Serial1
    C    192.167.1.0 is directly connected, FastEthernet0/0
    S*   0.0.0.0 [1/0] via 200.100.1.1
    C    192.167.2.0 is directly connected, Serial0
    D    192.167.3.0 [90/1628160] via 192.167.2.2, 00:13:51, Serial0
```

(3) 查看R2路由信息

```
R2#show ip route                                    //查看路由信息
Codes: C - connected, S - static, I - IGRP, R - RIP, M - mobile, B - BGP
       D - EIGRP, EX - EIGRP external, O - OSPF, IA - OSPF inter area
       E1 - OSPF external type 1, E2 - OSPF external type 2, E - EGP
       i - IS-IS, L1 - IS-IS level-1, L2 - IS-IS level-2, * - candidate default
       U - per-user static route

Gateway of last resort is to network 0.0.0.0

    C    192.167.2.0 is directly connected, Serial1
    C    192.167.3.0 is directly connected, FastEthernet0/0
    D    200.100.1.0 [90/1628160] via 192.167.2.1, 00:14:41, Serial1
    D    192.167.1.0 [90/1628160] via 192.167.2.1, 00:14:41, Serial1
    S*   0.0.0.0 [1/0] via 192.167.2.1
```

7.3.3 配置测试

1. 测试 PC1 结果

C:>Ping 192.167.3.2

Pinging 192.167.3.2 with 32 bytes of data:

Reply from 192.167.3.2: bytes=32 time=60ms TTL=241

Reply from 192.167.3.2: bytes=32 time=60ms TTL=241

Reply from 192.167.3.2: bytes=32 time=60ms TTL=241

Reply from 192.167.3.2: bytes=32 time=60ms TTL=241

Reply from 192.167.3.2: bytes=32 time=60ms TTL=241

Ping statistics for 192.167.3.2: Packets: Sent = 5, Received = 5, Lost = 0 (0% loss),

Approximate round trip times in milli-seconds:

    Minimum = 50ms, Maximum = 60ms, Average = 55ms

C:>ping 200.100.1.1

Pinging 200.100.1.1 with 32 bytes of data:

Reply from 200.100.1.1: bytes=32 time=60ms TTL=241

Reply from 200.100.1.1: bytes=32 time=60ms TTL=241

Reply from 200.100.1.1: bytes=32 time=60ms TTL=241

Reply from 200.100.1.1: bytes=32 time=60ms TTL=241

Reply from 200.100.1.1: bytes=32 time=60ms TTL=241

Ping statistics for 200.100.1.1: Packets: Sent = 5, Received = 5, Lost = 0 (0% loss),

Approximate round trip times in milli-seconds:

    Minimum = 50ms, Maximum = 60ms, Average = 55ms

C:>tracert 200.100.1.1   //跟踪路由

"Type escape sequence to abort."

Tracing the route to 200.100.1.1

1 192.167.1.1 0 msec 16 msec 0 msec

2 200.100.1.1 20 msec 16 msec *

C:>tracert 192.167.3.2   //跟踪路由

"Type escape sequence to abort."

Tracing the route to 192.167.3.2

1 192.167.1.1 0 msec 16 msec 0 msec

2 192.167.2.2 20 msec 16 msec 16 msec

3 192.167.3.2 20 msec 16 msec *

2. 测试 PC2 结果

C:＞ping 192.167.1.2

Pinging 192.167.1.2 with 32 bytes of data：

Reply from 192.167.1.2：bytes＝32 time＝60ms TTL＝241

Reply from 192.167.1.2：bytes＝32 time＝60ms TTL＝241

Reply from 192.167.1.2：bytes＝32 time＝60ms TTL＝241

Reply from 192.167.1.2：bytes＝32 time＝60ms TTL＝241

Reply from 192.167.1.2：bytes＝32 time＝60ms TTL＝241

Ping statistics for 192.167.1.2：Packets：Sent ＝ 5，Received ＝ 5，Lost ＝ 0 (0％ loss)，

Approximate round trip times in milli-seconds：

　　Minimum ＝ 50ms，Maximum ＝ 60ms，Average ＝ 55ms

C:＞ping 200.100.1.1

Pinging 200.100.1.1 with 32 bytes of data：

Reply from 200.100.1.1：bytes＝32 time＝60ms TTL＝241

Reply from 200.100.1.1：bytes＝32 time＝60ms TTL＝241

Reply from 200.100.1.1：bytes＝32 time＝60ms TTL＝241

Reply from 200.100.1.1：bytes＝32 time＝60ms TTL＝241

Reply from 200.100.1.1：bytes＝32 time＝60ms TTL＝241

Ping statistics for 200.100.1.1：Packets：Sent ＝ 5，Received ＝ 5，Lost ＝ 0 (0％ loss)，

Approximate round trip times in milli-seconds：

　　Minimum ＝ 50ms，Maximum ＝ 60ms，Average ＝ 55ms

C:＞tracert 192.167.1.2　　　　　　　　//跟踪路由

"Type escape sequence to abort."

Tracing the route to 192.167.1.2

1　192.167.3.1　0 msec　16 msec　0 msec

2　192.167.2.1　20 msec　16 msec　16 msec

3　192.167.1.2　20 msec　16 msec　＊

C:＞tracert 200.100.1.1　　　　　　　　//跟踪路由

"Type escape sequence to abort."

Tracing the route to 200.100.1.1

1　192.167.3.1　0 msec　16 msec　0 msec

2　192.167.2.1　20 msec　16 msec　16 msec

3　200.100.1.1　20 msec　16 msec　＊

7.4 动态路由 OSPF 及 PPP-chap 配置

7.4.1 OSPF 及 PPP-chap 概述

OSPF 是 Open Shortest Path First(即"开放最短路由优先协议")的缩写。它是 IETF 组织开发的一个基于链路状态的自治系统内部路由协议。在 IP 网络上,它通过收集和传递自治系统的链路状态来动态地发现并传播路由。

每一台运行 OSPF 协议的路由器总是将本地网络的连接状态,(如可用接口信息、可达邻居信息等)用 LSA(链路状态广播)描述,并广播到整个自治系统中去。这样,每台路由器都收到了自治系统中所有路由器生成的 LSA,这些 LSA 的集合组成了 LSDB(链路状态数据库)。由于每一条 LSA 是对一台路由器周边网络拓扑的描述,则整个 LSDB 就是对该自治系统网络拓扑的真实反映。

根据 LSDB,各路由器运行 SPF(最短路径优先)算法。构建一棵以自己为根的最短路径树,这棵树给出了到自治系统中各节点的路由。在图论中,"树"是一种无环路的连接图。所以 OSPF 计算出的路由也是一种无环路的路由。

OSPF 协议为了减少自身的开销,提出了以下概念:

① DR。在各类可以多址访问的网络中,如果存在两台或两台以上的路由器,该网络上要选举出一个"指定路由器"(DR)。"指定路由器"负责与本网段内所有路由器进行 LSDB 的同步。这样,两台非 DR 路由器之间就不再进行 LSDB 的同步。大大节省了同一网段内的带宽开销。

② AREA。OSPF 可以根据自治系统的拓扑结构划分成不同的区域(AREA),这样区域边界路由器(ABR)向其他区域发送路由信息时,以网段为单位生成摘要 LSA。从而可以减少自治系统中 LSA 的数量,以及路由计算的复杂度。

OSPF 使用 4 类不同的路由,按优先顺序来说分别是:区域内路由;区域间路由;第一类外部路由;第二类外部路由。区域内和区域间路由描述的是自治系统内部的网络结构,而外部路由则描述了应该如何选择到自治系统以外目的地的路由。一般来说,第一类外部路由对应于 OSPF 从其他内部路由协议所引入的信息,这些路由的花费和 OSPF 自身路由的花费具有可比性;第二类外部路由对应于 OSPF 从外部路由协议所引入的信息,它们的花费远大于 OSPF 自身的路由花费,因而在计算时,将只考虑外部的花费。

OSPF 协议主要优点:

① OSPF 是真正的 LOOP-FREE(无路由自环)路由协议。源自其算法本身的优点。(链路状态及最短路径树算法)

② OSPF 收敛速度快。能够在最短的时间内将路由变化传递到整个自治系统。

③ 提出区域(area)划分的概念,将自治系统划分为不同区域后,通过区域之间对路由信息的摘要,大大减少了需传递的路由信息数量。也使得路由信息不会随网络规模的扩大而急剧膨胀。

④ 将协议自身的开销控制到最小。

> 用于发现和维护邻居关系的是定期发送的不含路由信息的 hello 报文,非常短小。包含路由信息的报文实时触发更新的机制。(有路由变化时才会发送)。但为了增强协议的健壮性,每 1 800 s 全部重发一次。

> 在广播网络中,使用组播地址(而非广播)发送报文,减少对其他不运行 OSPF 的网络设备的干扰。

> 在各类可以多址访问的网络中(广播,NBMA),通过选举 DR,使同网段的路由器之间的路由交换(同步)次数由 O(N×N)次减少为 O(N)次。

> 提出 STUB 区域的概念,使得 STUB 区域内不再传播引入的 ASE 路由。

> 在 ABR(区域边界路由器)上支持路由聚合,进一步减少区域间的路由信息传递。

> 在点到点接口类型中,通过配置按需播号属性(OSPF over On Demand Circuits),使得 OSPF 不再定时发送 hello 报文及定期更新路由信息。只在网络拓扑真正变化时才发送更新信息。

⑤ 通过严格划分路由的级别(共分 4 级),提供更可信的路由选择。

⑥ 良好的安全性,OSPF 支持基于接口的明文及 MD5 验证。

⑦ OSPF 适应各种规模的网络,最多可达数千台。

以 Cisco 2600 系列路由器为例,说明动态路由协议 OSPF 及 PPP-chap 的配置。在示例中,两台 PC 所在的网段,通过两台使用 OSPF 及 PPP-chap 协议的路由器实现互连互通。如图 7-3 所示。

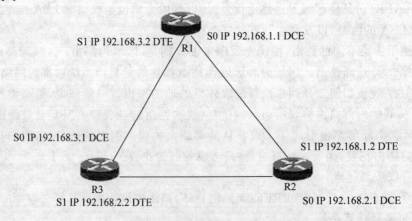

图 7-3 OSPF 及 PPP-chap 协议配置的图

7.4.2 各路由器配置

1. R1 配置

```
Router>
Router>en                                      //进入特权模式
Router#config terminal                         //进入全局配置模式
Enter configuration commands, one per line.  End with CNTL/Z.
Router(config)#hostname R1                     //更改路由器名为 R1
R1(config)#interface serial 0                  //进入串口 serial 0
R1(config-if)#ip address 192.167.1.1 255.255.255.0   //设置此端口的 IP 地址为 192.167.1.1
R1(config-if)#clock rate 64000                 //设置时钟频率为 64000
R1(config-if)#encapsulation ppp                //使用通讯协议 PPP 封装此端口
R1(config-if)#no shutdown                      //激活此端口
%LINK-3-UPDOWN：Interface Serial0, changed state to up
%LINK-3-UPDOWN：Interface Serial0, changed state to down
%LINEPROTO-5-UPDOWN：Line protocol on Interface Serial0, changed state to down
R1(config-if)#exit                             //返回
R1(config)#interface serial 1                  //进入串口 serial 1
R1(config-if)#ip address 192.167.3.2 255.255.255.0   //设置此端口的地址为 192.167.3.1
R1(config-if)#encapsulation ppp                //将此端口的通讯协议封装成 PPP
R1(config-if)#no shutdown                      //激活此端口
%LINK-3-UPDOWN：Interface Serial1, changed state to up
R1(config-if)#exit                             //返回
%LINK-3-UPDOWN：Interface Serial1, changed state to down
%LINEPROTO-5-UPDOWN：Line protocol on Interface Serial1, changed state to down
R1(config)#router ospf 10        //使用动态路由 OSPF 协议,OSPF 路由进程为 10
R1(config-router)#network 192.167.1.0 0.0.0.255 area 1
    //0.0.0.255 表示通配符,表示 192.167.0.0 这个网段,area 表示 OSPF 的区域为 1
R1(config-router)#network 192.167.3.0 0.0.0.255 area 1
    //0.0.0.255 表示通配符,表示 192.167.3.0 这个网段,area 表示 OSPF 的区域为 1
R1(config-router)#end                          //退出
R1#write                                       //保存配置
Building configuration…
[OK]
```

2. R2 配置

```
Router>en                                      //进入特权模式
Router#config t                                //进入全局配置模式
```

```
Enter configuration commands, one per line. End with CNTL/Z.
Router(config)#host R2                                    //更改路由器名为R2
R2(config)#interface serial 1                             //进入串口serial1
R2(config-if)#ip address 192.167.1.2 255.255.255.0        //设置此端口的IP地址
R2(config-if)#encapsulation ppp                           //使用通讯协议PPP封装此端口
R2(config-if)#no shutdown                                 //激活此端口
%LINK-3-UPDOWN：Interface Serial1, changed state to up
R2(config-if)#exit                                        //返回
R2(config)#interface serial 0                             //进入串口serial0
R2(config-if)#ip address 192.167.2.1 255.255.255.0        //设置此端口的IP地址
R2(config-if)#encapsulation ppp                           //使用通讯协议PPP封装此端口
R2(config-if)#clock rate 64000                            //设置时钟频率为64 000
R2(config-if)#no shutdown                                 //激活此端口
%LINK-3-UPDOWN：Interface Serial0, changed state to up
R2(config-if)#exit                                        //返回
%LINK-3-UPDOWN：Interface Serial0, changed state to down
%LINEPROTO-5-UPDOWN：Line protocol on Interface Serial0, changed state to down
R2(config)#router ospf 10                                 //使用动态路由OSPF协议,OSPF路由进程为10
R2(config-router)#network 192.167.1.0 0.0.0.255 area 1
   //0.0.0.255表示通配符,表示192.167.1.0这个网段,area表示OSPF的区域为1
R2(config-router)#network 192.167.2.0 0.0.0.255 area 1
   //0.0.0.255表示通配符,表示192.167.2.0这个网段,area表示OSPF的区域为1
R2(config-router)#end                                     //退出
R2#write                                                  //保存配置
Building configuration...
[OK]
```

3. R3配置

```
Router>en                                                 //进入特权模式
Router#config t                                           //进入全局模式
Enter configuration commands, one per line. End with CNTL/Z.
Router(config)#host R3                                    //更改主机名为R3
R3(config)#interface serial 0                             //进入串口serial 0
R3(config-if)#ip address 192.167.2.2 255.255.255.0        //设置此端口的IP地址
R3(config-if)#encapsulation ppp                           //使用通讯协议PPP封装此端口
R3(config-if)#clock rate 64000                            //设置时钟频率为64 000
R3(config-if)#no shutdown                                 //激活此端口
%LINK-3-UPDOWN：Interface Serial0, changed state to up
```

```
R3(config-if)# exit                                    //返回
R3(config)# interface serial 1                         //进入串口 serial 1
R3(config-if)# ip address 192.167.3.1 255.255.255.0    //设置此端口的 IP 地址
R3(config-if)# encapsulation ppp                       //使用通讯协议 PPP 封装此端口
R3(config-if)# no shutdown                             //激活此端口
%LINK-3-UPDOWN：Interface Serial1，changed state to up
R3(config-if)# exit                                    //返回
R3(config)# router ospf 10                             //使用动态路由 OSPF 协议，OSPF 路由进程为 10
R3(config-router)# network 192.167.3.0 0.0.0.255 area 1
    //0.0.0.255 表示通配符，表示 192.167.3.0 这个网段，area 表示 OSPF 的区域为 1
R3(config-router)# network 192.167.2.0 0.0.0.255 area 1
    //0.0.0.255 表示通配符，表示 192.167.2.0 这个网段，area 表示 OSPF 的区域为 1
R3(config-router)# end                                 //退出
R3# write                                              //保存
Building configuration…
[OK]
```

4. 测试各路由器之间的相通性

```
R3# ping 192.167.1.1
Type escape sequence to abort.
Sending 5, 100-byte ICMP Echos to 192.167.1.1, timeout is 2 seconds：
!!!!!
Success rate is 100 percent (5/5), round-trip min/avg/max = 1/2/4 ms


R3# ping 192.167.1.2
Type escape sequence to abort.
Sending 5, 100-byte ICMP Echos to 192.167.1.2, timeout is 2 seconds：
!!!!!
Success rate is 100 percent (5/5), round-trip min/avg/max = 1/2/4 ms


R3# ping 192.167.2.1
Type escape sequence to abort.
Sending 5, 100-byte ICMP Echos to 192.167.2.1, timeout is 2 seconds：
!!!!!
Success rate is 100 percent (5/5), round-trip min/avg/max = 1/2/4 ms


R3# ping 192.167.2.2
Type escape sequence to abort.
```

Sending 5, 100-byte ICMP Echos to 192.167.2.2, timeout is 2 seconds：

!!!!!

Success rate is 100 percent (5/5), round-trip min/avg/max ＝ 1/2/4 ms

R3♯ ping 192.167.3.1

Type escape sequence to abort.

Sending 5, 100-byte ICMP Echos to 192.167.3.1, timeout is 2 seconds：

!!!!!

Success rate is 100 percent (5/5), round-trip min/avg/max ＝ 1/2/4 ms

R3♯ ping 192.167.3.2

Type escape sequence to abort.

Sending 5, 100-byte ICMP Echos to 192.167.3.2, timeout is 2 seconds：

!!!!!

Success rate is 100 percent (5/5), round-trip min/avg/max ＝ 1/2/4 ms

R3♯ traceroute 192.167.1.1   //跟踪路由

"Type escape sequence to abort."

Tracing the route to 192.167.1.1

1 192.167.2.1 0 msec 16 msec 0 msec

2 192.167.1.1 20 msec 16 msec ＊

R3♯ traceroute 192.167.1.2

"Type escape sequence to abort."

Tracing the route to 192.167.1.2

1 192.167.2.1 20 msec 16 msec ＊

R3♯ traceroute 192.167.2.1

"Type escape sequence to abort."

Tracing the route to 192.167.2.1

1 192.167.3.2 0 msec 16 msec 0 msec

2 192.167.1.2 20 msec 16 msec ＊

R3♯ traceroute 192.167.2.2

Type escape sequence to abort.

Tracing the route to 192.167.2.2

1 192.167.2.2 4 msec 4 msec ＊

R3#traceroute 192.167.3.1

Type escape sequence to abort.

Tracing the route to 192.167.3.1

1 192.167.3.1 4 msec 4 msec *

R3#traceroute 192.167.3.2

"Type escape sequence to abort."

Tracing the route to 192.167.3.2

1 192.167.2.1 0 msec 16 msec 0 msec

2 192.167.1.1 20 msec 16 msec *

7.4.3 配置 PPP 验证协议 chap

1. R1 配置

R1#config t   //进入全局配置模式

Enter configuration commands, one per line. End with CNTL/Z.

R1(config)#username r2 password ryb   //建立用户 R2 密码为 ryb

R1(config)#username r3 password ryb   //建立用户 R3 密码为 ryb

R1(config)#interface serial 0   //进入串口 serial 0

R1(config-if)#ppp authentication chap   //使用 chap 验证

R1(config-if)#exit   //返回

R1(config)#interface serial 1   //进入串口 serial 1

%LINK-3-UPDOWN：Interface Serial0, changed state to down

%LINEPROTO-5-UPDOWN：Line protocol on Interface Serial0, changed state to down

R1(config-if)#ppp authentication chap   //使用 chap 验证

%LINK-3-UPDOWN：Interface Serial1, changed state to down

%LINEPROTO-5-UPDOWN：Line protocol on Interface Serial1, changed state to down

R1(config-if)#end   //退出

R1#write   //保存

Building configuration…

[OK]

2. R2 配置

R2#config t   //进入全局配置模式

Enter configuration commands, one per line. End with CNTL/Z.

R2(config)#username r1 password ryb   //建立用户 R1 密码为 ryb

R2(config)#username r3 password ryb   //建立用户 R3 密码为 ryb

R2(config)#interface serial 0   //进入串口 serial 0

R2(config-if)#ppp authentication chap   //使用 chap 验证

R2(config-if)#exit   //返回
R2(config)#interface serial 1   //进入串口 serial 1
%LINK-3-UPDOWN：Interface Serial0，changed state to down
%LINEPROTO-5-UPDOWN：Line protocol on Interface Serial0，changed state to down
R2(config-if)#ppp authentication chap   //使用 chap 验证
%LINK-3-UPDOWN：Interface Serial1，changed state to up
%LINEPROTO-5-UPDOWN：Line protocol on Interface Serial1，changed state to up
R2(config-if)#end   //退出
R2#write   //保存配置
Building configuration…
[OK]

3. R3 配置

R3#config t   //进入全局配置模式
Enter configuration commands, one per line. End with CNTL/Z.
R3(config)#username r1 password ryb   //建立用户 R1 密码为 ryb
R3(config)#username r2 password ryb   //建立用户 R2 密码为 ryb
R3(config)#interface serial 0   //进入串口 serial 0
R3(config-if)#ppp authentication chap   //使用 chap 验证
%LINK-3-UPDOWN：Interface Serial0，changed state to up
%LINEPROTO-5-UPDOWN：Line protocol on Interface Serial0，changed state to up
R3(config-if)#exit   //返回
R3(config)#interface serial 1   //进入串口 serial 1
R3(config-if)#ppp authentication chap   //使用 chap 验证
R3(config-if)#end   //退出
%LINK-3-UPDOWN：Interface Serial1，changed state to up
%LINEPROTO-5-UPDOWN：Line protocol on Interface Serial1，changed state to up
R3#write   //保存配置
Building configuration…
[OK]

4. 测试配置

R3#ping 192.167.1.1
Type escape sequence to abort.
Sending 5, 100-byte ICMP Echos to 192.167.1.1, timeout is 2 seconds：
!!!!!
Success rate is 100 percent (5/5), round-trip min/avg/max = 1/2/4 ms

R3#ping 192.167.1.2

Type escape sequence to abort.
Sending 5, 100-byte ICMP Echos to 192.167.1.2, timeout is 2 seconds：
!!!!!
Success rate is 100 percent (5/5), round-trip min/avg/max = 1/2/4 ms

R3♯ping 192.167.2.1
Type escape sequence to abort.
Sending 5, 100-byte ICMP Echos to 192.167.2.1, timeout is 2 seconds：
!!!!!
Success rate is 100 percent (5/5), round-trip min/avg/max = 1/2/4 ms

R3♯ping 192.167.2.2
Type escape sequence to abort.
Sending 5, 100-byte ICMP Echos to 192.167.2.2, timeout is 2 seconds：
!!!!!
Success rate is 100 percent (5/5), round-trip min/avg/max = 1/2/4 ms

R3♯ping 192.167.3.1
Type escape sequence to abort.
Sending 5, 100-byte ICMP Echos to 192.167.3.1, timeout is 2 seconds：
!!!!!
Success rate is 100 percent (5/5), round-trip min/avg/max = 1/2/4 ms

R3♯ping 192.167.3.2
Type escape sequence to abort.
Sending 5, 100-byte ICMP Echos to 192.167.3.2, timeout is 2 seconds：
!!!!!
Success rate is 100 percent (5/5), round-trip min/avg/max = 1/2/4 ms

7.5 NAT 基本配置

7.5.1 NAT 介绍

网络地址转换（NAT）是一个 Internet 工程任务组标准，用于允许专用网络上的多台 PC 共享单个、全局路由的 IPv4 地址。Windows XP 和 Windows Me 中的"Internet 连接共享"及许多 Internet 网关设备都使用 NAT，尤其是在通过 DSL 或电缆调制解调器连接宽带网的情况下。

　　NAT 对于解决 IPv4 地址耗费问题很有效，除了减少所需的 IPv4 地址外，由于专用网络之外的所有主机都通过一个共享的 IP 地址来监控通讯，因此 NAT 还为专用网络提供了一个隐匿层。NAT 与防火墙或代理服务器不同，但它确实有利于安全。通过本实验能更加深入的了解 NAT 的原理和在实际环境的中应用。主要是配置 NAT 使内网通个一个 IP 地址上网（地址复用），配置 NAT 使内网使用地址池内的一个 IP 地址上网，配置 NAT 使外网可以使用 200.100.1.1 访问内网 192.167.1.2 的 FTP 和 Web 服务器。图 7-4 是 NAT 配置图情况。

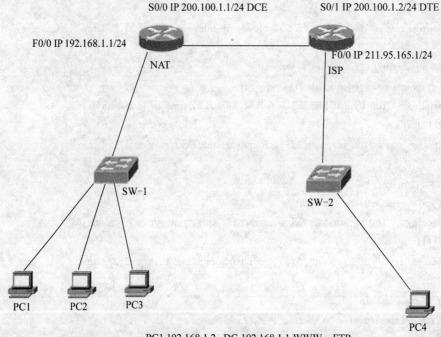

PC1 192.168.1.2 DG 192.168.1.1 WWW、FTP
PC2 192.168.1.3 DG 192.168.1.1
PC3 192.168.1.4 DG 192.168.1.1
PC4 211.95.165.2 DG 211.95.165.1 WWW

图 7-4　NAT 配置图

根据图 7-4 所示的实验拓扑图搭建和配置网络。

1. 各路由器配置

```
Router(config)# host NAT                                //更改主机名为 NAT
NAT(config)# enable password 123                        //设置路由器的密码
NAT(config)# interface fastEthernet 0/0                 //进入端口 0/0
NAT(config-if)# ip address 192.167.1.1 255.255.255.0    //设置此端口的 IP 地址
NAT(config-if)# no shutdown                             //激活这些端口
```

第7章 路由器协议配置

NAT(config-if)# exit	//返回
NAT(config)# interface serial 0/0	//进入串口 0/0
NAT(config-if)# ip address 200.100.1.1 255.255.255.0	//设置此端口的 IP 地址
NAT(config-if)# clock rate 64000	//设置时钟频率为 64 000
NAT(config-if)# encapsulation ppp	//使用 PPP 封装
NAT(config-if)# no shutdown	//激活此端口

*Mar 1 00:15:59.572:%LINK-3-UPDOWN:Interface Serial0/0,changed state to down

NAT(config-if)# exit	//返回
NAT(config)# ip route 0.0.0.0 0.0.0.0 200.100.1.2	//配置默认路由
NAT(config)# exit	//返回
NAT#	

2. ISP 配置

Router>en	//进入特权模式
Router# config t	//进入全局模式

Enter configuration commands, one per line. End with CNTL/Z.

Router(config)# host ISP	//更改路由器名为 ISP
ISP(config)# enable password 123	//设置路由器的密码
ISP(config)# interface fastEthernet 0/0	//进入端口 0/0
ISP(config-if)# ip address 211.95.165.1 255.255.255.0	//设置此端口的 IP 地址
ISP(config-if)# no shutdown	//激活此端口
ISP(config-if)# exit	//返回

*Mar 1 00:26:33.771:%LINK-3-UPDOWN:Interface FastEthernet0/0,changed state to up
*Mar 1 00:26:34.773:%LINEPROTO-5-UPDOWN:Line protocol on Interface FastEthernet0/0,changed state to up

ISP(config)# interface serial 0/1	//进入串口 0/1
ISP(config-if)# ip address 200.100.1.2 255.255.255.0	//设置此端口的 IP 地址
ISP(config-if)# encapsulation ppp	//使用 PPP 封装
ISP(config-if)# no shutdown	//激活此端口

*Mar 1 00:27:02.466:%LINK-3-UPDOWN:Interface Serial0/1,changed state to up
*Mar 1 00:27:03.508:% LINEPROTO-5-UPDOWN:Line protocol on Interface Serial0/1,changed state to up

ISP(config-if)# end	//退出
ISP#	

根据实验拓扑图配置各工作站的 IP 地址,使用 Ping 来测试需要进行 NAT 的路由器和 ISP 路由器之间,工作站和默认网关之间,外网 Web 服务器和 ISP 之间的连通性。

7.5.2 地址复用

配置如下:

Router>en   //进入特权模式
Router#config t   //进入全局模式
Enter configuration commands, one per line. End with CNTL/Z.
NAT(config)#ip nat inside source list 1 interface serial 0/0 overload
            //将源地址来源于 list 1 地址翻译为 serial 0/0 的地址
NAT(config)#access-list 1 permit 192.167.1.0 0.0.0.255
            //定义一条列表号为 1 的标准访问列表,允许 192.167.1.0 网段的所有通讯
NAT(config)#interface fastEthernet 0/0   //进入端口 0/0
NAT(config-if)#ip nat inside   //指定此端口为 NAT 的内部接口
NAT(config-if)#exit   //返回
NAT(config)#interface serial 0/0   //进入串口 0/0
NAT(config-if)#ip nat outside   //指定此端口为 NAT 的外部接口
NAT(config-if)#end   //退出
NAT#

在 PC1 上 Ping 211.95.165.2 观察连通性。
在 NET 上使用 show ip nat translations 观察地址转换如下所示：

NAT#show ip nat translations   //查看地址翻译列表
Pro Inside global   Inside local   Outside local   Outside global
icmp 200.100.1.1:512   192.167.1.2:512   200.100.1.2:512   200.100.1.2:512

7.5.3 动态 NAT 配置

NAT#config t   //进入全局配置模式
Enter configuration commands, one per line. End with CNTL/Z.
NAT(config)#ip nat pool ryb 200.100.1.10 200.100.1.50 netmask 255.255.255.0
            //定义一条名为 ryb 的动态地址池(200.100.1.10～200.100.1.50)
NAT(config)#access-list 1 permit 192.167.1.0 0.0.0.255
            //定义一条列表号为 1 的标准访问列表,允许 192.167.1.0 网段的所有通讯
NAT(config)#ip nat inside source list 1 pool ryb
            //源地址为 list 1 的地址通过地址池(ryb)进行翻译
NAT(config)#end   //退出

在各 PC 上 Ping 211.95.165.2 观察结果。

NAT#show ip nat translations   //查看地址翻译表
Pro Inside global   Inside local   Outside local   Outside global
--- 200.100.1.10   192.167.1.2   ---   ---
--- 200.100.1.11   192.167.1.3   ---   ---
--- 200.100.1.12   192.167.1.4   ---   ---
NAT#

7.5.4 端口地址转换

NAT(config)# ip nat inside source list 1 interface serial 0/0 overload
　　　　　　　　　　　　　　　　//将源地址来源于 list 1 地址翻译为 serial 0/0 的地址
NAT(config)# ip nat inside source static tcp 192.167.1.2 80 200.100.1.1 80 extendable
　　　　　　　　　　　　　　　　//将 192.167.1.2 80 端口和 200.100.1.1 80 进行端口转换
NAT(config)# ip nat inside source static tcp 192.167.1.2 21 200.100.1.1 21 extendable
　　　　　　　　　　　　　　　　//将 192.167.1.2 21 端口和 200.100.1.1 21 进行端口转换
NAT(config)# access-list 1 permit 192.167.1.0 0.0.0.255
　　　　　　　　　　　　//定义一条列表号为 1 的标准访问列表,允许 192.167.1.0 网段的所有通讯
NAT(config)# interface serial 0/0　　　　　　　　//进入口串口 0/0
NAT(config-if)# ip nat outside　　　　　　　　　//指定此端口为 NAT 的外部接口
NAT(config-if)# exit　　　　　　　　　　　　　//返回
NAT(config)# interface fastEthernet 0/0　　　　　//进入端口 0/0
NAT(config-if)# ip nat inside　　　　　　　　　//指定此端口为 NAT 的内部接口
NAT(config-if)# end　　　　　　　　　　　　　//退出

在 PC4 上通过 200.100.1.1 访问 PC1 的 Web 网站和 FTP 服务,观察结果。

NAT# show ip nat translations　　　　　　　　//查看地址翻译表

Pro	Inside global	Inside local	Outside local	Outside global
tcp	200.100.1.1:2529	192.167.1.2:2529	211.95.165.2:1222	211.95.165.2:1222
tcp	200.100.1.1:21	192.167.1.2:21	---	---
tcp	200.100.1.1:80	192.167.1.2:80	---	---
tcp	200.100.1.1:21	192.167.1.2:21	211.95.165.2:1212	211.95.165.2:1212
tcp	200.100.1.1:21	192.167.1.2:21	211.95.165.2:1215	211.95.165.2:1215
tcp	200.100.1.1:21	192.167.1.2:21	211.95.165.2:1218	211.95.165.2:1218
tcp	200.100.1.1:21	192.167.1.2:21	211.95.165.2:1221	211.95.165.2:1221
tcp	200.100.1.1:80	192.167.1.2:80	211.95.165.2:1224	211.95.165.2:1224
tcp	200.100.1.1:2530	192.167.1.2:2530	200.100.100.2:80	200.100.100.2:80

NAT# write　　　　　　　　　　　　　　　　　//保存
Building configuration…
[OK]
NAT#

7.6 访问列表配置

访问控制表(access control list)是一个有序的语句集,它通过匹配报文中信息与访问控制表参数来允许或拒绝报文通过某个接口。所提供的一种访问控制技术,早期仅在路由器上

支持,近些年来已经可以在三层交换机上实现。

那么,为什么要使用 ACL 呢?简单的举一个例子。企业网络建立之后会出现很多问题:一些员工非法进入财务处,一些员工企图侵入网络设备,一些员工在工作时间上网休闲,坏员工们无所事事到处闲逛。公司老板自然不想看到这样的事情发生。一种简单的解决方法就是在关键的接口处建立一种策略,目的是对用户进行访问限制。而思科则提供了这样一种技术,这就是 ACL,访问控制列表。

7.6.1 ACL 的功能

ACL 的主要作用是在设备端口上依照事先设置好的策略进行数据包过滤,以达到允许或拒绝报文流。如此而来,报文过滤标准将决定所实现的访问控制表类型。每一种策略需要一种特定参数的访问控制表,而只有在访问控制表被应用到路由器的接口上时,才能真正实现该访问策略。

ACL 要保护的是网络中的资源节点,要限制的是用户节点。一方面 ACL 限制非法用户访问资源节点,另一方面限定特定用户所具备的访问权限。比如,在工作时间员工不能访问 Internet。

具体的说,ACL 的报文过滤技术就是在设备端口上解析第三层及第四层协议数据单元报文头信息,有源协议地址、目的协议地址、源端口号、目的端口号等,根据预先定义好的规则对包进行过滤,从而达到访问控制的目的。

ACL 实现其功能有三个原则:

(1) 最低权限原则。受控对象只能得到完成其任务所必须的最低保证权限。

(2) 最靠近受控对象原则。在具有多条 ACL 的 ACL 组内,设备按照从上而下的顺序将数据与 ACL 组内表项进行逐条对比,一旦数据遇到满足条件的第一条 ACL,无论是被发送还是被丢弃都会直接执行,不再受之后的 ACL 表项影响。

(3) 默认丢弃原则。在 Cisco 路由交换设备中,ACL 访问控制列表组默认加入最后一条"DENY ANY ANY",用于丢弃不符合所有条件的任何数据包。虽然可以修改这个默认项,但未修改前应该意识到有这样的一条 ACL 存在,由于 ACL 过滤的依据仅仅是第三层和第四层协议通讯报头中的部分信息,这样会有一些固有的局限性,比如无法识别到具体的用户,无法识别到协议层服务内部的权限级别等。因此,要达到端到端(end-to-end)的权限控制目的,在逻辑上必须对 ACL 表项进行严格的设置,而且往往还需要使用高层的接入控制手段,比如扩展的 ACL 访问控制列表。

对于网络设备如路由器、交换机,访问控制列表必须在创建之后应用到某个具体接口上才能产生作用。由于通过接口的数据有两个方向,一是流入接口的数据,一是流出接口的数据,所以访问控制表必须应用到某个具体方向上,作为该方向上的接入管理策略。

数据从外而来进入接口的方向叫做向内的(inbound),而相反方向的数据叫做向外的

（outbound）。流星方向和 ACL 功能示意图如图 7-5 所示。

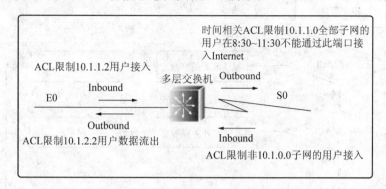

图 7-5 流量方向和 ACL 功能示意图

ACL 的定义也是基于每一种协议的。如果路由器接口配置成为支持三种协议（IP、AppleTalk 以及 IPX）的情况，那么，用户必须定义三种 ACL 来分别控制这三种协议的数据包。

综上所述，ACL 的功能如下：

（1）ACL 可以限制网络流量，提高网络性能。比如它可以根据数据包使用的协议来指定该数据包的优先级。

（2）ACL 可以提供对通讯流量的控制手段。通过 ACL 可以实现限定或简化路由更新信息的长度，从而限制通过路由器某一网段的通讯流量。

（3）ACL 可以提供基本的网络接入控制手段。比如 ACL 允许用户 10.1.1.2 接入企业内部网，而拒绝 10.1.1.0/24 子网的全部用户在工作时访问 Internet。

（4）ACL 可以在设备端口处决定特定类型的数据被转发或阻塞。比如用户可以访问企业服务器 HTTP 或者 FTP，但是不能 Telnet 到企业服务器。

7.6.2 ACL 的操作过程

ACL 的操作流程非常类似于 C 语言中的 Switch 方法，Switch 指定 n 种 Case（情况），然后将目标与 Case 逐项对比，发现目标满足的第一个 Case 后，执行该 Case 下的相关语句，然后通过 Break 指令跳出 Switch，不再继续对接下来的 Case 进行匹配。而且最后一种 Case 往往被指定为 Default（默认情况），即目标不满足前面所有情况下，执行本句，这就是 ACL 的最后一句默认项。如图 7-6 所示，给出 ACL 的操作流程。

另外，对于设备本身产生的报文，则不会受 ACL 影响，发送时不经过这一流程。

注意图中的 1~n 并不是指 ACL 组 1~n，而是指一个 ACL 组（即使用同一 ACL 编号的若干 ACL 过滤语句）下的多条 ACL 在该组中的位置。这在配置中是不可见的，系统会按照配置顺序自动来进行从上到下的过滤。

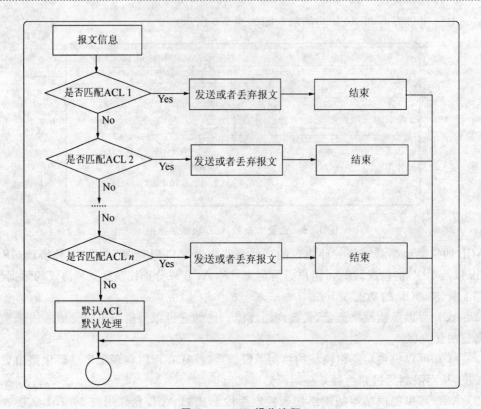

图 7-6 ACL 操作流程

7.6.3 ACL 的配置实例

应用访问列表对网络通讯流量进行过滤和控制，提高网络的安全性。实例使用命令和环境都在 Boson NetSim 6.0 完成。具体的实验环境拓扑图如图 7-7 所示。

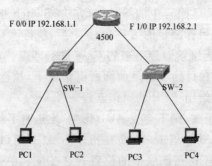

PC 1 IP 192.168.1.2 DG 192.168.1.1   PC 3 IP 192.168.2.2 DG 192.168.2.1
PC 2 IP 192.168.1.3 DG 192.168.1.1   PC 4 IP 192.168.2.3 DG 192.168.2.1

图 7-7 ACL 的配置实例拓扑图

1. 具体配置过程

(1) 4500 路由器配置

```
Router#config t                                          //进入全局模式
Enter configuration commands, one per line. End with CNTL/Z.
Router(config)#hostname 4500                             //更改路由器名
4500(config)#interface fastethernet 0/0                  //进入端口 0/0
4500(config-if)#ip address 192.167.1.1 255.255.255.0     //设置端口 0/0 的 IP
4500(config-if)#no shutdown                              //激活端口
%LINK-3-UPDOWN: Interface FastEthernet0/0, changed state to up
4500(config-if)#exit                                     //返回
4500(config)#interface fastethernet 1/0                  //进入端口 1/0
4500(config-if)#ip address 192.167.2.1 255.255.255.0     //设置端口 1/0 的 IP
4500(config-if)#no shutdown                              //激活端口
%LINK-3-UPDOWN: Interface FastEthernet1/0, changed state to up
4500(config-if)#end                                      //退出
4500#ping 192.167.1.1
Type escape sequence to abort.
Sending 5, 100-byte ICMP Echos to 192.167.1.1, timeout is 2 seconds:
!!!!!
Success rate is 100 percent (5/5), round-trip min/avg/max = 1/2/4 ms


4500#ping 192.167.2.1
Type escape sequence to abort.
Sending 5, 100-byte ICMP Echos to 192.167.2.1, timeout is 2 seconds:
!!!!!
Success rate is 100 percent (5/5), round-trip min/avg/max = 1/2/4 ms
4500#write
Building configuration…
[OK]
```

(2) PC1 设置

设置此 PC1 的 IP 地址是:192.167.1.2 255.255.255.0

设置此 PC1 的默认网关是:192.167.1.1

C:>ping 192.167.1.1

(3) PC2 设置

设置此 PC2 的 IP 地址是:192.167.1.3 255.255.255.0

设置此 PC2 的默认网关是:192.167.1.1

C:>ping 192.167.1.1

(4) PC3 设置

设置此 PC3 的 IP 地址是：192.167.2.2 255.255.255.0

设置此 PC3 的默认网关是：192.167.2.1

C:>ping 192.167.2.1

(5) PC4 设置

设置此 PC4 的 IP 地址是：192.167.2.3 255.255.255.0

设置此 PC4 的默认网关是：192.167.2.1

C:>ping 192.167.2.1

2. 具体实验

(1) 标准访问列表(列表号 1~99)

① 任务 1 不允许 PC1 访问任何网络

```
4500#config t                              //进入全局模式
Enter configuration commands, one per line. End with CNTL/Z.
4500(config)#access-list 1 deny host 192.167.1.2
//定义一条标准访问列表(列表号为1)，禁止主机 192.167.1.2 的所有通讯
4500(config)#access-list 1 permit any       //定义访问列表1,允许所有主机通讯
4500(config)#interface fastethernet 0/0     //进入端口 0/0
4500(config-if)#ip access-group 1 in        //将访问列表1应用在 F0/0 的进入方向
4500(config-if)#end                         //退出
4500#write                                  //保存配置
Building configuration…
[OK]
```

测试配置：

➢ 在 PC1 上 PING 192.167.1.1 查看结果

C:>ping 192.167.1.1

Pinging 192.167.1.1 with 32 bytes of data:

Request timed out.

⋮

Request timed out.

Ping statistics for 192.167.1.1:

Packets: Sent = 5, Received = 0, Lost = 5 (100% loss),

Approximate round trip times in milli-seconds:

Minimum = 0ms, Maximum = 0ms, Average = 0ms

➢ 在 PC2 上 PING 192.167.1.1 查看结果

C:>ping 192.167.1.1

Pinging 192.167.1.1 with 32 bytes of data：

Reply from 192.167.1.1：bytes＝32 time＝60ms TTL＝241

⋮

Reply from 192.167.1.1：bytes＝32 time＝60ms TTL＝241

Ping statistics for 192.167.1.1：Packets：Sent ＝ 5，Received ＝ 5，Lost ＝ 0 (0％ loss)，

Approximate round trip times in milli-seconds：

Minimum ＝ 50ms，Maximum ＝ 60ms，Average ＝ 55ms

② 任务 2 不允许 192.167.2.0 网段通讯

4500(config)＃access-list 10 deny 192.167.2.0 0.0.0.255

//定义了一条标准访问列表(列表号为 10)，禁止 192.167.2.0 网段内的所有主机通讯

4500(config)＃access-list 10 permit any　　　//允许所有主机通讯

4500(config)＃interface fastethernet 1/0

4500(config-if)＃ip access-group 10 in　　　//将访问列表 10 应用在 F1/0 的入口方向

4500(config-if)＃end　　　//退出

4500＃write　　　//保存

Building configuration…

[OK]

测试配置：

> 在 PC3 上 PING PC 1

C：＃ping 192.167.1.2

Pinging 192.167.1.2 with 32 bytes of data：

Request timed out.

⋮

Request timed out.

Ping statistics for 192.167.1.2：

Packets：Sent ＝ 5，Received ＝ 0，Lost ＝ 5 (100％ loss)，

Approximate round trip times in milli-seconds：

Minimum ＝ 0ms，Maximum ＝ 0ms，Average ＝ 0ms

> 在 PC4 在 PING PC 1

C：＃ping 192.167.1.2

Pinging 192.167.1.2 with 32 bytes of data：

Request timed out.

⋮

Request timed out.

Ping statistics for 192.167.1.2：

Packets：Sent ＝ 5，Received ＝ 0，Lost ＝ 5 (100％ loss)，

Approximate round trip times in milli-seconds：

Minimum = 0ms, Maximum = 0ms, Average = 0ms

(2)扩展访问控制列表(列表号 100～199)

① 任务 1 不允许 PC3 访问 PC1

4500#config t

Enter configuration commands, one per line. End with CNTL/Z.

4500(config)#access-list 111 deny ip host 192.167.2.2 host 192.167.1.2

//定义一条列表号为 111 的扩展访问列表,禁止主机 192.167.2.2 ～192.167.1.2 之间的所有以 IP 协议的通讯

4500(config)#access-list 111 permit ip any any   //允许所有主机以 IP 协议通讯

4500(config)#interface fastethernet 1/0

4500(config-if)#ip access-group 111 in   //将访问列表 111 应用在 F1/0 的进入方向

4500(config-if)#end

4500#write

Building configuration…

[OK]

测试配置:

➢ 在 PC3 上分别 PING 192.167.1.1 PC1 PC2 查看结果

C:#ping 192.167.1.1

Pinging 192.167.1.1 with 32 bytes of data:

Reply from 192.167.1.1: bytes=32 time=60ms TTL=241

⋮

Reply from 192.167.1.1: bytes=32 time=60ms TTL=241

Ping statistics for 192.167.1.1: Packets: Sent = 5, Received = 5, Lost = 0 (0% loss),

Approximate round trip times in milli-seconds:

Minimum = 50ms, Maximum = 60ms, Average = 55ms

C:#ping 192.167.1.2

Pinging 192.167.1.2 with 32 bytes of data:

Request timed out.

⋮

Request timed out.

Ping statistics for 192.167.1.2:

Packets: Sent = 5, Received = 0, Lost = 5 (100% loss),

Approximate round trip times in milli-seconds:

Minimum = 0ms, Maximum = 0ms, Average = 0ms

C:#ping 192.167.1.3

Pinging 192.167.1.3 with 32 bytes of data:

Reply from 192.167.1.3: bytes=32 time=60ms TTL=241

⋮

Reply from 192.167.1.3: bytes=32 time=60ms TTL=241

Ping statistics for 192.167.1.3: Packets: Sent = 5, Received = 5, Lost = 0 (0% loss),

Approximate round trip times in milli-seconds:

Minimum = 50ms, Maximum = 60ms, Average = 55ms

② 任务 2 只允许 PC2 telent 到 4500 的 F0/0

```
4500(config)#enable password 123           //设置进入路由器的密码
4500(config)#line vty 0 4                  //设置登陆到路由器的线程
4500(config-line)#password 123             //设置 Telnet 到路由器的密码
4500(config-line)#login                    //允许登陆
4500(config-line)#end                      //退出
4500#write                                 //保存
Building configuration…
[OK]
Router con0 is now available

4500#config t
Enter configuration commands, one per line. End with CNTL/Z.
4500(config)#access-list 120 permit tcp host 192.167.1.2 host 192.167.1.1 eq telnet
   //定义一条列表号为 120 的扩展访问列表,允许主机 192.167.1.2 telnet 到主机 192.167.1.1
4500(config)#access-list 120 deny tcp any any eq telnet            //禁止所有 Telent
4500(config)#interface fastethernet 0/0
4500(config-if)#ip access-group 120 in     //将访问列表 120 应用到 F0/0 的进入方向
4500(config-if)#end
4500#config t
Enter configuration commands, one per line. End with CNTL/Z.
4500(config)#interface fastethernet 1/0
4500(config-if)#ip access-group 120 in     //将访问列表应用到 F1/0 的进入方向
4500(config-if)#end
4500#write
Building configuration…
[OK]
```

测试配置:

➤ 在 PC1 上分别 telnet 192.167.1.1、192.167.1.2 观察结果

Press Enter to Start

C:#telnet 192.167.1.1

```
4500＞en
Enter password：
4500#
4500#exit
[Connection to 192.167.1.1 closed by foreign host]
C:#telnet 192.167.2.1
Trying 192.167.2.1 …
% Destination unreachable；gateway or host down
C:#
```

➤ 在 PC 3 上分别 telnet 192.167.1.1、192.167.2.1 观察结果

```
Press Enter to Start
C:#telnet 192.167.1.1
Trying 192.167.1.1
% Destination unreachable；gateway or host down
C:#
C:#telnet 192.167.2.1
Trying 192.167.2.1 …
% Destination unreachable；gateway or host down
```

➤ 观察所定义的访问列表的信息

```
4500#show access-lists              //查看当前所有 ACL
Extended IP access list 120
permit tcp host 192.167.1.2 host 192.167.1.1 eq telnet (2 matches)
deny tcp any any eq telnet (6 matches)
```

本章习题

一、选择题

1. BGP 是下面哪个协议的缩写(   )。

   A. Backgroud Gateway Protocol   B. Backdoor Gateway Protocol

   C. Border Gateway Protocol   D. Basic Gateway Protocol

2. IGP 的作用范围是(   )。

   A. 区域内   B. 局域网内

   C. 自治系统内   D. 自然子网范围内

3. 如果一个内部网络对外的出口只有一个，那么最好配置(   )。

   A. 缺省路由   B. 动态路由   C. 外部路由   D. 内部路由

4. 对于 RIP 协议，可以到达目标网络的跳数(所经过路由器的个数)最多为(   )。

A. 1　　　　　　B. 15　　　　　　C. 16　　　　　　D. 无限制

5. 下列关于 OSPF 协议的说法错误的是(　　)。

　A. OSPF 支持基于接口的报文验证

　B. OSPF 发现的路由可以根据不同的类型而有不同的优先级

　C. OSPF 支持到同一目的地址的多条等值路由

　D. OSPF 是一个基于链路状态算法的边界网关路由协议

6. 下面是用于广域网公用通讯网的协议的是(　　)。

　A. HDLC　　　　B. TCP　　　　C. UDP　　　　D. IPX

7. 下面不是广域网分类的是(　　)。

　A. 公共传输网络　　　　　　　　B. 专用传输网络

　C. 无线传输网络　　　　　　　　D. 国际互联网

8. 下面正确的 X.121 地址配置命令是(　　)。

　A. ip add 110101　　　　　　　　B. ip add 10.1.1.1 255.255.255.0

　C. x.25 add 110101　　　　　　　D. x25 add 110101

9. 下面不是 X.25 网络设备的是(　　)。

　A. 数据终端设备　　　　　　　　B. DCE

　C. 分组交换设备　　　　　　　　D. 用户接口设备

10. PPP 协议定义的功能有(　　)。

　A. 成帧　　　　B. LCP　　　　C. NCP　　　　D. PAP

11. 下面支持点到多点的广域网是(　　)。

　A. X.25　　　　B. DDN　　　　C. FR　　　　D. PPP

12. 下面属于 OSI 网络层的是(　　)。

　A. X.25　　　　B. PPP　　　　C. HDLC　　　　D. LAPB

二、填空题

1. 配置 RIP 协议时,指定与该路由器相连的网络的命令是_____。

2. OSPF 定义的网络类型有点到点、广播、_____和_____。

3. PPP 是_____协议的英文简称。

4. PPP 提供了两种可选的身份认证方法:口令验证协议和_____。

5. 缺省情况下,IGRP 每隔_____秒发送一次路由更新广播。

6. EIGRP 结合了距离向量和连结状态的优点以加快收敛,所使用的方法是_____。

7. DDN 专线标准速率为_____,E1 速率光纤线路可以承载_____个 DDN 用户。

8. PPP 协议处在链路建立、配置和终止的_____阶段。

9. ISDN 的基本速率接口 BRI 包括_____和一个 D 信道,实现 PPP 多连接的指令是_____。

三、配置题

1. 在下面的网络里,有三台路由器,所有的路由器都运行 RIP 协议,仅要实现三台路由器互通。请分别配置这三个路由器。

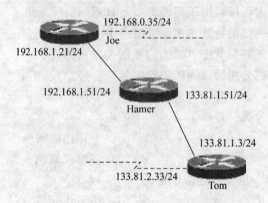

图 7-8 RIP 协议配置图

2. 在 AS 200 和 AS 100 两个自治系统内,分别跑 EIGRP 和 IGRP 协议,要想互相通讯。请分别给出两个路由器的基本配置。

3. 假设 RouterA 连接到 130.107.0.0 和 10.0.0.0 这两个直连网段上,如何对路由器 A 进行配置?

4. 对于图 7-9 中的 IGRP 配置图,对 Router2 应该如何配置?

图 7-9 IGRP 配置图

第8章 网络管理与维护

随着网络应用的发展,网络在各种系统中的作用变得越来越重要,人们也越来越重视网络管理和网络环境的维护问题,随着各种破坏性病毒的泛滥和网络黑客的猖獗,网络安全日益成为网络管理者所面临的最大挑战之一。在这一章中,将介绍网络管理和日常维护的相关知识。

8.1 网络系统安全技术概述

网络系统安全技术指致力于解决诸如如何有效进行介入控制,以及如何保证数据传输的安全性的技术手段,主要包括物理安全分析技术,网络结构安全分析技术,系统安全分析技术,管理安全分析技术,及其他的安全服务和安全机制策略。

8.1.1 网络安全的重要性

将各种计算机硬件、软件、网络、通讯及人机环境,根据应用要求,依据一定的规范进行优化组合,以充分发挥各种软、硬件的作用,实现最佳效果。它通过综合利用计算机技术、现代控制技术、现代通讯技术及现代图形显示技术,实现语音、数据、图像、视频等信息传输与播放多种业务功能。

8.1.2 网络安全面临的主要问题

1. 网络防攻击问题

服务攻击(application independent attack)。对网络提供某种服务的服务器发起攻击,造成该网络的"拒绝服务",使网络工作不正常。

非服务攻击(application independent attack)。不针对某项具体应用服务,而是基于网络层等低层协议而进行的,使得网络通讯设备工作严重阻塞或瘫痪。

网络防攻击方面需要研究的主要问题:
- 网络可能遭到哪些人的攻击;
- 攻击类型与手段可能有哪些;
- 如何及时检测并报告网络被攻击;
- 如何采取相应的网络安全策略与网络安全防护体系。

2. 网络安全漏洞与对策的研究

网络信息系统的运行涉及：计算机硬件与操作系统；网络硬件与网络软件；数据库管理系统；应用软件；网络通讯协议。网络安全漏洞也会表现在以上几个方面。

3. 网络中的信息安全保密问题及防抵赖问题

网络中的信息安全问题分为信息存储安全和信息传输安全两个方面。信息存储安全是指如何保证静态存储在连网计算机中的信息不会被未授权的网络用户非法使用；信息传输安全则是指如何保证信息在网络传输的过程中不被泄露与不被攻击。

图 8-1 给出信息传输安全问题的四种基本类型。

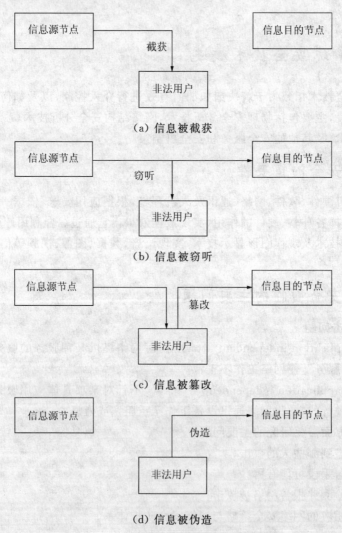

图 8-1　信息传输安全问题的四种基本类型

防抵赖是防止信息源节点用户对发送过的信息事后不承认，或者是信息目的节点用户接收到信息之后不认账。

通过身份认证、数字签名、数字信封、第三方确认等方法，来确保网络信息传输的合法性问题，防止"抵赖"现象出现。

4. 网络内部安全防范问题及网络防病毒问题

网络内部安全防范是防止内部具有合法身份的用户有意或无意地做出对网络与信息安全有害的行为。对网络与信息安全有害的行为包括：有意或无意地泄露网络用户或网络管理员口令；违反网络安全规定，绕过防火墙，私自和外部网络连接，造成系统安全漏洞；违反网络使用规定，越权查看、修改和删除系统文件、应用程序及数据；违反网络使用规定，越权修改网络系统配置，造成网络工作不正常。解决来自网络内部的不安全因素必须从技术与管理两个方面入手。

在网络中要预防的病毒有下面几类：引导型病毒；可执行文件病毒；宏病毒；混合病毒；特洛伊木马型病毒；Internet 语言病毒。

5. 网络数据备份与恢复及灾难恢复问题

如果出现网络故障造成数据丢失，数据能不能被恢复？如果出现网络因某种原因被损坏，重新购买设备的资金可以提供，但是原有系统的数据能不能恢复？

对网络数据的备份通常有以下方法：选择备份设备；选择备份程序；建立备份制度。

在考虑备份方法时需要注意下面几个问题：如果系统遭到破坏需要多长时间才能恢复；怎样备份才可能在恢复系统时数据损失最少。

8.1.3 网络安全策略

1. 物理安全策略

计算机网络系统物理安全策略的目的是保护计算机系统、网络服务器、网络用户终端机、打印机等硬件实体和通讯链路免受自然灾害、人为破坏和攻击；验证用户的身份和使用权限，防止用户越权操作；确保计算机网络系统有一个良好的工作环境；建立完备的安全管理制度，防止非法进入计算机网络系统控制室和网络黑客的各种破坏活动。

2. 访问控制策略

访问控制策略是计算机网络系统安全防范和保护的主要策略，它的主要任务是保证网络资源不被非法使用和非常规访问。它也是维护网络系统安全、保护网络资源的重要手段。各种网络安全策略必须相互配合才能真正起到保护作用，所以网络访问控制策略是保证网络安全最重要的策略之一。

(1) 入网访问控制

入网访问控制是为网络访问提供第一层访问控制。它能控制网络用户合法登录到网络服务器并获取网络资源，控制准许网络用户入网的时间和方式。网络用户的入网访问控制可分为三个步骤:用户名的识别与验证,用户口令的识别与验证,用户账号的默认限制检查。三道防线中只要任何一道未通过,该用户就不能进入网络。

(2) 网络的权限控制

网络的权限控制是针对网络非法操作提出来的一种保护措施。网络用户和用户组被赋予一定的权限。指定网络用户和用户组可以访问哪些目录、子目录、文件和其他网络资源。可以控制网络用户对这些目录、文件和网络资源能够执行哪些操作。可以根据访问权限将网络用户分为以下三种:

- 特殊用户,网络系统管理员;
- 一般用户,系统管理员根据实际需要分配操作权限;
- 审计用户,负责网络的安全控制与资源使用情况的审计。

(3) 目录级安全控制

计算机网络系统应允许控制用户对目录、文件和其他网络资源的访问。网络用户在目录一级指定的权限对所有文件和子目录都有效,用户还可以进一步指定对目录下的子目录和文件的权限。对目录和文件的访问权限一般有 8 种:系统管理员权限(Supervisor);读权限(Read);写权限(Write);创建权限(Create);删除权限(Erase);修改权限(Modify);文件查找权限(File Scan);存取控制权限(Access Control)。

计算机网络系统管理员应为用户指定适当的访问权限,这些访问权限控制着用户对服务器的访问。这八种访问权限的有效组合可以使用户有效地完成工作,又能有效地控制用户对服务器资源的访问,这样就加强了网络系统和服务器的安全性。

(4) 属性安全控制

网络用户在访问网络资源时,网络系统管理员应给出访问的文件、目录等网络资源的指定访问属性。属性安全控制可以将给定的属性与网络服务器的文件、目录和网络资源联系起来。属性安全控制是在网络权限控制安全的基础上提供更进一步的安全性。

(5) 网络服务器安全控制

网络服务器的安全控制包括可以设置口令锁定服务器控制台,以防止非法用户修改、删除重要信息或破坏网络系统资源;可以设定服务器登录时间限制、非法访问者检测和关闭的时间间隔等。网络系统允许合法用户在服务器控制台上执行装载和卸载模块,安装和删除软件等一系列操作。

(6) 网络监测和锁定控制

计算机网络系统管理员应对网络系统进行网络监控,网络服务器应记录用户对网络资源的访问。对非法的网络访问,服务器应以文字、图形或声音等形式报警来提醒网络管理员。如有非法黑客企图攻击、破坏网络系统,网络服务器应实施锁定控制,自动记录企图攻击网络系统的次数,达到所设定的数值,该账户将被自动锁定。

(7) 网络端口和节点的安全控制

计算机网络系统服务器的端口通常采用自动回呼设备、静默调制解调器来实行保护，并用加密的方式来识别节点的身份。自动回呼设备用来防止假冒合法用户，静默调制解调器用于防范黑客的自动拨号程序对计算机网络系统的攻击。网络系统还常对服务器端和用户端采取控制，在对用户的身份进行有效验证后，才允许进入用户端，并且用户端和服务器端还需再进行相互验证。

(8) 网络防火墙控制

网络防火墙控制是一种保护计算机网络系统安全的技术性措施，是将计算机内部网络和外部网络分开的方法，实际上是一种隔离技术，它可以阻止网络中的黑客攻击和破坏内部网络。目前网络防火墙控制主要有以下 3 种类型：

① 包过滤防火墙。这种防火墙设置在网络层，可以在路由器上实现包过滤。它先要建立一定数量的信息过滤表，信息过滤表是以其收到的数据包头信息为基础建立的。信息包头含有数据包源 IP 地址、目的 IP 地址、传输协议类型(TCP、UDP、ICMP 等)、协议源端口号、协议目的端口号、连接请求方向、ICMP 报文类型等。如果数据包满足过滤表中的规则，则允许数据包通过；否则禁止通过。这种防火墙可以用于禁止外部网络非法用户对内部网络的访问和禁止访问某些服务类型。但包过滤防火墙不能识别有危险的信息包，无法实施对应用级协议的处理，也不能处理 UDP、RPC 或动态的协议。

② 代理防火墙。代理防火墙是由代理服务器和过滤路由器组成的，它又称为应用层网关级防火墙。过滤路由器负责连接网络，并对传输的数据进行严格筛选，然后将筛选后的数据传送给代理服务器。代理服务器的功能类似于一个数据转发器，起到外部网络申请访问内部网络的中间转接作用，主要用来控制哪些用户能访问哪些服务类型。代理服务器根据外部网络向内部网络提出的某种网络服务申请、服务类型、服务内容、被服务的对象、服务者申请的时间、申请者的域名范围等来决定是否接受该项服务；如果接受此服务，代理服务器就向内部网络转发这项请求。目前较为流行的代理服务器软件是 Win Gate 和 Proxy Server。

③ 双穴主机防火墙。双穴主机防火墙是用服务器主机来实现安全控制功能。网络服务器双穴主机安装多个网卡，分别连接在不同的网络上，从一个网络上收集数据，并且有选择地把收集到的数据传送到另一个网络上，起到中间隔离墙的作用。外部网络和内部网络的用户通过网络服务器双穴主机的共享数据区传输数据，这样保护内部网络不被网络黑客非法攻击和破坏。

3. 信息加密策略

信息加密策略主要是保护计算机网络系统内的数据、文件、口令和控制信息等网络资源的安全。信息加密策略通常采用以下 3 种方法：

① 网络链路加密方法。链路加密方法目的是保护网络系统节点之间的链路信息安全。

② 网络端点加密方法。端点加密方法目的是保护网络源端用户到目的用户的数据安全。

③ 网络节点加密方法。节点加密方法目的是对源节点到目的节点之间的传输链路提供保护。

对于信息加密策略,网络用户可以根据网络系统的具体情况来选择上述的几种加密方法实施。计算机网络系统的信息加密技术是保护网络安全最有效的方法之一。采用网络加密技术,不但可以防止非授权用户的搭线窃听和非法入网,而且也是对付网络黑客恶意软件攻击和破坏计算机网络系统很有效的方法。

数据的加密和解密过程中会涉及以下概念:

① 数据加密与解密的过程。密码体制是指一个系统所采用的基本工作方式以及它的两个基本构成要素,即加密/解密算法和密钥。传统密码体制所用的加密密钥和解密密钥相同,也称为对称密码体制;如果加密密钥和解密密钥不相同,则称为非对称密码体制。密钥可以看作是密码算法中的可变参数。从数学的角度来看,改变了密钥,实际上也就改变了明文与密文之间等价的数学函数关系。密码算法是相对稳定的。在这种意义上,可以把密码算法视为常量,而密钥则是一个变量。在设计加密系统时,加密算法是可以公开的,真正需要保密的是密钥。数据加密和解密的过程如图8-2所示。

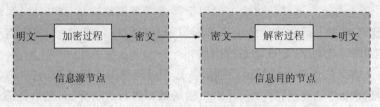

图8-2 数据加密和解密的过程

② 密码的概念。密码是含有参数 k 的数学变换,即 $C=Ek(m)$。m 是未加密的信息(明文);C 是加密后的信息(密文);E 是加密算法;参数 k 称为密钥;密文 C 是明文 m 使用密钥 k 经过加密算法计算后的结果。加密算法可以公开,而密钥只能由通讯双方来掌握。

③ 密钥长度和密钥个数的关系如表8-1所列。

表8-1 密钥长度和密钥个数的关系

密钥长度(位)	组合个数
40	$2^{40}=1\ 099\ 511\ 627\ 776$
56	$2^{56}=7.205\ 759\ 403\ 793\times10^{16}$
64	$2^{64}=1.844\ 674\ 407\ 371\times10^{19}$
112	$2^{112}=5.192\ 296\ 858\ 535\times10^{33}$
128	$2^{128}=3.402\ 823\ 669\ 209\times10^{38}$

④ 对称密钥(symmetric cryptography)密码体系如图8-3所示。

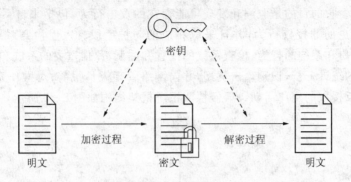

图 8-3 对称加密

⑤ 非对称密钥(asymmetric cryptography)密码体系如图 8-4 所示。

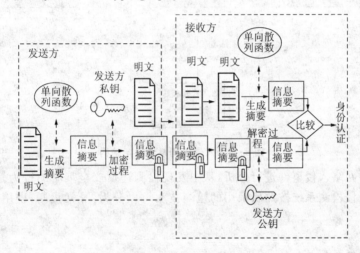

图 8-4 非对称加密

非对称加密的标准。RSA 体制被认为是目前为止理论上最为成熟的一种公钥密码体制。RSA 体制多用在数字签名、密钥管理和认证等方面。Elgamal 公钥体制是一种基于离散对数的公钥密码体制。目前,许多商业产品采用的公钥加密算法还有 Diffie Hellman 密钥交换、数据签名标准 DSS、椭圆曲线密码等。

8.2 网络防攻击和冲突检测技术

目前黑客攻击大致可以分为 8 种基本类型:入侵系统类攻击;缓冲区溢出攻击;欺骗类攻击;拒绝服务攻击;对防火墙的攻击;利用病毒攻击;木马程序攻击;后门攻击。

入侵检测系统(intrusion detection system,IDS)是对计算机和网络资源的恶意使用行为进行识别的系统。它的目的是监测和发现可能存在的攻击行为,包括来自系统外部的入侵行为和来自内部用户的非授权行为,并且采取相应的防护手段。入侵检测系统 IDS 的基本功能:监控、分析用户和系统的行为;检查系统的配置和漏洞;评估重要的系统和数据文件的完整性;对异常行为的统计分析,识别攻击类型,并向网络管理人员报警;对操作系统进行审计、跟踪管理,识别违反授权的用户活动。入侵检测系统框架结构如图 8-5 所示。

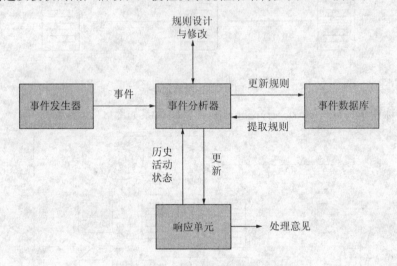

图 8-5 入侵检测系统框架结构

通过对各种网络入侵事件进行分析,从中发现检测违反安全策略的行为是入侵检测系统的核心功能。入侵检测系统按照所采用的检测技术可以分为:异常检测;误用检测;两种方式的结合。

8.3 网络管理基础

8.3.1 网络管理系统的构成

网络管理系统涉及以下三个方面:
- 网络服务提供是指向用户提供新的服务类型,增加网络设备,提高网络性能;
- 网络维护是指网络性能监控,故障报警,故障诊断,故障隔离与恢复;
- 网络处理是指网络线路、设备利用率数据的采集、分析,以及提高网络利用率的各种控制。

8.3.2 网络管理技术的标准

网络管理系统中最重要的部分就是网络管理协议,它定义了网络管理器与被管代理间的通讯方法。接下来让我们回顾一下网络管理协议的发展历史,并简单介绍几种网络管理协议。

在网络管理协议产生以前的相当长的时间里,管理者要学习各种从不同网络设备获取数据的方法。因为各个生产厂家使用专用的方法收集数据,相同功能的设备,不同的生产厂商提供的数据采集方法可能大相径庭。在这种情况下,制定一个行业标准的紧迫性越来越明显。

首先开始研究网络管理通讯标准问题的是国际上最著名的国际标准化组织 ISO,他们对网络管理的标准化工作始于 1979 年,主要针对 OSI(开放系统互连)七层协议的传输环境而设计。Internet 网络管理模型如图 8-6 所示。

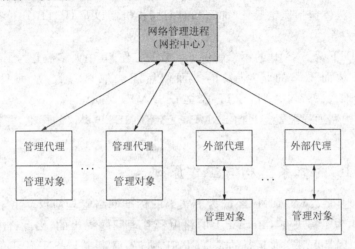

图 8-6　Internet 网络管理模型

ISO 的成果是 CMIS(公共管理信息服务)和 CMIP(公共管理信息协议)。CMIS 支持管理进程和管理代理之间的通讯要求,CMIP 则是提供管理信息传输服务的应用层协议,二者规定了 OSI 系统的网络管理标准。基于 OSI 标准的产品有 AT&T 的 Accumaster 和 DEC 公司的 EMA 等,HP 的 Open View 最初也是按 OSI 标准设计的。

后来,Internet 工程任务组(IETF)为了管理以几何级数增长的 Internet,决定采用基于 OSI 的 CMIP 协议作为 Internet 的管理协议,并对它作了修改,修改后的协议被称作 CMOT(Common Management Over TCP/IP)。但由于 CMOT 迟迟未能出台,IETF 决定把已有的 SGMP(简单网关监控协议)进一步修改后,作为临时的解决方案。这个在 SGMP 基础上开发的解决方案就是著名的 SNMP(简单网络管理协议),也称 SNMPv1。

SNMPv1 最大的特点是简单性,容易实现且成本低。此外,它的特点还有:可伸缩性——SNMP 可管理绝大部分符合 Internet 标准的设备;扩展性——通过定义新的"被管理对象",可以非常方便地扩展管理能力;健壮性(Robust)——即使在被管理设备发生严重错误时,也不会影响管理者的正常工作。

近年来,SNMP 发展很快,已经超越传统的 TCP/IP 环境,受到更为广泛的支持,成为网络管理方面事实上的标准。支持 SNMP 的产品中最流行的是 IBM 公司的 Net View、Cabletron 公司的 Spectrum 和 HP 公司的 Open View。除此之外，许多其他生产网络通讯设备的厂家，如 Cisco、Crosscomm、Proteon、Hughes 等也都提供基于 SNMP 的实现方法。相对于 OSI 标准，SNMP 简单而实用。

如同 TCP/IP 协议簇的其他协议一样，开始的 SNMP 没有考虑安全问题，为此许多用户和厂商提出了修改 SNMPv1，增加安全模块的要求。于是，IETF 在 1992 年雄心勃勃地开始了 SNMPv2 的开发工作，它当时宣布计划中的第二版将在提高安全性和更有效地传递管理信息方面加以改进，具体包括提供验证、加密和时间同步机制以及 GETBULK 操作提供一次取回大量数据的能力等。

最近几年，IETF 为 SNMP 的第二版做了大量的工作，其中大多数是为了寻找加强 SNMP 安全性的方法。然而不幸的是，涉及的方面依然无法取得一致，从而只形成了现在的 SNMPv2 草案标准。1997 年 4 月，IETF 成立了 SNMPv3 工作组。SNMPv3 的重点是安全、可管理的体系结构和远程配置。目前 SNMPv3 已经是 IETF 提议的标准，并得到了供应商们的强有力支持。

8.3.3 SNMP 的体系结构与工作原理

简单网络管理协议(SNMP)已经成为事实上的标准网络管理协议。由于 SNMP 首先是 IETF 的研究小组为了解决在 Internet 上的路由器管理问题提出的，因此许多人认为 SNMP 在 IP 上运行的原因是 Internet 运行的是 TCP/IP 协议，但事实上，SNMP 是被设计成与协议无关的，所以它可以在 IP、IPX、AppleTalk、OSI 以及其他用到的传输协议上使用。

SNMP 是由一系列协议组和规范组成的，它们提供了一种从网络上的设备中收集网络管理信息的方法。

从被管理设备中收集数据有两种方法：一种是轮询(polling-only)方法，另一种是基于中断(interrupt-based)的方法。

SNMP 使用嵌入到网络设施中的代理软件来收集网络的通讯信息和有关网络设备的统计数据。代理软件不断地收集统计数据，并把这些数据记录到一个管理信息库(MIB)中。网管员通过向代理的 MIB 发出查询信号可以得到这些信息，这个过程就叫轮询(polling)。为了能全面地查看一天的通讯流量和变化率，管理人员必须不断地轮询 SNMP 代理，每分钟就轮询一次。这样，网管员可以使用 SNMP 来评价网络的运行状况，并揭示出通讯的趋势，如哪一个网段接近通讯负载的最大能力或正使通讯出错等。先进的 SNMP 网管站甚至可以通过编程来自动关闭端口或采取其他矫正措施来处理历史的网络数据。

如果只是用轮询的方法，那么网络管理工作站总是在控制之下。但这种方法的缺陷在于信息的实时性，尤其是错误的实时性。多久轮询一次，轮询时选择什么样的设备顺序都会对轮询的结果产生影响。轮询的间隔太小，会产生太多不必要的通讯量；间隔太大，而且轮询时顺序不对,那么关于一些大的灾难性事件的通知又会太慢,就违背了积极主动的网络管理目的。

与之相比,当有异常事件发生时,基于中断的方法可以立即通知网络管理工作站,实时性很强。但这种方法也有缺陷。产生错误或自陷需要系统资源。如果自陷必须转发大量的信息,那么被管理设备可能不得不消耗更多的事件和系统资源来产生自陷,这将会影响到网络管理的主要功能。

结果,以上两种方法的结合:面向自陷的轮询方法(trap-directed polling)可能是执行网络管理最有效的方法了。一般来说,网络管理工作站轮询在被管理设备中的代理来收集数据,并且在控制台上用数字或图形的表示方法来显示这些数据。被管理设备中的代理可以在任何时候向网络管理工作站报告错误情况,而并不需要等到管理工作站为获得这些错误情况而轮询它的时候才会报告。

SNMP 的体系结构分为 SNMP 管理者(SNMP Manager)和 SNMP 代理者(SNMP Agent),每一个支持 SNMP 的网络设备中都包含一个代理,此代理随时记录网络设备的各种情况,网络管理程序再通过 SNMP 通讯协议查询或修改代理所记录的信息。SNMP 的网络管理组织结构图如图 8-7 所示。

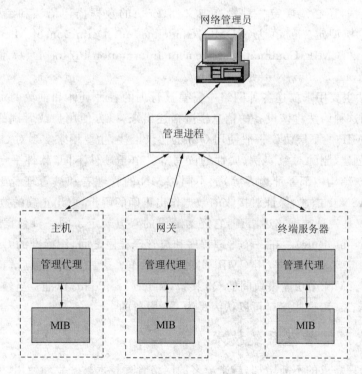

图 8-7 简单网络管理协议 SNMP

8.4 网络管理系统平台

8.4.1 网络管理系统概述

现在网络上有各种网络设备,这就意味着实现对各种硬件平台、各种软件操作系统中运行程序的统一管理不太可能。实际上,对这些程序的管理无非就是需要向它们发送命令和数据,以及从它们那里取得数据和状态信息。这样,系统需要一个管理者的角色和被管理对象(managed object,MO)。由于一般程序都有多种对象需要被管理(对应一组不同的网络资源),因此,我们可以用一个程序作为代理(Agent),将这些被管理对象全部包装起来,实现对管理者的统一交互。

要实现对被管理程序(代理)的管理,管理者需要知道被管理程序中的信息模型(实际上就是代理包含的被管理对象的信息模型)。为了这些信息的传送,就必须在管理者和被管理者之间规定一个网络协议。不同的平台对于整数、字符有不同的编码,为了让不同平台下的应用程序读懂对方的数据,还必须规定一种没有二义性、统一的数据描述语法和编码格式。所以,ITU 规定了信息模型定义的语法(GDMO,Guidelines for Definition of Managed Objects)、OSI 应用层的协议(CMIP,Common Management Information Protocol)、标准的数据描述语言(ASN.1,Abstract Syntax Notation One)。

GDMO 语法主要用来描述各种网络中需要被管理的各种具体和抽象的资源。一般厂商的设备都需要用这种语法将该设备的信息模型描述出来,以方便用户或者别的厂商实现对该设备的管理。CMIP 的下层协议一般使用 OSI 的协议堆栈,主要用来实现对 GDMO 定义对象的各种操作,如创建、删除对象实例、属性的读写等。由于硬件不同,软件平台上的数据格式(编码格式、字长、结构内部寻址边界等)的不同,TMN 的管理者和被管理者必须通过统一的数据描述语法 ASN.1 描述,保证对接收的数据作出正确的解析,取出正确的数据内容。

ASN.1 不仅是一种数据描述语言,它还为通讯的双方规定了同一种数据编码格式,例如 BER(Basic Encoding Rule)。在一个管理程序和被管理程序之间,用标准的 GDMO 定义信息模型,用 ASN.1 定义交互数据,用 CMIP 实现交互操作。这三点实现以后,我们就可以认为设备之间遵从了 TMN 中功能模块间的 Q3 接口(Reference Point)标准。当然,ITU 还规定了别的接口,像 Qx、X 等,这些接口可以认为是为 Q3 服务的。

8.4.2 主流网络管理系统技术

随着网络管理需求的不断增加,越来越多的网络管理技术被开发和使用,下面简要介绍网络管理领域相关的一些最新技术及其应用。

Portal 技术。Portal 是一个基于浏览器的、建立和开发企业信息门户的软件环境,具有很强的可扩展性、兼容性和综合性。它提供了对分布式软件服务和信息资源的安全、可管理的框架。便于使用的 Portal 界面为每个用户提供了他所需要的信息和 Web 内容,同时也保证了每个用户只能访问他所能访问的信息资源和应用逻辑。

RMON 技术。网络管理技术的一个新的趋势是使用 RMON(远程网络监控)。RMON 的目标是为了扩展 SNMP 的 MIB-II(管理信息库),使 SNMP 更为有效、更为积极主动地监控远程设备。

基于 Web 的网络管理技术。由于 Web 有独立的平台,且易于控制和使用,因而常被用来实现可视化的显示。

XML 技术。采用 XML 技术,系统提供了标准的信息源,可以与企业内部的其他专业系统或外部系统进行数据交互。

CORBA 技术。CORBA 是 OMG(Object Management Group)为解决不同软硬件产品之间互操作而提出的一种解决方案。简单地说,CORBA 是一个面向对象的分布式计算平台,它允许不同的程序之间可以透明地进行互操作,而不用关心对方位于何地、由谁来设计、运行于何种软硬件平台以及用何种语言实现等,从而使不同的网络管理模式能够结合在一起。

总体来说,网管软件的发展趋势将体现在以下几个方面:

① 系统平台化。网管综合化一直是用户追求的目标。系统平台化因其适配灵活、构筑方便且扩展性好,慢慢成为系统的发展方向。

② 管理更集中。网管系统从开始就体现了集中的思想。首先是集中维护,然后有了集中监控、集中管理。

③ 处理更分布。与建设规模更集中相反,系统的处理方式将更分布。一方面由于更大规模的集中导致系统处理负荷急剧增加,从负载平衡和健壮性的角度考虑,分布式的处理都是最佳的解决办法。另一方面合理的分布方式,有效地提供了系统的扩展能力,也为大规模集中提供解决途径。

④ 与资源结合紧密。网管(NMS)和资源管理(RMS)是 OSS 的重要组成部分。资源管理偏重于资源数据的静态管理和调度,而网管系统从某种程度上也可以认为是资源管理的一种监测、控制和实施工具。网管系统只有与被管网络的资源数据有机结合在一起,才能够真正做到动态、智能化的管理和维护。

⑤ 更多面向业务。电信行业的市场化直接影响到了网管的发展变化,这种影响是方向性的。随着业务类型的不断翻新,对于工单的处理能力要求必然日益提高,网管系统必然在体系上要保证对工单的控制、管理和实施。同时,对于设备和网络的控制将越来越多地与工作流和预案管理相结合,网管的智能化程度将得到更大的提升,网管的业务快速实施能力必然得到极大的加强。

8.5 网络故障诊断概述

8.5.1 网络故障的分类

在现行的网络管理体制中,由于网络故障的多样性和复杂性,网络故障分类方法也不尽相同。根据网络故障的性质可以分为物理故障与逻辑故障,也可以根据网络故障的对象分为线路故障、路由器故障和主机故障。

1. 按网络故障的性质划分

(1) 物理故障

物理故障,是指设备或线路损坏、插头松动、线路受到严重电磁干扰等情况。比如说,网络中某条线路突然中断,如已安装网络监控软件就能够从监控界面上发现该线路流量突然掉下来或系统弹出报警界面,更直接的反映就是处于该线路端口上的无线电管理信息系统无法使用。

解决方法:首先用 DOS 命令集中的 ping 命令检查线路与网络管理中心服务器端口是否连通,如果不连通,则检查端口插头是否松动,如果松动则插紧,再用 ping 命令检查,如果已连通则故障解决。也有可能是线路远离网络管理中心的那端插头松动,则需要检查终端设备的连接状况。如果插口没有问题,则可利用网线测试设备进行通路测试,发现问题应重新更换一条网线。

另一种常见的物理故障就是网络插头误接。这种情况经常是没有搞清网络插头规范或没有弄清网络拓扑结构的情况下导致的。

解决方法:熟悉掌握网络插头规范,如 T568A 和 T568B,搞清网线中每根线的颜色和意义,做出符合规范的插头。还有一种情况,比如两个路由器直接连接,这时应该让一台路由器的出口连接另一路由器的入口,而这台路由器的入口连接另一路由器的出口才行,这时制作的网线就应该满足这一特性,否则也会导致网络误解。不过像这种网络连接故障显得很隐蔽,要诊断这种故障没有什么特别好的工具,只有依靠网络管理的经验进行解决。

(2) 逻辑故障

逻辑故障中的一种常见情况就是配置错误,是指因为网络设备的配置原因而导致的网络异常或故障。配置错误可能是路由器端口参数设定有误,或路由器路由配置错误以致于路由循环或找不到远端地址,或者是网络掩码设置错误等。比如,同样是网络中某条线路故障,发现该线路没有流量,但又可以 ping 通线路两端的端口,这时很可能就是路由配置错误导致循环了。

解决方法:诊断该故障可以用 traceroute 工具,可以发现在 traceroute 的结果中某一段之后,两个 IP 地址循环出现。这时,一般是线路远端把端口路由又指向了线路的近端,导致 IP 包在该线路上来回反复传递。这时需要更改远端路由器端口配置,把路由设置为正确配置,就能恢复线路了。当然处理该故障的所有动作都要记录在日志中,防止再次出现。

逻辑故障中另一类故障就是一些重要进程或端口关闭,以及系统的负载过高。比如,路由器的 SNMP 进程意外关闭或死掉,这时网络管理系统将不能从路由器中采集到任何数据,因此网络管理系统失去了对该路由器的控制。还有,也是线路中断,没有流量,这时用 ping 发现线路近端的端口 ping 不通。

解决方法:检查发现该端口处于 down 的状态,说明该端口已经关闭,因此导致故障。这时只需重新启动该端口,就可恢复线路的连通。此外,还有一种常见情况是路由器的负载过高,表现为路由器 CPU 温度太高、CPU 利用率太高以及内存余量太小等,虽然这种故障不能直接影响网络的连通,但却影响到网络提供服务的质量,而且也容易导致硬件设备的损坏。

2. 按网络故障的对象划分

(1) 线路故障

线路故障最常见的情况就是线路不通,诊断这种故障可用 ping 检查线路远端的路由器端口是否响应,或检测该线路上的流量是否存在。一旦发现远端路由器端口不通,或该线路没有流量,则该线路可能出现了故障。这时有几种处理方法。首先是 ping 线路两端路由器端口,检查两端的端口是否关闭了。如果其中一端端口没有响应则可能是路由器端口故障。如果是近端端口关闭,则可检查端口插头是否松动,路由器端口是否处于 down 的状态;如果是远端端口关闭,则要通知线路对方进行检查。进行这些故障处理之后,线路往往就通畅了。

如果线路仍然不通,一种可能就得线路本身的问题,看是否线路中间被切断;另一种可能就是路由器配置出错,比如路由循环了。就是远端端口路由又指向了线路的近端,这样线路远端连接的网络用户就不通了,这种故障可以用 traceroute 来诊断。解决路由循环的方法就是重新配置路由器端口的静态路由或动态路由。

(2) 路由器故障

事实上,线路故障中很多情况都涉及到路由器,因此也可以把一些线路故障归结为路由器故障。但线路涉及两端的路由器,因此在考虑线路故障时要涉及多个路由器。有些路由器故障仅仅涉及它本身,这些故障比较典型的就是路由器 CPU 温度过高、CPU 利用率过高和路由器内存余量太小。其中最危险的是路由器 CPU 温度过高,因为这可能导致路由器烧毁。而路由器 CPU 利用率过高和路由器内存余量太小都将直接影响到网络服务的质量,比如路由器上丢包率会随内存余量的下降而上升。检测这种类型的故障,需要利用 MIB 变量浏览器工具,从路由器 MIB 变量中读出有关的数据,通常情况下网络管理系统有专门的管理进程不断地检测路由器的关键数据,并及时给出报警。而解决这种故障,只有对路由器进行升级、扩内存等,或者重新规划网络的拓扑结构。

另一种路由器故障是自身的配置错误。比如配置的协议类型不对,配置的端口不对等。这种故障比较少见,在使用初期配置好路由器基本上就不会出现了。

(3) 主机故障

主机故障常见的现象是主机的配置不当。比如,主机配置的 IP 地址与其他主机冲突,或

IP 地址根本就不在子网范围内,这将导致该主机不能连通。如泰州无线电管理处的网段范围是 172.17.14.1~172.17.14.253,所以主机地址只有设置在此段区间内才有效。还有一些服务设置的故障。比如 E-mail 服务器设置不当导致不能收发 E-mail,或者域名服务器设置不当将导致不能解析域名。主机故障的另一种可能是主机安全故障。比如,主机没有控制其上的 finger,rpc,rlogin 等多余服务;而恶意攻击者可以通过这些多余进程的正常服务或 bug 攻击该主机,甚至得到该主机的超级用户权限等。

另外,还有一些主机的其他故障,比如不当共享本机硬盘等,将导致恶意攻击者非法利用该主机的资源。发现主机故障是一件困难的事情,特别是别人恶意的攻击。一般可以通过监视主机的流量或扫描主机端口和服务来防止可能的漏洞。当发现主机受到攻击之后,应立即分析可能的漏洞,并加以预防,同时通知网络管理人员注意。现在,很多网络都安装了防火墙,如果防火墙地址权限设置不当,也会造成网络的连接故障,只要在设置使用防火墙时加以注意,这种故障就能解决。

8.5.2 网络维护的主要方法

1. 参考实例法

参考实例法是指参考能够正常工作的类似(协议,拓扑结构,网络设备等)网络工作情况,找出自身网络出现问题的大致范围或者具体的故障所在的一种方法。

2. 硬件替换法

硬件替换法是指把相同的器件互相交换,观察故障变化的情况,从而缩小故障范围,帮助判断、寻找故障原因的一种方法。

3. 错误测试法

错误测试法是指对可能出现的错误按照可能性大小先后进行测试,逐步缩小故障范围,最终确定故障所在的一种方法。

8.5.3 网络维护的步骤

在排故障之前,必须确切地知道网络上到底出了什么毛病,是不能共享资源,还是找不到另一台计算机,如此等等。知道出了什么问题并能够及时识别,是成功排除故障最重要的步骤。为了与故障现象进行对比,系统管理员必须知道系统在正常情况下是怎样工作的,反之,对问题和故障进行定位是非常困难的。

1. 识别故障现象

应该向操作者询问以下几个问题:
- 当被记录的故障现象发生时,正在运行什么进程(即操作者正在对计算机进行什么操作);
- 这个进程曾经运行过;
- 以前这个进程的运行是否正常;

- 这个进程最后一次成功运行是什么时候；
- 从那时起哪些发生了改变。

带着这些疑问了解问题，才能对症下药排除故障。

2. 对故障现象进行描述

在处理由操作员报告的问题时，对故障现象的详细描述显得尤为重要。如果仅凭他们的一面之词，有时还很难下结论，这时就需要网管对计算机进行亲自操作，运行一下刚才出错的程序，并注意出错信息。例如，在使用 Web 浏览时，无论键入哪个网站都返回"该页无法显示"之类的信息；使用 ping 命令时，无论 ping 哪个 IP 地址都显示超时连接信息等。诸如此类的出错消息会为缩小问题范围提供许多有价值的信息。对此在排除故障前，可以按以下步骤执行：

- 收集有关故障现象的信息；
- 对问题和故障现象进行详细的描述；
- 注意细节；
- 把所有的问题都记下来；
- 不要匆忙下结论。

3. 列举可能导致错误的原因

作为系统管理员，则应当考虑，导致无法查看信息的原因可能有哪些，如网卡硬件故障、网络连接故障、网络设备（Hub）故障、TCP/IP 协议设置不当等。这里需要注意的是：不要着急下结论，可以根据出错的可能性把这些原因按优先级别进行排序，一个个先后排除。

4. 缩小搜索范围

对所有列出的可能导致错误的原因逐一进行测试，而且不要根据一次测试，就断定某一区域的网络是运行正常或是不正常。另外，也不要在自己认为已经确定了的第一个错误上停下来，应直到测试完为止。

除了测试之外，网络管理员还要注意：千万不要忘记去看一看网卡、Hub、Modem、路由器面板上的 LED 指示灯。通常情况下，绿灯表示连接正常（Modem 需要几个绿灯和红灯都要亮），红灯表示连接故障，不亮表示无连接或线路不通，长亮表示广播风暴，指示灯有规律地闪烁才是网络正常运行的标志。同时不要忘记的还有要记录所有观察及测试的手段和结果。

5. 隔离查找出来的错误

经过上述几个步骤后，这时基本上已经确切知道故障的部位。对于计算机的错误，可以开始检查该计算机网卡是否安装好、TCP/IP 协议是否安装并设置正确、Web 浏览器的连接设置是否得当等一切与已知故障现象有关的内容。注意：在开机箱时，不要忘记静电对计算机芯片的危害，以及正确拆卸计算机部件。

6. 分析故障

处理完问题后，作为系统管理员，还必须搞清楚故障是如何发生的，是什么原因导致了故障的发生，以后如何避免类似故障的发生，拟定相应的对策，采取必要的措施，制定严格的规章制度。

8.6 网络维护的主要工作

8.6.1 网络维护软件工具

下面向大家介绍几种常用的网络维护软件。

1. BMC PATROL Dashboard 和 Visualis

产品特点。PATROL Dashboard 采用 Web 界面,可直观地显示网络当前各部分的状况,并定期提供报告,包括瓶颈所在地点;过载的网络设备以及空闲的网络设备;预测网络拥塞或饱和状况;准确完成来自系统内各种端口以及设备信息数据的统计、报告,并最终完成对网络中问题的通知与计划。PATROLVisualis 是网络流量分析工具,直观展示网络动态拓扑图,监测流量的变化情况,显示流量的方向,定位故障源和目的地。

应用领域:金融、电信、政府、交通等的网络维护。

2. CA Unicenter

产品特点。Unicenter 具有多种独特的优势和特性,包括:管理内容的全面性,覆盖 IT 系统管理的方方面面;以业务解决方案为主导的方案包;每一个 Unicenter 模块都内置了通用服务组件,每一个模块在自己成为一个完整的解决方案的同时,也可以通过 UCS 与其他模块、包括第三方产品实现无缝的集成,从而减少部署框架体系时所需的人力物力;增强的体系架构;Unicenter 还增加了可定制的门户功能,以增强产品的可视化和个性化。

应用领域:不同领域各种类型的企业的网络维护。

3. HP Open View Network Node Manager

产品特点。支持自动搜索网络,帮助客户了解自己的环境;对第三层和第二层环境进行问题根本原因分析,这种内置的功能还可以动态地根据网络中的变动进行调整;提供故障诊断工具,帮助快速解决复杂问题;收集主要网络信息,帮助用户发现问题并主动进行管理。

应用领域:通讯、金融、保险、证券、政府、交通以及中小企业的网络维护。

4. IBM Tivoli

产品特点。IBM Tivoli 软件配置和操作解决方案能够实现电子商务基础架构的自主控制,比如 IBM Tivoli 配置管理器提供了用于部署软件以及跟踪跨企业软硬件配置的集成化解决方案;应用工作量调度程序能够自主监视及控制通过企业整个 IT 基础设施的工作流;远程控制可以使 IT 部门快速、安全、可靠地控制其管理的重要资源。

5. NAI Sniffer Portable

产品特点。Sniffer Portable 通过提供可以快速识别并解决网络性能问题的便携式分析解决方案来帮助网络技术人员解决所有 LAN 和 WAN 拓扑结构中的问题。它使用 450 多种协议解码和强大的 Expert 分析功能,可以分析网络通讯并定位造成宕机或响应迟缓的原因。

应用领域:可用于维护各种规模的网络。

8.6.2 网络维护硬件工具

略。

8.7 网络诊断命令

8.7.1 IPConfig 命令

IPConfig 实用程序和它的等价图形用户界面——Windows 95/98 中的 WinIPCfg 可用于显示当前的 TCP/IP 配置的设置值。这些信息一般用来检验人工配置的 TCP/IP 设置是否正确。但是,如果你的计算机和所在的局域网使用了动态主机配置协议(Dynamic Host Configuration Protocol,DHCP——Windows NT 下的一种把较少的 IP 地址分配给较多主机使用的协议,类似于拨号上网的动态 IP 分配),这个程序所显示的信息也许更加实用。这时,IPConfig 可以让你了解你的计算机是否成功的租用到一个 IP 地址,如果租用到则可以了解它目前分配到的是什么地址。了解计算机当前的 IP 地址、子网掩码和缺省网关实际上是进行测试和故障分析的必要项目。

最常用的选项如下。

ipconfig——当使用 IPConfig 时不带任何参数选项,那么它为每个已经配置了的接口显示 IP 地址、子网掩码和缺省网关值。

ipconfig/all——当使用 all 选项时,IPConfig 能为 DNS 和 WINS 服务器显示它已配置且所要使用的附加信息(如 IP 地址等),并且显示内置于本地网卡中的物理地址(MAC)。如果 IP 地址是从 DHCP 服务器租用的,IPConfig 将显示 DHCP 服务器的 IP 地址和租用地址预计失效的日期(有关 DHCP 服务器的相关内容请详见其他有关 NT 服务器的书籍或询问你的网管)。

ipconfig/release 和 ipconfig/renew——这是两个附加选项,只能在向 DHCP 服务器租用其 IP 地址的计算机上起作用。如果输入 ipconfig/release,那么所有接口的租用 IP 地址便重新交付给 DHCP 服务器(归还 IP 地址)。如果输入 ipconfig/renew,那么本地计算机便设法与 DHCP 服务器取得联系,并租用一个 IP 地址。注意:大多数情况下网卡将被重新赋予和以前所赋予的相同的 IP 地址。

如果使用的是 Windows 95/98,那么应该更习惯使用 winipcfg 而不是 ipconfig,因为它是一个图形用户界面,而且所显示的信息与 ipconfig 相同,并且也提供发布和更新动态 IP 地址的选项。如果购买了 Windows NT Resource Kit(NT 资源包),那么 Windows NT 也包含了一个图形替代界面,该实用程序的名字是 wntipcfg,和 Windows 95/98 的 winipcfg 类似。

8.7.2 Ping 命令

Ping 是典型的网络工具。Ping 能够辨别网络功能的某些状态。这些网络功能的状态是日常网络故障诊断的基础。特别是 Ping 能够识别连接的二进制状态(也就是是否连通)。但是,这只能表明网络运行状况的众多行为分析中一个最简单的例子。

假设网络是一个黑匣子,对此事先一无所知。通过适当地刺激网络和分析网络的反应,正确地应用网络行为分析模型确定这个黑匣子的内部状态。这就使网络工程师和用户不必专门访问网络的组成设备(接口、交换机和路由器)就可以了解一个网络通道。

向网络发送数据包。用网络的正常状态和网络标准作为分析模型。接下来,把可能的网络反应同已知的状态联系起来,就可以识别网络的内部状态,如连通性。

在使用 Ping 的情况下,这只能使简单的事情更加复杂。向一个 IP 地址发送一个 ICMP Echo 数据包,可以得到 ICMP(互联网信报控制协议)应答,你就可以确定在网络路径上存在连接。这很简单,但是功能却非常强大,因为它可以指出更有趣的可能性。

当然,网络从来不是理想的。网络对刺激的反应是随时间变化的。一般来说,Ping 要重复这个过程不只一次,然后进行统计评估。按照这种做法,Ping 大体上可以确定往返时间(RTT)的统计变化以及丢包率(往返时间为无穷大)。根据这个额外的信息,可以稍微多的了解到网络通道中的一些信息,但是了解的并不多。

Traceroute 是采用这种方法的另一个工具。利用与中间路径第三层设备有关的已知的行为和 IP 报头的生存时间(TTL)域,Traceroute 能够确定主机与某些目标主机之间的第三层的设备的排列顺序。要完成这个任务,Traceroute 不是发送一个数据包,而是发送一系列具有 TTL 特殊设置的数据包,从 1 个逐步增加到 255 个,直到达到预定的目标。Traceroute 然后能够识别以 ICMP TTL 到其信息应答的每个第三层接口的 IP 地址。

Traceroute 因此可以提供一个功能,了解两个主机之间 IP 路由的状态。显然,这样的状态很多,比简单的二进制的连接状态要复杂。

Traceroute 需要大量增加网络路径的样本来完成这个任务。

当然,还有更多的工具可以显示网络路径的不同方面,甚至 Ping 和 Traceroute 也增加了其他的功能。有些工具依赖非常高级的数学网络模型。这些数学模型包括队列理论、非随机损失分析和错误的关联等。

那么,问题的要点是什么呢?这有点儿像盲人摸象的老寓言,每个盲人都以不同的特点解释象(有人说像蛇,有人说像堵墙,有人说像树干),因为每一个路径都是以不同的方式访问的。它们谁也不清楚它们正在处理的是什么。

因此,网络就是这种东西,不断地变化、影响应用程序的性能并且阻碍诊断。然而,可以广泛应用网络分析模型,而不是对简单的网络状态进行一点一点的分析。高级取样和分析过程可以详细揭示所有的端对端的路径的结构。

"新网络科学"栏目介绍的许多最新的网络技术充分利用了这个方法。事实上,这些系统提供的观点更精确。打个比方,这就好像是使用现代的声纳精确地生成的一个由温度、表面和盐度等所有的细微变化形成的声波以准确地描绘海洋的洋底、洋流和海洋生物存在的状态。

更好的是,这些系统能够有选择地分析网络对具体应用程序的反应。这些应用程序包括备份与恢复、VoIP、视频、协作环境等处理系统以及其他应用软件。数据包的大小、负载、协议和传输速率的变化都可能引起网络改变其特点。

如果发现 Ping 和 Traceroute 用处不大,考虑一下,使用的仅仅是可能拥有的工具的很小的一部分。就像一个像素大小的图形不能展示整个画面一样,Ping 也不能说明整个情况。

Ping 命令。校验与远程计算机或本地计算机的连接。只有在安装 TCP/IP 协议之后才能使用该命令。

命令格式:

   ping[-t][-a][-n count][-l length][-f][-i ttl][-v tos][-r count][-s count]
   [[-j computer-list]|[-k computer-list]][-w timeout]destination-list

8.7.3 Netstat 命令

Netstat 命令可以帮助网络管理员了解网络的整体使用情况。它可以显示当前正在活动的网络连接的详细信息,例如显示网络连接、路由表和网络接口信息,可以统计目前总共有哪些网络连接正在运行。

利用命令参数,可以显示所有协议的使用状态,这些协议包括 TCP 协议、UDP 协议以及 IP 协议等,另外还可以选择特定的协议并查看其具体信息,还能显示所有主机的端口号以及当前主机的详细路由信息。

命令格式:

   netstat[-r][-s][-n][-a]

参数含义:-r 显示本机路由表的内容;-s 显示每个协议的使用状态(包括 TCP 协议、UDP 协议、IP 协议);-n 以数字表格形式显示地址和端口;-a 显示所有主机的端口号。

8.7.4 Traceroute 命令

互联网中,信息的传送是通过网络中许多段的传输介质和设备(路由器、交换机、服务器、网关等)从一端到达另一端。每一个连接在 Internet 上的设备,如主机、路由器、接入服务器等,一般情况下都会有一个独立的 IP 地址。通过 Traceroute 可以知道信息从一台计算机到互联网另一端的主机走的是什么路径。当然每次数据包由某一同样的出发点(source)到达某一同样的目的地(destination)走的路径可能会不一样,但大部分时候所走的路由是相同的。UNIX 系统中,这补称为 Traceroute,MS Windows 中被称为 Tracert。

Traceroute 通过发送小的数据包到目的设备直到其返回,来测量其需要多长时间。一条路径上的每个设备 Traceroute 要测 3 次。输出结果中包括每次测试的时间（ms）和设备的名称（如有的话）及其 IP 地址。

在大多数情况下，网络工程技术人员或者系统管理员会在 UNIX 主机系统下，直接执行命令行：

  Traceroute hostname

而在 Windows 系统下是执行 Tracert 的命令：

  Tracerert hostname

比如在北京地区使用 WindowsNT 主机（已经与北京 163 建立了点对点的连接后），使用 NT 系统中的 Tracert 命令（用户可用：【开始】|【运行】，输入 command 调出 command 窗口使用此命令）：

```
C:\\>tracert www.yahoo.com
Tracing route to www.yahoo.com [204.71.200.75]
over a maximum of 30 hops:

 1  161 ms  150 ms  160 ms  202.99.38.67
 2  151 ms  160 ms  160 ms  202.99.38.65
 3  151 ms  160 ms  150 ms  202.97.16.170
 4  151 ms  150 ms  150 ms  202.97.17.90
 5  151 ms  150 ms  150 ms  202.97.10.5
 6  151 ms  150 ms  150 ms  202.97.9.9
 7  761 ms  761 ms  752 ms  border7-serial3-0-0.Sacramento.cw.net [204.70.122.69]
 8  751 ms  751 ms    *     core2-fddi-0.Sacramento.cw.net [204.70.164.49]
 9  762 ms  771 ms  751 ms  border8-fddi-0.Sacramento.cw.net [204.70.164.67]
10  721 ms    *     741 ms  globalcenter.Sacramento.cw.net [204.70.123.6]
11    *     761 ms  751 ms  pos4-2-155M.cr2.SNV.globalcenter.net [206.132.150.237]
12  771 ms    *     771 ms  pos1-0-2488M.hr8.SNV.globalcenter.net [206.132.254.41]
13  731 ms  741 ms  751 ms  bas1r-ge3-0-hr8.snv.yahoo.com [208.178.103.62]
14  781 ms  771 ms  781 ms  www10.yahoo.com [204.71.200.75]

Trace complete.
```

命令格式：

  tracert[-d][-h maximum_hops][-j computer-list][-w timeout]target_name

该诊断实用程序通过向目的地发送具有不同生存时间（TL）的 Internet 控制信息协议（CMP）回应报文，以确定至目的地的路由。路径上的每个路由器都要在转发该 ICMP 回应报文之前将其 TTL 值至少减 1，因此 TTL 是有效的跳转计数。当报文的 TTL 值减少到 0 时，路由器向源系统发回 ICMP 超时信息。通过发送 TTL 为 1 的第一个回应报文并且在随后的发送中每次将 TTL 值加 1，直到目标响应或达到最大 TTL 值，Tracert 可以确定路由。通过检查中间路由器发回的 ICMP 超时(ime Exceeded)信息,可以确定路由器。注意,有些路由器"安静"地丢弃生存时间(TLS)过期的报文并且对 Tracert 无效。

参数说明:-d 指定不对计算机名解析地址;-h maximum_hops 指定查找目标的跳转的最大数目;-j computer-list 指定在 computer-list 中松散源路由;-w timeout 等待由 timeout 对每个应答指定的毫秒数;target_name 目标计算机的名称。

8.7.5 Nslookup 命令

1. Nslookup 命令详解

Nslookup 显示可用来诊断域名系统(DNS)基础结构的信息。只有在已安装 TCP/IP 协议的情况下才可以使用 Nslookup 命令行工具。

命令格式:

nslookup[-SubCommand…][{ComputerToFind|[-Server]}]

参数说明:

(1) -SubCommand…

将一个或多个 nslookup 子命令指定为命令行选项。

(2) ComputerToFind

如果未指定其他服务器,就使用当前默认 DNS 名称服务器查阅 ComputerToFind 的信息。要查找不在当前 DNS 域的计算机,请在名称上附加句点。

(3) -Server

指定将该服务器作为 DNS 名称服务器使用。如果省略了 -Server,将使用默认的 DNS 名称服务器。

(4) {help|?}

显示 nslookup 子命令的简短总结。

2. 注 释

如果 ComputerToFind 是 IP 地址,并且查询类型为 A 或 PTR 资源记录类型,则返回计算机的名称。如果 ComputerToFind 是一个名称,并且没有跟踪期,则向该名称添加默认 DNS 域名。此行为取决于下面 set 子命令的状态:domain、srchlist、defname 和 search。如果键入连字符(-)代替 ComputerToFind,命令提示符更改为 nslookup 交互式模式。

命令行长度必须少于 256 个字符。

Nslookup 有两种模式:交互式和非交互式。

如果仅需要查找一块数据,请使用非交互式模式。对于第一个参数,键入要查找的计算机的名称或 IP 地址。对于第二个参数,键入 DNS 名称服务器的名称或 IP 地址。如果省略第二个参数,nslookup 使用默认 DNS 名称服务器。

如果需要查找多块数据,可以使用交互式模式。为第一个参数键入连字符(-),为第二个参数键人 DNS 名称服务器的名称或 IP 地址。或者,省略两个参数,则 nslookup 使用默认 DNS 名称服务器。下面是一些有关在交互式模式下工作的提示:

> 要随时中断交互式命令,请按 CTRL+B;
> 要退出,请键入 exit;
> 要将内置命令当作计算机名,请在该命令前面放置转义字符(\);
> 将无法识别的命令解释为计算机名;
> 如果查找请求失败,nslookup 将打印错误消息。下表列出可能的错误消息。错误消息说明 Timed out 重试一定时间和一定次数之后,服务器没有响应请求。可以通过 set timeout 子命令设置超时期。而利用 set retry 子命令设置重试次数。

下面列出可能的错误消息:
> No response from server 服务器上没有运行 DNS 名称服务器;
> No records 尽管计算机名有效,但是 DNS 名称服务器没有计算机当前查询类型的资源记录。查询类型使用 set querytype 命令指定;
> Nonexistent domain 计算机或 DNS 域名不存在;
> Connection refused or Network is unreachable;
  无法与 DNS 名称服务器或指针服务器建立连接。该错误通常发生在 ls 和 finger 请求中。
> Server failure DNS 名称服务器发现在其数据库中内部不一致而无法返回有效应答;
> Refused DNS 名称服务器拒绝为请求服务;
> Format error DNS 名称服务器发现请求数据包的格式不正确。可能表明 nslookup 中存在错误。

本章习题

1. 目前网络安全面临的主要问题有哪些?
2. 信息传输过程中可能出现的几类安全问题分别是什么?
3. 计算机网络系统中对目录和文件的访问权限一般有哪几种?
4. 信息加密策略通常采用哪些方法?
5. 目前黑客攻击大致可以分为哪几种基本的类型?
6. 网络管理系统涉及哪些方面?
7. 按网络故障的性质划分,网络故障可以被分为哪几类?
8. 网络维护的主要方法有哪些?
9. 网络维护的主要软硬件工具有哪些?
10. 网络维护中常用的诊断命令有哪些?

第 9 章 实验指导

9.1 网络环境组建

组建计算机网络,最关键的是选择什么样的传输介质和网络连接设备,这些选择不仅关系到计算机网络的性能,而且关系到组建网络的成本。下面主要介绍目前最常用到的网络传输介质——双绞线的制作。

双绞线有 UTP 和 STP 两种。

非屏蔽双绞线(UTP)可分为三类、四类、五类和超五类等多种。非屏蔽双绞线如图 9-1 所示。

屏蔽双绞线(STP)可分为三类、五类、超五类等多种。屏蔽双绞线如图 9-2 所示。

图 9-1 非屏蔽式双绞线(UTP)

图 9-2 屏蔽式双绞线(STP)

主要特点:非屏蔽双绞线易弯曲、易安装,具有阻燃性,布线灵活;屏蔽双绞线价格高,安装困难,需连结器,抗干扰性好。

主要用途:三类线用于语音传输及最高传输速率为 10 Mbps 的数据传输;四类线和五类用于语音传输和最高传输速率为 16 Mbps 的数据传输;超五类线和六类线用于语音传输和最高传输速率为 100 Mbps 的数据传输。

网络距离:每网段 100 m,接 4 个中继器后最长可达到 500 m;每干线最大节点数无限制。

压制好的双绞线如图 9-3 所示。

双绞线两端头通过 RJ-45 水晶头连接网卡和集线器,下面我们介绍一下接头(RJ-45)的制作方法。

制作压制双绞线 RJ-45 水晶头时,需在双绞线两端压制水晶头,压制水晶头需使用专用卡线钳按下述步骤制作:

图 9-3 压制好的双绞线

① 剥线。用卡线钳剪线刀口将线头剪齐,再将双绞线端头伸入剥线刀口,使线头触及前挡板,然后适度握紧卡线钳同时慢慢旋转双绞线,让刀口划开双绞线的保护胶皮,取出端头从而拨下保护胶皮,如图9-4所示。

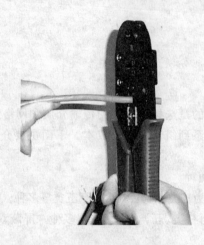

图9-4 剥线的做法

② 理线。双绞线由8根有色导线两两绞合而成,将其整理平行按橙白、橙、绿白、兰、兰白、绿、棕白、棕色平行排列,整理完毕用剪线刀口将前端修齐。理线的规范顺序和做法如图9-5所示。

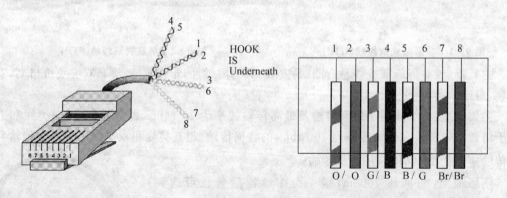

图9-5 理线的规范顺序和做法

③ 插线。一只手捏住水晶头,将水晶头有弹片一侧向下,另一只手捏平双绞线,稍稍用力将排好的线平行插入水晶头内的线槽中,八条导线顶端应插入线槽顶端,如图9-6所示。

④ 压线。确认所有导线都到位后,将水晶头放入卡线钳夹槽中,用力捏几下卡线钳,压紧线头即可,如图9-7所示。

⑤ 另一端水晶头的压制。如果压制的是与集线器或交换机连接的电缆接头,重复上述方

法制作双绞线的另一端,即双绞线的两端接线顺序完全一样。压制好的双绞线如图 9-8 所示。

图 9-6 插线的做法

图 9-7 压线的做法

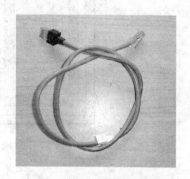
图 9-8 压制好的双绞线

⑥ 检查。压制好水晶头的电缆线使用前最好用电缆检查仪检测一下,断路会导致无法通讯,短路有可能损坏网卡或集线器。使用测线仪检查双绞线是否正常如图 9-9 所示。

⑦ 连接。网卡通过 RJ-45 接头与网线相连,双绞线另一头与集线器或交换机相连接。笔记本电脑使用双绞线连接如图 9-10 所示。

图 9-9 使用测线仪检查双绞线是否正常

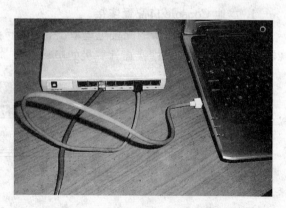
图 9-10 笔记本电脑使用双绞线连接

⑧ 双机互连的情况。当使用双绞线连接两台电脑组成对等网时,可以不使用集线器,而直接用双绞线将两台电脑连接,但这时的双绞线压制方法必须改变(水晶头一端压线不变,另一端的 1 与 3,2 与 6 对换),压线顺序如图 9-11 所示。

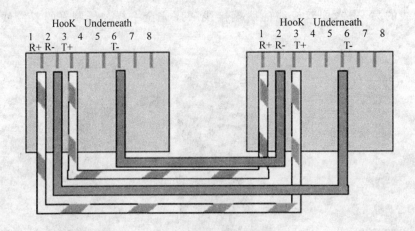

图 9-11 双机互连时双绞线的连接状态

9.2 交换机基本配置及 VLAN 设置

9.2.1 交换机基本配置

交换机的配置方式有多种,主要有本地 Console 口配置、Telnet 远程登录配置、FTP 配置、TFTP 配置。

1. 本地 Console 口配置连接

将交换机随机所带的配置电缆取出,1RJ-45 头一端接在路由器的 Console 口上 19 针(或 25 针)RS-232 接口一端接在计算机的串行口上。交换机配置连接图如图 9-12 所示。

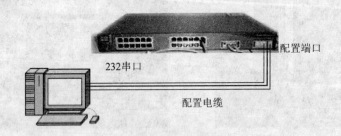

图 9-12 交换机配置连接图

2. 配置启动过程

(1) 首先启动超级终端软件,单击 Windows 系统的【开始】按钮,选择【程序】|【附件】|【通讯】|【超级终端】命令。

(2) 进行串口属性设置。超级终端参数设置如图 9-13 所示。

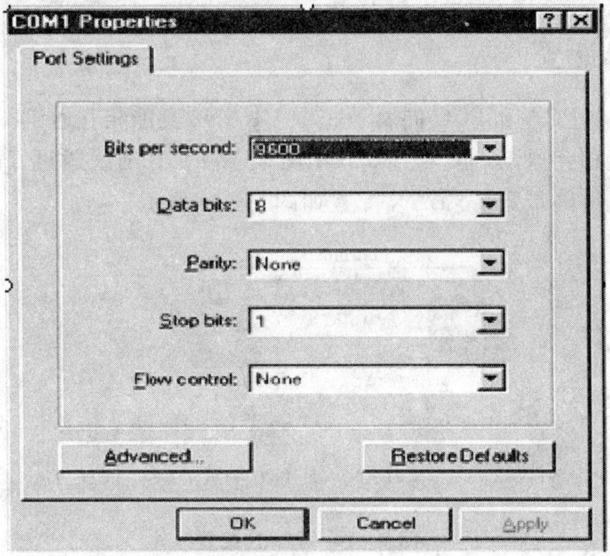

图 9-13 超级终端参数设置

3. 交换机的视图模式

交换机的操作系统是 IOS,不同公司生产的交换机有不同的 IOS。开机后,交换机进入用户视图,提示符可能为:

⟨Quidway⟩

输入命令 system-view,进入系统视图,提示符为:

⟨Quidway-system⟩

输入命令 quit,又回到用户视图。输入命令 interface⟨端口号⟩,进入端口视图,提示符为:

[Quidway-Ethernet 0/1(端口号)]

输入命令 vlan vlan-mumger,进入 VLAN 配置视图,提示符为:

[Quidway-Vlan1]

在用户视图下使用"?",键入帮助命令后,系统显示:

⟨Quidway⟩?

User view commands:

boot	Set boot option
cd	Change the current path
clock	Specify the system clock
cluster	Run cluster command
copy	Copy the file

debugging   Enable system debugging functions
delete   Delete the file

9.2.2 VLAN 设置

对于 VLAN,要求 PCA 和 PCC 同属于一个 VLAN2 且能相互通讯。PCB 和 PCD 同属于另一个 VLAN3 且能相互通讯。两台 S3026 用两根 100 MB 网线通过 Trunk 链路互连,并使用端口聚合功能增加链路带宽。VLAN 配置如图 9-14 所示。

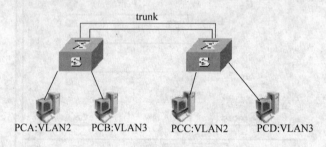

图 9-14 VLAN 配置

1. 配置 VLAN：SwitchA & SwitchB

　　[SwitchA]vlan2

　　[SwitchA-vlan2]port ethernet 0/1

　　[SwitchA-vlan2]vlan 3

　　[SwitchA-vlan3]port ethernet 0/2

2. 配置接口

　　[SwitchA-Ethernet0/23]speed 100

　　[SwitchA-Ethernet0/23]duplex full

　　[SwitchA-Ethernet0/23]port link-type trunk

　　[SwitchA-Ethernet0/23]port trunk permit vlan 2 to 3

　　[SwitchA-Ethernet0/24]speed 100

　　[SwitchA-Ethernet0/24]duplex full

　　[SwitchA-Ethernet0/24]port link-type trunk

　　[SwitchA-Ethernet0/24]port trunk permit vlan2 to 3

3. 配置端口聚合

　　[SwitchA]link-aggregation ethernet 0/23 to ethernet 0/24 both

9.3 三层交换机配置

　　随着综合了路由器功能和交换机功能的高速智能路由交换机——三层交换机的出现,设计具有三层结构的大型网络系统变得较为容易。图 9-15 所示的是一个为某大型企业设计的三层结构的网络系统。

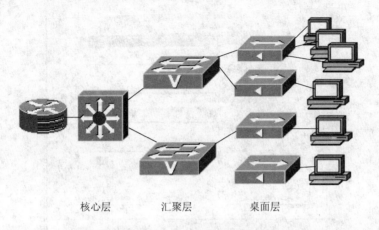

图 9-15 三层结构的网络系统

9.4 路由器的基本配置

路由器的配置方式有多种,主要有本地 Console 口配置、Telnet 远程登录配置、FTP 配置、远程拨号配置。

1. 本地 Console 口配置连接

将路由器随机所带的配置电缆取出,1RJ-45 头一端接在路由器的 Console 口上 19 针(或 25 针)RS-232 接口一端接在计算机的串行口上。路由器配置连接如图 9-16 所示。

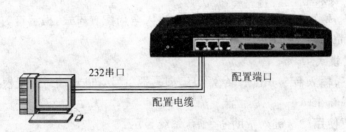

图 9-16 路由器配置连接

2. 配置启动过程

① 首先启动超级终端软件,单击 Windows 系统的【开始】按钮,选择【程序】|【附件】|【通讯】|【超级终端】命令。

② 按图 9-17,进行串口属性设置。

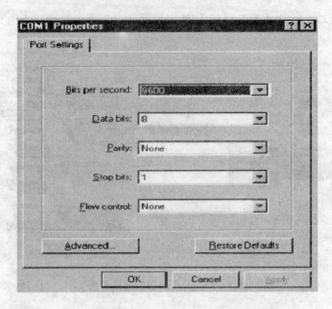

图 9-17 超级终端设置

3. 配置模式

(1) 普通用户模式

启动路由器后,进入普通用户模式,提示符为:

　　router>

输入命令 enable,进入特权模式,提示符为:

　　router#

(2) 特权用户模式

在特权模式下,输入命令#config terminal,进入全局配置模式,提示符为:

　　router#(config)

(3) 全局配置模式

在全局模式下,输入命令 interface〈端口类型〉〈端口号〉,进入端口配置模式,提示符为:

　　router#(config-if)

在用户模式下使用"?",键入帮助命令后,系统显示:

　　router>?

　　　　enable　　　　　　Turn on privileged commands
　　　　exit　　　　　　　Exit from EXEC
　　　　help　　　　　　　Description of the interactive help system
　　　　language　　　　　Switch language mode(English,Chinese)
　　　　ping　　　　　　　Send echo messages

display	display running system information
telnet	Connect remote computer
tracert	Trace route to destination

9.5 路由器协议的配置

路由配置是路由器的一个重要的配置任务之一,路由是指路由器选择到达目的网络最短的路径,路由器在判断目的网络时使用目的网络的 IP 地址。为了能够正确的路由数据包,路由器必须学习到达目的网络的路径。

路由协议分为两个部分:静态路由和动态路由。使用动态路由协议路由器可以自动的学习到达远端网络的路径信息。而静态路由则不然,它需要网络管理者手动的将到达目的网络的路径添加到路由表中。

静态路由适合在规模较小、不经常改变的网络中使用,动态路由适合在大的网络中使用,这样,路径的改变不需要网络管理者手动的更改路由信息,路由器将自动适应网络拓扑的改变。

下面就为大家介绍如何配置静态路由。

9.5.1 标准静态路由的配置

PC1 和 PC2 需要通过路由器 Router A 和 Router B 用静态路由实现互连互通。下面将两个路由器的配置用表 9-1 和 9-2 列出。

表 9-1 Router A 配置

当前路由器提示视图	依次输入的配置命令,重要的命令红色突出显示	简单说明
	!	适用版本 vrp1.74 及 1.44
[Router]	interface Ethernet0	进入以太 0 口
[Router-Ethernet0]	ip address 10.1.1.1 255.255.255.0	配置内网口 IP 地址
	!	
[Router]	interface Serial0	进入串口 0
[Router-Serial0]	link-protocolppp	封装 ppp 协议
[Router-Serial0]	ip address20.1.1.2 255.255.255.252	配置串口 IP 地址串口
	!	
	quit	
[Router]	IP route-static 30.1.1.0 255.255.255.0 20.1.1.1 preference60	配置到对端 PC2 所在网段的静态路由,缺省优先级为 60
	!	
[Router]	quit	

表 9 – 2 Router B 配置

当前路由器提示视图	依次输入的配置命令,重要的命令红色突出显示	简单说明
	!	适用版本 vrp1.74 及 1.44
[Router]	interface Ethernet0	进入以太 0 口
[Router-Ethernet0]	ip address 30.1.1.1 255.255.255.0	配置内网口 IP 地址
	!	
[Router]	interface Serial0	进入串口 0
[Router-Serial0]	link-protocol ppp	封装 ppp 协议
[Router-Serial0]	ip address 20.1.1.1 255.255.255.252	配置串口 IP 地址串口
	!	
	quit	
[Router]	ip route-static 10.1.1.0 255.255.255.0 10.1.1.2 preference 60	配置到对端 PC1 所在网段的静态路由,缺省优先级为 60
	!	
	quit	

注意:在配置静态路由时,一定要保证路由的双向的可达,即要配置到远端路由器路由,远端路由器也要配置到近端路由器回程路由。

如果必须配置静态路由,请尽量使用具体网段的静态路由,避免使用 ip route-static 0.0.0.0 0.0.0.0 缺省路由,以防止路由环的产生。

9.5.2 缺省路由的配置

缺省路由也是一种静态路由。简单地说,缺省路由就是在没有找到任何匹配的路由项情况下,才使用的路由。即只有当无任何合适的路由时,缺省路由才被使用。

[Router] ip route-static 0.0.0.0 0.0.0.0 Serial 0 preference 60

上面命令中用到了 Serial 0,接口的名字,如串口封装 PPP 或 HDLC 协议,这时可以不用指定下一跳地址,只需指定发送接口即可。

对于以太口,Serial 口封装了非点到点协议,比如 fr、x25 等,必须配置下一跳的 IP 地址。

9.6 广域网协议配置

下面以 Cisco 路由器为例向大家介绍广域网协议配置。

1. HDLC

HDLC 是 Cisco 路由器使用的缺省协议，一台新路由器在未指定封装协议时默认使用 HDLC 封装。

(1) 有关命令

端口设置：[attach]644[/attach]

以下给出一个显示 Cisco 同步串口状态的例子。

Router# show interface serial 0

Serial 0 is up, line protocol is up

Hardware is MCI Serial

Internet address is 150.136.190.203, subnet mask is 255.255.255.0

MTU 1500 bytes, BW 1544 Kbit, DLY 20000 usec, rely 255/255, load 1/255

Encapsulation HDLC, loopback not set, keepalive set(10 sec)

Last input 0:00:07, output 0:00:00, output hang never

Output queue 0/40, 0 drops; input queue 0/75, 0 drops

Five minute input rate 0 bits/sec, 0 packets/sec

Five minute output rate 0 bits/sec, 0 packets/sec

16263 packets input, 1347238 bytes, 0 no buffer

Received 13983 broadcasts, 0 runts, 0 giants

2 input errors, 0 CRC, 0 frame, 0 overrun, 0 ignored, 2 abort

22146 packets output, 2383680 bytes, 0 underruns

0 output errors, 0 collisions, 2 interface resets, 0 restarts

1 carrier transitions

(2) 举 例

[attach]645[/attach]

设置如下。

Router1：

interface Serial0

    ip address 192.200.10.1 255.255.255.0

    clockrate 1000000

Router2：

interface Serial0

    ip address 192.200.10.2 255.255.255.0

!

(3) 举例使用 E1 线路实现多个 64 KB 专线连接

相关命令：[attach]646[/attach]

说明：

① 当链路为 T1 时，channel-group 编号为 0～23，Timeslot 范围 1～24；当链路为 E1 时，channel-group 编号为 0～30，Timeslot 范围 1～31。

② 使用 show controllers e1 观察 controller 状态，以下为帧类型为 crc4 时 controllers 正常的状态：

  Router # show controllers e1
  e1 0/0 is up.
  Applique type is Channelized E1 -unbalanced
  Framing is CRC4, Line Code is HDB3 No alarms detected.
  Data in current interval(725 seconds elapsed)：
  0 Line Code Violations, 0 Path Code Violations
  0 Slip Secs, 0 Fr Loss Secs, 0 Line Err Secs, 0 Degraded Mins
  0 Errored Secs, 0 Bursty Err Secs, 0 Severely Err Secs, 0 Unavail Secs
  Total Data(last 24 hours) 0 Line Code Violations, 0 Path Code Violations,
  0 Slip Secs, 0 Fr Loss Secs, 0 Line Err Secs, 0 Degraded Mins,
  0 Errored Secs, 0 Bursty Err Secs, 0 Severely Err Secs, 0 Unavail Secs

以下例子为 E1 连接 3 条 64 KB 专线，帧类型为 NO-CRC4，非平衡链路，路由器具体设置如下：

  shanxi # wri t
  Building configuration…
  Current configuration：
  !
  version 11.2
  no service udp-small-servers
  no service tcp-small-servers
  !
  hostname shanxi
  !
  enable secret 5 1 XN08 $ Ttr8nfLoP9.2RgZhcBzkk/
  enable password shanxi
  !
  !
  ip subnet-zero
  !
  controller E1 0
  framing NO-CRC4
  channel-group 0 timeslots 1

channel-group 1 timeslots 2
channel-group 2 timeslots 3
!
interface Ethernet 0
ip address 133.118.40.1 255.255.0.0
media-type 10BaseT
!
interface Ethernet1
no ip address
shutdown
!
interface Serial0:0
ip address 202.119.96.1 255.255.255.252
no ip mroute-cache
!
interface Serial0:1
ip address 202.119.96.5 255.255.255.252
no ip mroute-cache
!
interface Serial0:2
ip address 202.119.96.9 255.255.255.252
no ip mroute-cache
!
no ip classless
ip route 133.210.40.0 255.255.255.0 Serial0:0
ip route 133.210.41.0 255.255.255.0 Serial0:1
ip route 133.210.42.0 255.255.255.0 Serial0:2
!
line con 0
line aux 0
line vty 0 4
password shanxi
login
!
end

2. PPP

PPP(Point-to-Point Protocol)是SLIP(Serial Line IP protocol)的继承者,它提供了

跨过同步和异步电路实现路由器到路由器(router-to-router)和主机到网络(host-to-network)的连接。

CHAP(Challenge Handshake Authentication Protocol)和PAP(Password Authentication Protocol)通常被用于在PPP封装的串行线路上提供安全性认证。使用CHAP和PAP认证,每个路由器通过名字来识别,可以防止未经授权的访问。

CHAP和PAP在RFC 1334上有详细的说明。

(1) 有关命令

端口设置:[attach]647[/attach]

说明:要使用CHAP/PAP必须使用PPP封装。在与非Cisco路由器连接时,一般采用PPP封装,其他厂家路由器一般不支持Cisco的HDLC封装协议。

(2) 举　例

路由器Router1和Router2的S0口均封装PPP协议,采用CHAP做认证,在Router1中应建立一个用户,以对端路由器主机名作为用户名,即用户名应为router2。同时在Router2中应建立一个用户,以对端路由器主机名作为用户名,即用户名应为router1。所建的这两用户的password必须相同。

[attach]648[/attach]

设置如下。

  Router1:
  hostname router1
  username router2 password xxx
  interface Serial0
  ip address 192.200.10.1 255.255.255.0
  clockrate 1000000
  ppp authentication chap
  !

  Router2:
  hostname router2
  username router1 password xxx
  interface Serial0
  ip address 192.200.10.2 255.255.255.0
  ppp authentication chap

3. X.25

(1) X.25技术

X.25规范对应OSI三层,X.25的第三层描述了分组的格式及分组交换的过程。X.25的第二层由 LAPB(Link Access Procedure Balanced)实现,它定义了用于 DTE/DCE 连接的帧格式。X.25 的第一层定义了电气和物理端口特性。

X.25 网络设备分为数据终端设备(DTE)、数据电路终端设备(DCE)及分组交换设备(PSE)。DTE 是 X.25 的末端系统,如终端、计算机或网络主机,一般位于用户端,Cisco 路由器就是 DTE 设备。DCE 设备是专用通讯设备,如调制解调器和分组交换机。PSE 是公共网络的主干交换机。

X.25 定义了数据通讯的电话网络,每个分配给用户的 X.25 端口都具有一个 X.121 地址,当用户申请到的是 SVC(交换虚电路)时,X.25 一端的用户在访问另一端的用户时,首先将呼叫对方 X.121 地址,然后接收到呼叫的一端可以接受或拒绝,如果接受请求,于是连接建立实现数据传输,当没有数据传输时挂断连接,整个呼叫过程类似于拨打普通电话,其不同的是 X.25 可以实现一点对多点的连接。其中 X.121 地址、htc 均必须与 X.25 服务提供商分配的参数相同。X.25PVC(永久虚电路),没有呼叫的过程,类似 DDN 专线。

(2) 有关命令:

说明:

① 虚电路号从 1~4 095,Cisco 路由器默认为 1 024,国内一般分配为 16。

② 虚电路计数从 1~8,缺省为 1。

③ 在改变了 X.25 各层的相关参数后,应重新启动 X.25(使用 clear x25{serial number|cmns-interface mac-address}[vc-number]或 clear x25-vc 命令),否则新设置的参数可能不能生效。同时应对照服务提供商对于 X.25 交换机端口的设置来配置路由器的相关参数,若出现参数不匹配则可能会导致连接失败或其他意外情况。

(3) 实 例

在以下实例中每二个路由器间均通过 SVC 实现连接。

路由器设置如下。

Router1:
 interface Serial0
 encapsulation x25
 ip address 192.200.10.1 255.255.255.0
 x25 address 110101
 x25 htc 16
 x25 nvc 2
 x25 map ip 192.200.10.2 110102 broadcast
 x25 map ip 192.200.10.3 110103 broadcast
 !

Router2:
　　interface Serial0
　　encapsulation x25
　　ip address 192.200.10.2 255.255.255.0
　　x25 address 110102
　　x25 htc16
　　x25 nvc2
　　x25 map ip 192.200.10.1 110101 broadcast
　　x25 map ip 192.200.10.3 110103 broadcast
　　!

Router:
　　interface Serial0
　　encapsulation x25
　　ip address 192.200.10.3 255.255.255.0

4. Frame Relay
(1) 帧中继技术

[attach]651[/attach]

帧中继是一种高性能的 WAN 协议,它运行在 OSI 参考模型的物理层和数据链路层。它是一种数据包交换技术,是 X.25 的简化版本。它省略了 X.25 的一些强健功能,如提供窗口技术和数据重发技术,而是依靠高层协议提供纠错功能,这是因为帧中继工作在更好的 WAN 设备上,这些设备较之 X.25 的 WAN 设备具有更可靠的连接服务和更高的可靠性,它严格地对应于 OSI 参考模型的最低二层,而 X.25 还提供第三层的服务,所以,帧中继比 X.25 具有更高的性能和更有效的传输效率。

帧中继广域网的设备分为数据终端设备(DTE)和数据电路终端设备(DCE),Cisco 路由器作为 DTE 设备。

帧中继技术提供面向连接的数据链路层的通讯,在每对设备之间都存在一条定义好的通讯链路,且该链路有一个链路识别码。这种服务通过帧中继虚电路实现,每个帧中继虚电路都以数据链路识别码(DLCI)标识自己。DLCI 的值一般由帧中继服务提供商指定。帧中继既支持 PVC 也支持 SVC。

帧中继本地管理接口(LMI)是对基本的帧中继标准的扩展。它是路由器和帧中继交换机之间信令标准,提供帧中继管理机制。它提供了许多管理复杂互联网络的特性,其中包括全局寻址、虚电路状态消息和多目发送等功能。

(2) 有关命令

端口设置:[attach]652[/attach]

说明：

① 若使 Cisco 路由器与其他厂家路由设备相连，则使用 Internet 工程任务组（IETF）规定的帧中继封装格式。

② 从 Cisco IOS 版本 11.2 开始，软件支持本地管理接口（LMI）"自动感觉"，"自动感觉"使接口能确定交换机支持的 LMI 类型，用户可以不明确配置 LMI 接口类型。

③ broadcast 选项允许在帧中继网络上传输路由广播信息。

（3）帧中继 point to point 配置实例

[attach]653[/attach]

Router1：

  interface serial 0

  encapsulation frame-relay

  !

  interface serial 0.1 point-to-point

  ip address 172.16.1.1 255.255.255.0

  frame-reply interface-dlci 105

  !

  interface serial 0.2 point-to-point

  ip address 172.16.2.1 255.255.255.0

  frame-reply interface-dlci102

  !

  interface serial 0.3point-to-point

  ip address 172.16.4.1 255.255.255.0

  frame-reply interface-dlci 104

  !

Router2：

  interface serial 0

  encapsulation frame-relay

  !

  interface serial 0.1 point-to-point

  ip address 172.16.2.2 255.255.255.0

  frame-reply interface-dlci 201

  !

  interface serial 0.2point-to-point

  ip address 172.16.3.1 255.255.255.0

  frame-reply interface-dlci 203

  !

相关调试命令：
show frame-relay lmi
show frame-relay map
show frame-relay pvc
show frame-relay route
show interfaces serial

(4) 帧中继 Multipoint 配置实例
[attach]654[/attach]
Router1：
 interface serial 0
 encapsulation frame-reply
 !
 interface serial0.1multipoint
 ip address 172.16.1.2 255.255.255.0
 frame-reply map ip 172.16.1.1 201 broadcast
 frame-reply map ip 172.16.1.3 301 broadcast
 frame-reply map ip 172.16.1.4 401 broadcast
 !

Router2：
 interface serial 0
 encapsulation frame-reply
 !
 interface serial 0.1 multipoint
 ip address 172.16.1.1 255.255.255.0
 frame-reply map ip 172.16.1.2 102 broadcast
 frame-reply map ip 172.16.1.3 102 broadcast
 frame-reply map ip 172.16.1.4 102 broadcast
 !

5. ISDN
(1) 综合数字业务网(ISDN)
  综合数字业务网(ISDN)由数字电话和数据传输服务两部分组成，一般由电话局提供这种服务。ISDN 的基本速率接口(BRI)服务提供 2 个 B 信道和 1 个 D 信道(2BD)。BRI 的 B 信道速率为 64 Kbps,用于传输用户数据。D 信道的速率为 16 Kbps,主要传输控制信号。在北美和日本,ISDN 的主速率接口(PRI)提供 23 个 B 信道和 1 个 D 信道,总速率可达 1.544 Mbps,其中 D 信道速率为 64 Kbps。而在欧洲、澳大利亚等国家,ISDN 的 PRI 提供 30 个 B 信道和 1 个 64 KbpsD 信道,总速率可达 2.048 Mbps。我国电话局所提供 ISDN PRI 为 30B D。

(2) 基本命令

[attach]655[/attach]

说明:国内交换机一般为 basic-net3。

(3) ISDN 实现 DDR(dial-on-demand routing)实例

[attach]656[/attach]

设置如下。

Router1:

  hostname router1

  user router2 password cisco

  !

  isdn switch-type basic-net3

  !

  interface bri 0

  ip address 192.200.10.1 255.255.255.0

  encapsulation ppp

  dialer map ip 192.200.10.2 name router2 572

  dialer load-threshold 80

  ppp multilink

  dialer-group1

  ppp authentication chap

  !

  dialer-list 1 protocol ip permit

  !

Router2:

  hostname router2

  user router1 password cisco

  !

  isdn switch-type basic-net3

  !

  interface bri 0

  ip address 192.200.10.2 255.255.255.0

  encapsulation ppp

        dialer map ip 192.200.10.1 name router1 571
        dialer load-threshold 80
        ppp multilink
        dialer-group 1
        ppp authentication chap
        !
        dialer-list 1 protocol ip permit
    !

Cisco 路由器同时支持回拨功能,将路由器 Router1 作为 Callback Server,Router2 作为 Callback Client。

与回拨相关命令:[attach]657[/attach]

设置如下。

Router1:
        hostname router1
        user router2 password cisco
        !
        isdn switch-type basic-net3
        !
        interface bri 0
        ip address 192.200.10.1 255.255.255.0
        encapsulation ppp
        dialer map ip 192.200.10.2 name router2 class s3 572
        dialer load-threshold 80
        ppp callback accept
        ppp multilink
        dialer-group 1
        ppp authentication chap
        !
        map-class dialer s3
        dialer callback-server username
        dialer-list 1 protocol ip permit
    !

Router2:
        hostname router2

user router1 password cisco
!
isdn switch-type basic-net3
!
interface bri 0
ip address 192.200.10.2 255.255.255.0
encapsulation ppp
dialer map ip 192.200.10.1 name router1 571
dialer load-threshold 80
ppp callback request
ppp multilink
dialer-group1
ppp authentication chap
!
dialer-list 1 protocol ip permit
!

相关调试命令：

debug dialer

debug isdn event

debug isdn q921

debug isdn q931

debug ppp authentication

debug ppp error

debug ppp negotiation

debug ppp packet

show dialer

show isdn status

举例：执行 debug dialer 命令观察 router2 呼叫 router1，router1 回拨 router2 的过程。

  router1#debug dialer

  router2#ping 192.200.10.1

  router 1#

  00:03:50:%LINK-3-UPDOWN:Interface BRI0:1,changed state to up

  00:03:50:BRI0:1PP callback Callback server starting to router2 572

  00:03:50:BRI0:1:disconnecting call

  00:03:50:%LINK-3-UPDOWN: Interface BRI0:1,changed state to down

00:03:50: BR I0:1: disconnecting call
00:03:50: BR I0:1: disconnecting call
00:03:51: %LINK-3-UPDOWN: Interface BRI0:2, changed state to up
00:03:52: callback to router2 already started
00:03:52: BR I0:2: disconnecting call
00:03:52: %LINK-3-UPDOWN: Interface BR I0:2, changed state to down
00:03:52: BRI0:2: disconnecting call
00:03:52: BRI0:2: disconnecting call
00:04:05: Callback timer expired
00:04:05: BRI0: beginning callback to router 2 572
00:04:05: BRI0: Attempting to dial 572
00:04:05: Freeing callback to router 2 572
00:04:05: %LINK-3-UPDOWN: Interface BR I0:1, chan

6. PSTN

电话网络(PSTN)是目前普及程度最高、成本最低的公用通讯网络，它在网络互连中也有广泛的应用。电话网络的应用一般可分为两种类型，一种是同等级别机构之间以按需拨号(DDR)的方式实现互连，一种是ISP为拨号上网用户提供的远程访问服务功能。

(1) 远程访问

[attach]658[/attach]

① Access Server 基本设置。选用 Cisco 2511 作为访问服务器，采用 IP 地址池动态分配地址。远程工作站使用 Win 95 拨号网络实现连接。

全局设置：[attach]659[/attach]

基本接口设置命令：[attach]660[/attach]

line 拨号线设置[attach]661[/attach]

访问服务器设置如下。

Router：

hostname Router
enable secret 5 1 EFqU $ tYLJLrynNUKzE4bx6fmH//
!
interface Ethernet0
ip address 10.111.4.20 255.255.255.0
!
interface Async1
ip unnumbered Ethernet0
encapsulation ppp
keepalive 10

```
async mode interactive
peer default ip address pool Cisco2 511-Group-142
!
ip local pool Cisco2511-Group-142 10.111.4.21 10.111.4.36
!
line con 0
exec-timeout 0 0
password cisco
!
line 1 16
modem InOut
modem autoconfigure discovery
flowcontrol hardware
!
line aux 0
transport input all
line vty 0 4
password cisco
!
end
```

相关调试命令：

  show interface

  show line

② Access Server 通过 Tacacs 服务器实现安全认证。使用一台 Windows NT 服务器作为 Tacacs 服务器，地址为 10.111.4.2，运行 Cisco2 511 随机带的 Easy ACS1.0 软件实现用户认证功能。

相关设置：[attach]662[/attach]

访问服务器设置如下：

```
hostname router
!
aaa new-model
aaa authentication login default tacacs
aaa authentication login no_tacacs enable
aaa authentication ppp default tacacs
aaa authorization exec tacacs
aaa authorization network tacacs
```

```
aaa accounting exec start-stop tacacs
aaa accounting network start-stop tacacs
enable secret 5 $ 1 $ kN4g $ CvS4d2. rJzWntCnn/0hvE0
!
interface Ethernet0
ip address 10. 111. 4. 20 255. 255. 255. 0
!
interface Serial0
no ip address
shutdown
interface Serial1
no ip address
shutdown
!
interface Group-Async1
ip unnumbered Ethernet0
encapsulation ppp
async mode interactive
peer default ip address pool Cisco2511-Group-142
no cdp enable
group-range 1 16
!
ip local pool Cisco2511-Group-142 10. 111. 4. 21 10. 111. 4. 36
tacacs-server host 10. 111. 4. 2
tacacs-server key tac
!
line con 0
exec-timeout0 0
password cisco
login authentication no_tacacs
line 1 16
login authentication tacacs
modem InOut
modem autoconfigure type usr_courier
autocommand ppp
transport input all
stopbits 1
```

rxspeed 115200
txspeed 115200
flowcontrol hardware
line aux 0
transport input all
line vty 0 4
password cisco
!
end

(2) DDR(dial-on-demand routing)实例
[attach]663[/attach]
此例通过 Cisco 2500 系列路由器的 aux 端口实现异步拨号 DDR 连接。Router1 拨号连接到 Router2。其中采用 PPP/CHAP 做安全认证，在 Router1 中应建立一个用户，以对端路由器主机名作为用户名，即用户名应为 Router2。同时在 Router2 中应建立一个用户，以对端路由器主机名作为用户名，即用户名应为 Router1。所建的这两用户的 password 必须相同。

相关命令如下：[attach]666[/attach]

Router1：

hostname Router1
!
enable secret 5 $ 1 $ QKI7 $ wXjpFqC74vDAyKBUMallw/
!
username Router2 password cisco
chat-script cisco-default """AT"TIMEOUT30OK"ATDT\T"TIMEOUT 30CONNECT\c
!
interface Ethernet0
ip address 10.0.0.1 255.255.255.0
!
interface Async1
ip address 192.200.10.1 255.255.255.0
encapsulation ppp
async default routing
async mode dedicated
dialer in-band
dialer idle-timeout 60
dialer map ip 192.200.10.2name Router2 Modem-script cisco-default 573

dialer-group1
  ppp authentication chap
  !
  ip route 10.0.1.0 255.255.255.0 192.200.10.2
  dialer-list 1 protocol ip permit
  !
  line con 0
  line aux 0
  modem InOut
  modem autoconfigure discovery
  flowcontrol hardware

Router2：
  hostname Router2
  !
  enable secret 51 $ F6EV $ 5U8puzNt2/o9g.t56PXHo.
  !
  username Router1 password cisco
  !
  interface Ethernet0
  ip address 10.0.1.1 255.255.255.0
  !
  interface Async1
  ip address 192.200.10.2 255.255.255.0
  encapsulation ppp
  async default routing
  async mode dedicated
  dialer in-band
  dialer idle-timeout 60
  dialer map ip 192.200.10.1 name Router1
  dialer-group1
  ppp authentication chap
  !
  ip route 10.0.0.0 255.255.255.0 192.200.10.1
  dialer-list 1 protocol ip permit
  !
  line con 0

line aux 0
modem InOut
modem autoconfigure discovery
flowcontrol hardware
!

相关调试命令：
debug dialer
debug ppp authentication
debug ppp error
debug ppp negotiation
debug ppp packet
show dialer

(3) 异步拨号备份 DDN 专线

此例主连接采用 DDN 专线，备份线路为电话拨号。当 DDN 专线连接正常时，主端口 S0 状态为 up，line protocol 亦为 up，则备份线路状态为 standby，line protocol 为 down，此时所有通讯均通过主接口进行。当主接口连接发生故障时，端口状态为 down，则激活备份接口，完成数据通讯。此方法不适合为 X.25 做备份。因为，配置封装为 X.25 的接口只要和 X.25 交换机之间的连接正常其接口及 line protocol 的状态亦为 up，它并不考虑其他地方需与之通讯的路由器的状态如何，所以若本地路由器状态正常，而对方路由器连接即使发生故障，本地也不会激活备份线路。例 4 将会描述如何为 X.25 做拨号备份。

以下是相关命令：

```
hostname c2522rb
!
enable secret 5  $1$J5vn$ceYDe2FwPhrZi6qsIIz6g0
enable password cisco
!
username c4700 password 0 cisco
ip subnet-zero
chat-script cisco-default""""AT"TIMEOUT30OK"ATDT\T"TIMEOUT30CONNECT\c
chat-script reset atz
!
interface Ethernet 0
```

```
ip address 16.122.51.254 255.255.255.0
no ip mroute-cache
!
interface Serial0
backup delay 10 10
backup interface Serial2
ip address 16.250.123.18 255.255.255.252
no ip mroute-cache
no fair-queue
!
interface Serial1
no ip address
no ip mroute-cache
shutdown
!
interface Serial2
physical-layer async
ip address 16.249.123.18 255.255.255.252
encapsulation ppp
async mode dedicated
dialer in-band
dialer idle-timeout 60
dialer map ip 16.249.123.17 name c47006825179
dialer-group 1
ppp authentication chap
!
interface Serial3
no ip address
shutdown
no cdp enable
!
interface Serial4
no ip address
shutdown
no cdp enable
!
interface Serial5
```

```
no ip address
no ip mroute-cache
shutdown
!
interface Serial6
no ip address
no
```

9.7 防火墙实验

9.7.1 Windows 防火墙

Windows 防火墙随着 Windows XP 的发布首次出现,在 Windows XP SP2 中,防火墙成为默认功能。这个基于主机的、稳定的防火墙取代了 Windows 的互联网连接防火墙。

Windows 防火墙在默认情况下拒绝任何 IP 数据流,需要用户允许才能接收。你可以到控制面板下,双击 Windows 防火墙来进行设置与调整。

除了在控制面板里手动修改 Windows 防火墙的设置以外,你还可以使用其他一些更适合企业用户的方法进行调整。例如:

Unattend.txt——在处理有着类似配置的不同系统时可以使用这个文本文件;

Netfw.ini——可以通过登录脚本或者类似系统管理服务器(SMS)这样的控制系统修改和实施。这个文件在 windir Inf 文件夹中;

Netsh——可在命令对话框或者登录时使用的脚本批处理文件中使用;

组策略——在活动目录环境下,你可以使用组策略来进行 Windows 防火墙的配置。可以在 System.adm 模板中使用已有的组策略目标来升级 Windows Firewall 策略设置中的 Group Policy Objects。

当然,所有这些可用的配置和实施选项不能确保此防火墙能给计算机以充分的保护。

Windows 防火墙能够很好的代理外发连接需求并对内做出响应,而且防火墙能够拦截不是由你发出的 TCP 或 UDP 连接需求。它能够拦截任何未在设置中允许的连接企图。但是,这些仅仅完成了防火墙所应具备的功能的一半。

防火墙还应该能够监控、检查和代理外发连接,这些都是 Windows 防火墙所没有做到的。您的计算机上的任何程序都能够发出与互联网上任何 IP 地址进行任何类型连接的要求,而 Windows 防火墙会允许发生。

9.7.2 Linux 防火墙

Linux 提供了一个非常优秀的防火墙工具,它就是 netfilter/iptables(http://

www.netfilter.org/)。它完全是免费的,并且可以在一台低配置的老机器上很好地运行。netfilter/iptables 功能强大,使用灵活,并且可以对流入和流出的信息进行细化的控制。

事实上,每一个主要的 Linux 版本中都有不同的防火墙软件套件。Iptabels(netfilter)应用程序被认为是 Linux 中实现包过滤功能的第四代应用程序。第一代是 Linux 内核 1.1 版本所使用的 Alan Cox 从 BSD Unix 中移植过来的 ipfw。

2.0 版的内核中,JosVos 和其他一些程序员对 ipfw 进行了扩展,并且添加了 ipfwadm 用户工具。在 2.2 版内核中,Russell 和 Michael Neuling 做了一些非常重要的改进,也就是在该内核中,Russell 添加了帮助用户控制过滤规则的 ipchains 工具。后来,Russell 又完成了其名为 netfilter(http://www.netfilter.org)的内核框架。这些防火墙软件套件一般都比其前任有所改进,表现越来越出众。

Netfilter/iptables 已经包含在了 2.4 以后的内核当中,它可以实现防火墙、NAT(网络地址翻译)和数据包的分割等功能。netfilter 工作在内核内部,而 iptables 则是让用户定义规则集的表结构。netfilter/iptables 是从 ipchains 和 ipwadfm(IP 防火墙管理)演化而来的,为了简单起见,将其统一称为 iptables。

iptables 的其他一些好的用法是为 Unix、Linux 和 BSD 个人工作站创建一个防火墙,当然也可以为一个子网创建防火墙以保护其他的系统平台。iptables 只读取数据包的头,所以不会给信息流增加负担,此外它也无需进行验证。如果想获得更好的安全性,可以将其和一个代理服务器(比如 squid)相结合。

9.8 网络管理软件安装与使用

针对不同的网络结构和具体性能,网络管理软件也千差万别,下面以 MS Proxy 2.0 为例,介绍使用代理服务器共享 Internet 连接上网的方法。

1. 安装 MS Proxy 2.0

安装 MS Proxy 2.0 软件的计算机称为代理服务器,首先应将它正常接入 Internet,并且局域网上所有计算机都已完成了软硬件连接,能正常工作。安装 MS Proxy 后,网络上的其他计算机将通过代理服务器"间接"访问 Internet。代理服务器需要安装两块网卡,一块连接内部的局域网,另外一块通过 ADSL 连接到 ISP。

在 Windows 2000 上安装 MS Proxy 2.0 之前,要下载一个名为 msp2wizi.exe 的附件安装文件,以便用户获得该文件和安装指导。如果不首先运行该文件,而要在 Windows 2000 上安装 Microsoft Proxy Server 2.0,将出现 Proxy Server 2.0 无法在当前使用的 Windows 版本上工作的警告提示。即使在升级到 Windows2000 时已经在 Windows NT Server 安装了 Proxy Server,也需要重新安装。另外还应准备好 Microsoft Proxy Server 2.0 的安装文件,这些文件位于 BackOffice(r) Server 4.5 第 3 号光盘或 Proxy Server 2.0 光盘上。

下面是操作步骤：

① 从如下站点下载安装数据包（msp2wizi.exe）：
http://www.microsoft.com/proxy/support/win2kwizard.asp。

② 双击 msp2wizi.exe 文件开始安装，需要有 16MB 可用空间来解压缩该数据包。

③ 单击"是"接受许可协议，继续安装。

④ 如果 CD-ROM 驱动器中有 BackOffice 4.5 光盘，安装将自动继续。否则，可能出现提示要求插入光盘或定位到包含安装文件的文件夹。在定位到安装文件的位置后，单击"确定"。如果遇到出错信息"找不到安装文件"，请单击"确定"关闭安装。然后，阅读随后的安装说明。

说明：可执行的批处理程序将检查是否存在 71.5 K 的 setup.exe 文件和_mspver.txt 文件。如果您的 Proxy 光盘不包括该文件，可以创建名为 _mspver.txt 的文本文件，将 Microsoft Proxy Server Version2.0 键入该文件的第一行，关闭此文件，确保将它放在与 Proxy2.0setup.exe 文件相同的目录中。

2. 代理服务器的设置

MS Proxy Server 支持几乎所有的网络协议，有 Web(Web Proxy)、WinSock(WinSock Proxy) 和 Socks(Socks Proxy) 三个部分的代理服务功能。其中，Web Proxy 支持 HTTP、FTP 等服务，WinSock Proxy 支持 Telnet、电子邮件、RealAudio、IRC、ICQ 等服务，Socks Proxy 负责中转使用 Socks 代理服务的程序与外界服务器间的信息交换。MS Proxy Server 在运行 Windows 2000 的服务器上安装后，其余各工作站就可以使用 Web Proxy 提供的服务，上网浏览、使用 FTP 等。如果要使用 WinSock Proxy 和 Socks Proxy 提供的服务，则必须要在客户端安装配置程序，并且要在服务器端进行设置。

(1) 配置客户配置信息

① 在服务器上单击【开始】按钮，选择【程序】| Microsoft Proxy Server | Microsoft Managementconsole，进入 Microsoft 管理控制台。

② 右击 WinSock Proxy，单击【属性】按钮，打开 WinSock Proxy Service Properties Forsctbc 对话框，单击 Service 标签中 Configuration 下的 Client Configuration 按钮，打开 ClientInstallation—Configuration 对话框。

③ 在 WinSock Proxy client 的下面，选择 Computer name，例如 sctbc，或选择 IPaddress，例如 192.9.200.201，或选择 Manual，由用户自己手工配置浏览器的 Internet 属性。

④ 选择 Automatically configure Web browser during client setup 功能，在 Proxy 后输入服务器名（如 sctbc），在 Port 后输入端口号（如 80）。

(2) 安装客户端配置程序

MS Proxy Server 在安装过程中会产生一个共享目录 mspclnt。在 Windows 95/98 的工作站上登录网络进入此共享目录，运行其中的 Setup 程序，安装后重新启动计算机即可，浏览器 Internet 属性也会被自动配置好。

(3) 访问控制配置

MS Proxy Server 在服务器上的安装完成后,缺省状态是打开了 Web Proxy 和 WinSock Proxy 的访问控制,这意味着 Web 代理服务和 WinSock 代理服务要对与其连接的客户进行合法性检查,再配合 Windows 2000 的登录机制,使这两种服务的安全性有了保证。但此时 Web Proxy 服务默认授权给所有客户,即此时所有客户都可以使用 Web Proxy 提供的服务,而 WinSock Proxy 服务默认不授权给任何客户,即此时任何客户都不能使用 WinSock Proxy 提供的服务。现在进行如下操作:

① 在服务器上单击【开始】按钮,选择【程序】| Microsoft Proxy Server | Microsoft Management console,进入 Microsoft 管理控制台。

② 右击 WinSock Proxy,单击【属性】按钮,打开 WinSock Proxy Service Properties For sctbc 对话框,单击 Permissions 标签,采用以下几种方法向客户授权。

- 取消选择 Enable access control,即关闭 WinSock Proxy 的存取控制功能。这种方法安全性最低。
- 选择 Enable access control,在 Protocol 后选择 Unlimited Access,单击 Edit 按钮,单击【添加】按钮,选择组客户或单个客户,多次单击 quot;确定完成设置。此步骤完成对客户的 WinSock 服务访问授权,且所授权限为"无限制的访问"。
- 选择 Enable access control,在 Protocol 后选择不同的协议授权给不同的客户。可以有效地对上网客户进行管理和管制,使系统安全、高效、稳定地运行。

前两种方法客户感觉不到代理服务器的存在,速度很快,但一般不建议这样做,因为降低了安全性。但是在学校公共机房等地方这样设置,可以节省管理开支。以上设置方法如图 9-18 所示。

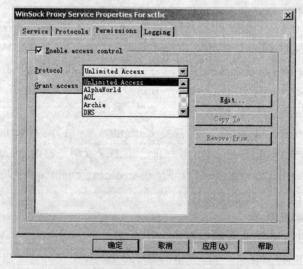

图 9-18 WinSock 授权设置

(4) 设置代理服务 IP 地址范围表

设置代理服务 IP 地址范围可以在安装过程中制定,也可以在以后增加和修改。单击【开始】按钮,选择【程序】| Microsoft Proxy Server | Microsoft Management console,进入 Microsoft 管理控制台。右击 Web Proxy,单击【属性】按钮,打开 Web Proxy Properties For sct-bc 对话框,单击 Service 标签,单击 Local Address Table…按钮,弹出对话框。通过在文本框中键入起止 IP 地址,单击-Add-追加到右边列表中,或者选中某已列表项,单击-Remove-删除。以上设置方法如图 9-19 所示。

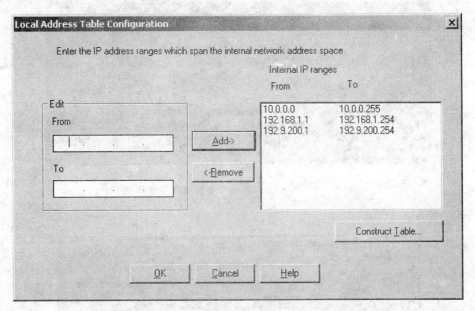

图 9-19 修改本地地址表对话框

MS Proxy 的功能很多,这里仅向大家介绍了其中的几项功能,更多的功能还需要大家在实践中摸索。

9.9 Linux 的网络

9.9.1 Linux 的安装和简单配置

接下来以红帽子 RedHatLinux9 为例介绍 Linux 的安装过程。

首先将光驱设为第一启动盘,放入第一张安装光盘后重新启动电脑,如果你的光驱支持自启动,如无意外将出现图 9-20 所示界面。

直接按回车键后将出现图 9-21 所示界面,根据提示一步一步操作。

图 9-20 Red Hat Linux 9 安装程序启动界面

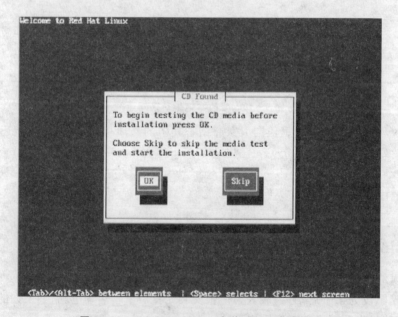

图 9-21 Red Hat Linux 9 安装过程示意图(1)

第9章 实验指导

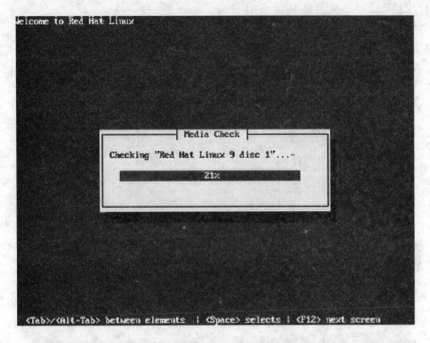

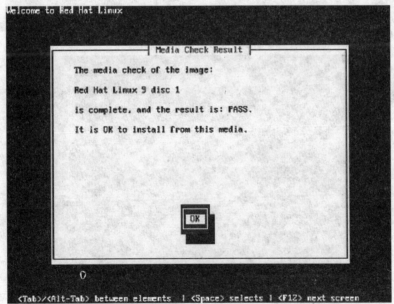

图9-21 Red Hat Linux 9 安装过程示意图(2)

Red Hat Linux 9 安装设置界面如图 9-22 所示。

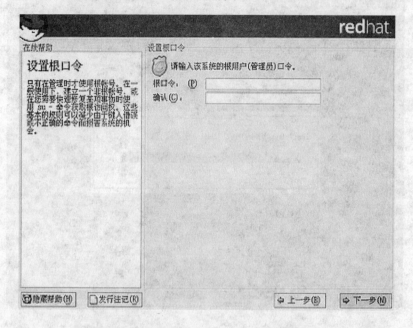

图 9-22　Red Hat Linux 9 安装设置界面

Red Hat Linux 9 操作系统界面如图 9-23 所示。

图 9-23　Red Hat Linux 9 操作系统界面

9.9.2 Linux 拨号上网

现在 Linux 的功能越来越强,使用 Linux 越来越方便,也越来越多 Modem 族加入 Linux User 的行列,不过不少人都还停留在用 script 拨号上网的方式;其实 Linux 底下也有很方便的图形界面上网工具,只是很多人不晓得去用而已。

由于 ppp、TCP/IP 等 kernel 设定都已经是 Red Hat 预设好的,所以使用 Red Hat 的用户要拨号上网并不需要再去做编译核心的工作,只要直接设定拨号的 ISP 参数就可以了。我在这里主要说明 PAP 连线的方法,没有提供 PAP 连线的 ISP、电话也可以用这几个软件来拨号,不过不要开启 PAP 选项,另外小心看一下"expect"〈--〉"send"的设定就可以了。

1. 设定 Modem

不管使用者用哪种方式拨号上网,一些关于 Modem 以及网络的设定都要先做好才行。首先是设定 Modem 的串口,使用者可以以 root 的身份在 X 底下开个窗口执行 modemtool,或者在 RedHat 的 control-panel 里面运行 modemtool,选择 Modem 连接的位置以后按 OK 按钮。接着执行 netcfg,同样也可以在 Red Hat 的 control-panel 里运行。把所用的 DNS 服务器(nameserver)的 IP 地址填进去,不过该填哪个 IP 要视提供使者拨号上网的 ISP 而定,填完后不要忘了按 save 存档。

2. Set netcfg 连线

选择 PPP 以后按 OK 按钮确定,接着就会弹出一个对话框要你输入 PPP 设定值,在这里填入要打的电话号码、使用的账号、密码后,选择 Use PAP authentication 的选项。可以 Customize 来设定 Modem 参数、网络参数等,其中特别值得一提的是 Allow any user to(de)activate interface 选项,假如选了这个选项的话,任何使用者都可以启动这个 PPP 连线,不一定要用 root 身份拨号上网了。此外,即使不使用 PAP 也要在这里调整一下:把 DNS 服务器(nameserver)的 IP 地址填进去,不过该填哪个 IP 要视提供使用者拨号上网的 ISP 而定。

3. 拨号上网

按 Activate 即可以启动刚加入的 PPP 连线,在拨号后即完成连线,接下来可以打开一个窗口,用/sbin/ifconfig 看看 ppp0 是不是起来了。要结束连线的时候就按一下 Deactivate 让 ppp0 inactive。不过有时候按 Deactivate 会无效,还必须手动杀掉 pppd 才行。可以用 root 身份开个窗口,执行 ps ax|grep pppd 找出 pppd 的 pid,然后用 kill-9 把 pppd 杀掉,如下例:

```
#psax|grep pppd
7467 p1 S0:00/usr/sbin/pppd-detach lock modem crtscts defaultroute name
7502 p1 S0:00 grep pppd
#kill-9 7467
#ps ax|grep pppd 7507 p1S 0:00 grep pppd
#
```

用 netcfg 启动 PPP 连线非常容易,但是只有 root 有启动 netcfg 的权限,那一般的使用者要如何启动 PPP 呢?RedHat 早就规划好了一般使用者拨号上网的方式。只要安装 usernet 这个 rpm 套件,并且在设定 PPP 连线时选择 Allow any user to (de)activate interface 选项,一般使用者就可以在 X 底下执行 usernet 来拨号上网,usernet 会列出使用者可以控制的网络界面。

9.9.3 Linux 用户管理与资源管理

Linux 是一个多用户的操作系统,它有完美的用户管理工具,包括用户的查询、添加、修改,以及用户之间相互切换的工具等,通过这些工具,我们能安全、轻松的完成用户管理。

在这里引入用户控制工具的概念,比如对用户添加的 useradd 或 adduser,对用户删除的 userdel,与修改用户相关信息的 usermod、chfn、chsh,还有密码设置工具 passwd 等,这些工具被称为用户控制工具。

1. 与用户管理相关的配置文件/etc/passwd 和/etc/groups

对用户和用户组进行添加、修改、删除,最终目的是修改系统用户/etc/passwd 和其加密资讯文件/etc/shadows,以及用户组的/etc/groups 和其加密资讯文件/etc/gshadow,所以对用户和用户组的添加并不是只能通过用户添加、修改、删除等用户控制工具来完成,还能通过直接修改与用户和用户组相应的配置文件来达到目的。

2. 添加用户工具和方法

添加用户工具有 useradd 和 adduser,这两个工具所达到的目的都是一样的。在 Fedora 发行版中,useradd 和 adduser 用法是一样的;但在 slackware 发行版本中,adduser 和 useradd 还是有所不同,表现为 adduser 是以人机交互的提问方式来添加用户。

除了 useradd 和 adduser 工具以外,还能通过修改用户配置文件/etc/passwd 和/etc/groups 的办法来实现。

当然也不能忽略一些发行版独有用户管理工具。比如 Fedora 中有 system-config-users 工具,这个工具比较简单,点几下鼠标就能完成。

useradd 不加参数选项时,后面直接跟所添加的用户名,系统读取添加用户配置文件/etc/login.defs 和/etc/default/useradd,然后读取/etc/login.defs 和/etc/default/useradd 中所定义的规则添加用户;并向/etc/passwd 和/etc/groups 文件添加用户和用户组记录;当然/etc/passwd 和/etc/groups 的加密资讯文件也同步生成记录;同时系统会自动在/etc/add/default 所约定的目录中建用户的家目录,并复制/etc/skel 中的文件(包括隐藏文件)到新用户的家目录中。

useradd 的语法:

usage:useradd[-u uid[-o]][-g group][-G group,...]
         [-d home][-s shell][-c comment][-m[-k template]]

第9章 实验指导

    [-f inactive][-e expire][-p passwd] name
   useradd -D[-g group][-b base][-s shell]
    [-f inactive][-e expire]

  当执行"useradd 用户名"来添加用户时,会发现一个有意思的现象:新添加的用户的家目录总是被自动添加到/home 目录下,举例如下。

  实例:不加任何参数,直接添加用户

   [root@localhost beinan]# useradd beinanlinux

   [root@localhost beinan]# ls-ld/home/beinanlinux/

   drwxr-xr-x 3 beinanlinux beinanlinux 4096 11 月 21 5:20/home/beinanlinux/

  在这个例子中,添加了 beinanlinux 用户,在查看/home/目录时,会发现系统自建了一个 beinanlinux 的目录。

  再查看/etc/passwd 文件有关 beinanlinux 的记录,也会有新发现。通过 more 来读取 /etc/passwd 文件,并且通过 grep 来抽取 beinanlinux 字段,得出如下一行:

   [root@localhost beinan]# more /etc/passwd| grep beinanlinux

   beinanlinux:x:509:509::/home/beinanlinux:/bin/bash

  从得出的 beinanlinux 的记录来看,以 adduser 工具添加 beinanlinux 用户时,设置用户的 UID 和 GID 分别为 509,并且把 beinanlinux 的家目录设置在/home/beinanlinux,所有的 SHELL 是 bash。再看看/etc/shadow、/etc/groups 和/etc/gshadow 文件,是不是也有与 beinanlinux 有关的行;还要查看/etc/default/useradd 和/etc/login.defs 文件的规则,看一下 beinanlinux 用户的增加是不是和这两个配置文件有关;还要查看/home/beinanlinux 目录下的文件,是不是和/etc/skel 目录中的一样。

  (1) /etc/default/useradd 配置文件的定义

  useradd-D[-g group][-b base][-s shell][-f inactive][-e expire]

  useradd 加-D 参数后,就是用来改变配置文件/etc/default/useradd 的。

  当-D 选项出现时,useradd 显示现在的预设值,或是由命令列的方式更新预设值。可用选项为:

  -bdefault_home——定义用户所属目录的前一个目录。用户名称会附加在 default_home 后面用来建立新用户的目录。当然使用-D 后则此选项无效。

  -e default_expire_date——用户账号停止日期。

  -f default_inactive——账号过期几日后停权。

  -g default_group——新账号起始用户组名或 ID。用户组名须为现有存在的名称。用户组 ID 也须为现有存在的用户组。

  -s default_shell——用户登录后使用的 shell 名称。往后新加录的账号都将使用此 shell。

  如不指定任何参数,useradd 显示目前预设的值。

  实例:useradd-D 如不指定任何参数,useradd 显示目前预设的值

［root@localhost beinan］# useradd-D
　　GROUP=100
　　HOME=/home
　　INACTIVE=-1
　　EXPIRE=
　　SHELL=/bin/bash
　　SKEL=/etc/skel
　　CREATE_MAIL_SPOOL=no

看一下/etc/default/useradd文件就会明白,应该和上面的输出是一样的。所以如果想改变useradd配置文件/etc/default/adduser的内容,也可以用编辑器直接操作。如果会用vi编辑器或者其他编辑器的话,这个应该不成问题。

实例:把添加用户时的默认SHELL/bin/bash改为/bin/tcsh

　　［root@localhost beinan］# useradd-D-s/bin/tcsh//把添加用户时的SHELL改为tcsh
　　［root@localhost beinan］# more/etc/default/useradd//查看是否成功
　　# useradd default sfile
　　GROUP=100
　　HOME=/home
　　INACTIVE=-1
　　EXPIRE=
　　SHELL=/bin/tcsh//成功
　　SKEL=/etc/skel
　　CREATE_MAIL_SPOOL=no

(2) useradd 添加用户

useradd[-u uid[-o]][-g group][-G group,...]
　　　　[-d home][-sshell][-c comment][-m[-k template]]
　　　　[-f inactive][-e expire][-p passwd]name

新账号建立,当不加-D参数,useradd指令使用命令列来指定新账号的设定值并使用系统上的预设值。新用户账号将产生一些系统档案,建立用户目录,拷贝起始档案等,这些均可以利用命令列选项指定。此版本为Red Hat Linux提供,可帮每个新加入的用户建立个别的group,无须添加-n选项。

useradd可使用的选项为:

-c comment——新账号password档的说明栏。

-d home_dir——新账号每次登录时所使用的home_dir。预设值为default_home内的login名称,并当成登录时目录名称。

-eexpire_date——账号终止日期。日期的指定格式为MM/DD/YY。

-finactive_days——账号过期几日后永久停权。当值为0时账号则立刻被停权。而当值为-1时则关闭此功能,预设值为-1。

-g initial_group——group 名称或以数字来作为用户登录起始用户组(group)。用户组名须为现有存在的名称。用户组数字也须为现有存在的用户组。预设的用户组数字为1。

-G group,[…]——定义此用户为此一堆 groups 的成员。每个用户组使用","区分开来,不可以夹杂空白字元。用户组名同-g 选项的限制。定义值为用户的起始用户组。

-m——用户目录如不存在则自动建立。如使用-k 选项,skeleton_dir 内的档案将复制至用户目录下。然而在/etc/skel 目录下的档案也会复制过去取代。任何在 skeleton_diror/etc/skel 的目录也同样会在用户目录下一一建立。The-k 同-m 不建立目录以及不复制任何档案为预设值。

-M——不建立用户目录,即使/etc/login.defs 系统档设定要建立用户目录。

-n——预设值用户用户组与用户名称会相同。此选项将取消此预设值。

-r——此参数用来建立系统账号。系统账号的 UID 会比定义在系统档上/etc/login.defs.的 UID_MIN 小。注意,useradd 此用法所建立的账号不会建立用户目录,也不会在乎纪录在/etc/login.defs.的定义值。如果想要有用户目录须额外指定-m 参数来建立系统账号。

-s shell——用户登录后使用的 shell 名称。预设为不填写,这样系统会帮你指定预设的登录 shell。

-u uid uid 用户的 ID 值。必须为唯一的 ID 值,除非用-o 选项。数字不可为负值。预设以/etc/login.defs 中的 UID_MIN 的值为准,0 到 UID_MIN 的值之间,为系统保留的 UID。

useradd 这么多的参数看上去头有点晕,如何用呢?其实很简单,一个参数一个参数的试一试不就明白了。

如果 useradd 后面直接跟用户名,不加任何参数,表示添加用户时按事先/etc/default/adduser 和/etc/login.defs 添加新用户的配置文件的规则来添加用户。为了方便,也可以把这两个文件修改以适应添加用户的需要。

useradd 为什么还需要那么多的参数呢?原因很简单,主要是为了管理员方便管理用户。useradd 是灵活的,可以跳过/dev/default/adduser 和/etc/login.defs 两个配置文件中的规则来自定义添加用户。比如在用户的家目录,在/etc/default/adduser 中可能定义在/home 目录下建立,如果机器/home 独立占一个分区,并且有点紧张,但又不想改变/etc/default/adduser 关于家目录的定义,就可以通过 adduser-d 参数把新增用户家目录定义到空间比较大的分区。

通过下面的几个例子,可能有助于我们理解 useradd。

实例一:以/etc/logins.defs 和/etc/default/adduser 默认的规则添加用户

[root@localhost~]# useradd longcpu

注解:如果 useradd 后面直接用户名,表示系统读取/etc/login.defs 和/etc/default/adduser 配置文件,根据这两个配置文件所定义的规则来添加用户,比如用户的家目录在哪里,用什么 SHELL，UID 和 GID 的分配……查看/etc/passwd 的新增记录，然后根据/etc/login.defs 和/etc/default/adduser 查看新增用户是否符合这两个配置文件所约定的规则。

实例二：练习参数的使用

［root@localhost～］＃useradd-c ChinaCpu longcpu

［root@localhost　～］＃　more　/etc/passwd　|grep　longcpu

longcpu：x：510：510：ChinaCpu：/home/longcpu：/bin/bash

注：看上去是已经有 amdcpu 用户了；x 是密码段；UID 和 GID 都是 510，ChinaCpu 表示是什么意思？家目录位于/home/amdcpu，SHELL 是 bash。

［root@localhost～］＃finger longcpu//我们查询一下 amdcpu 用户的信息。

Login：longcpu Name：ChinaCpu//-c ChinaCpu 表示用户真实的名字或全名。

Directory：/home/longcpuShell：/bin/bash

Never logged in.

No mail.

No Plan.

注解：这个例子，做了添加用户、查看/etc/passwd 的变化，并且通过 finger 来查询 longcpu 用户的信息，目的是理解参数-c 的用处。参数-c 后面的是 UID；GID 后面说明文字，这段文字中包括用户真实姓名办公地址、办公电话等，可以通过 chfn 来更改。可以通过 chfn 来修改用户信息，然后查看/etc/passwd 的变化，再用 finger 查询用户信息。

实例三：自定义用户的家目录、SHELL 类型、所归属的用户组等

添加用户 longcpu，并设置其用户真实名字为 ChinaCpu，其家目录在/opt/longcpu，让其归属为用户组 linuxsir、root、beinan 成员，其 SHELL 类型为 tcsh。

［root@localhost～］＃useradd-cChinaCpu-d/opt/longcpu-G

linuxsir，root，beinan-s/bin/tcshlongcpu

注意：添加用户 longcpu，真实名是 ChinaCpu，家目录设置在/opt/longcpu，是 linuxsir，root，beinan 用户组成员，SHELL 是 tcsh。

［root@localhost～］＃ls-ld/opt/longcpu/

drwxr-xr-x 3 longcpu longcpu 4096 11 月 4 22：30/opt/longcpu/

［root@localhost　～］＃　more　/etc/passwd　|grep longcpu

longcpu：x：510：510：ChinaCpu：/opt/longcpu：/bin/tcsh

［root@localhost beinan］＃finger longcpu

Login：longcpu Name：China Cpu

Directory：/opt/longcpu Shell：/bin/tcsh

Never logged in.

No mail.

No Plan.

[root@localhost beinan]#id longcpu
uid=510(longcpu)gid=510(longcpu)groups=510(longcpu),0(root),500(beinan),502(linuxsir)

9.9.4 Linux 服务管理

Winnt 操作系统的服务管理是比较强的,它内置有一个服务管理器,能够非常方便的管理操作系统内的服务。而 Linux 也同样有管理服务的特有方式。

Linux 的服务都是以脚本的方式来运行的,存在于/etc/rc.d/init.d 目录下所有的脚本就是服务脚本,它具有两项作用:一项是能够在系统启动时自动启动那些脚本中所要求启动的程序;另外,还能够通过该脚本对服务进行控制,比如启动、停止等。

我们先看看下面有哪些服务:

#ls/etc/rc.d/init.d

anacron cups iptables killall nfslock random single ypbind
apmd firstboot irda kudzu nscd rawdevices sshd
atd functions isdn netfs ntpd rhnsd syslog
autofs gpm kdcrotate network pcmcia saslauthd xfs
crond halt keytable nfs portmap sendmail xinetd

里面列出的就是目前系统中所有的服务脚本,每次系统启动时就会启动。打开一个脚本:

#cat/etc/rc.d/init.d/smb

```
case "$1" in
    start)
start
        ;;
    stop)
        stop
        ;;
    status)
        status rpc.mountd
        status nfsd
        ;;
    restart)
        $0 stop
        $0 start
        ;;
    reload)
        /usr/sbin/exportfs -r
        touch /var/lock/subsys/nfs
```

```
        ;;
    *)
        echo $"Usage:nfs{start|stop|status|restart|reload}"
        exit 1
esac
exit 0
```

可以看出里面基本上有几个服务:启动、停止、重启、状态等。例如:

服务脚本操作

操作	作用
start	启动服务,等价于服务脚本里的 start 命令
stop	停止服务,等价于脚本 stop 命令
restart	关闭服务,然后重新启动,等价于脚本 restart 命令
reload	使服务器不重新启动而重读配置文件,等价于服务脚本的 reload 命令
status	提供服务的当前状态,等价于服务脚本的 status 命令
condrestart	如果服务锁定,则关闭服务,然后再次启动,等价于 condrestart 命令

比如,要重新启动 Samba,则可以用 root 用户运行下面两个命令,效果一样:
#/etc/rc.d/init.d/smb restart
#service smb restart

假如我们想让某个服务在系统启动的时候自动启动,那么就配置好一个服务脚本,放到/etc/rc.d/init.d 里面就 OK 了。相应的,如果你要删除那个服务,把脚本移走就可以了。

本章习题

1. 双绞线共有哪几种?
2. 理线的规范顺序和做法是什么?
3. 小型交换机的本地 Console 口配置连接步骤如何?
4. 标准静态路由如何配置?
5. 缺省路由如何配置?
6. 广域网协议如何配置?
7. Linux 如何拨号上网?
8. 在 Linux 下如何对用户和资源进行管理?

参 考 文 献

［1］ 刘文清.计算机网络技术基础[M].北京:中国电子出版社,2005.
［2］ 张斌.计算机网络与系统集成技术[M].北京:机械工业出版社,2005.
［3］ 朱乃立.计算机网络实用技术[M].北京:高等教育出版社,1998.
［4］ 曾家智.计算机网络[M].西安:电子科技大学出版社,2003.
［5］ 骆耀祖,刘东远.网络系统集成与工程设计[M].北京:电子工业出版社,2005.
［6］ 刘晓辉,杨卫东.构筑网络应用基础平台[M].北京:科学出版社,2006.
［7］ 叶丹.网络安全使用技术[M].北京:清华大学出版社,2002.
［8］ 王相林.组网技术与配置[M].北京:清华大学出版社,2003.
［9］ 蔡立军.网络系统集成技术[M].北京:清华大学出版社,北京交通大学出版社,2004.
［10］ 孙践知.计算机网络应用技术教程[M].北京:清华大学出版社,2006.
［11］ 武马群.计算机网络技术基础教程[M].北京:北京工业大学出版社,2004.
［12］ 孙建华,王宇.网络系统管理应用与开发[M].北京:人民邮电出版社,2005.
［13］ 张炜,郝嘉林,梁煜.计算机网络技术基础教程[M].北京:清华大学出版社,2005.
［14］ 黄叔武,杨一平.计算机网络工程教程[M].北京:清华大学出版社,1999.
［15］ 胡道元.网络设计师教程[M].北京:科学出版社,1999.